深智數位
股份有限公司

前言

♣ 自然語言處理領域有什麼前途

自然語言處理是目前人工智慧領域中最受人矚目的研究方向之一，發展非常迅速。自然語言處理又是一個非常開放的領域，每年都有大量的可以免費閱讀的論文、可以自由下載和使用的開原始程式碼被發佈在網際網路上。感謝這些致力於自然語言處理研究，又樂於分享的研究者和開發者，使我們有機會學習這一領域最新的研究成果，理解自然語言處理領域中的精妙原理，並能夠在開原始程式碼函式庫的基礎上建立一些美妙的應用。

如果沒有他們的努力和奉獻，無法想像我們僅僅透過兩行程式[1]，就能在幾秒內定義和建立一個包含超過 1 億參數的模型，並下載和載入預訓練參數（耗時數分鐘，具體時間根據網速而定）。這些預訓練參數往往是使用性能強大的圖形處理單元（Graphics Processing Unit, GPU）在巨量的資料中訓練數天才能得到的。

即使擁有性能強大的 GPU，要獲取巨量訓練資料，或者進行長時間的訓練也都是困難的，但是借助公開發佈的預訓練權重，僅僅需要兩行程式就都可以做到。同時還可以在能接受的時間內對模型進行 Fine-tuning（微調）訓練，載入與訓練參數後，再使用目標場景的資料訓練，使模型更符合實際的應用場景。

1　見第 12.7 節。

如果你沒有 GPU，或者只有一台性能一般的家用電腦，也完全可以比較快速地使用模型去完成一些通用的任務，或者在一定的資料中訓練一些不太複雜的模型。

自然語言處理越來越豐富的應用正在改變我們的生活。從語音合成、語音辨識、機器翻譯，到視覺文字聯合，越來越精確的自然語言理解讓更多事情成為可能。現在的人工智慧技術使電腦可以用越來越接近人類的方式去處理和使用自然語言。

更令人興奮的是，這些事情我們也可以借助開原始程式碼去實作，並根據大量公開的論文、文件和範例程式去理解程式背後的原理。

♣ 本書的特色

自然語言處理是語言學和電腦科學的交叉領域，本書將主要從電腦技術和實踐的角度向大家介紹這一領域的一些內容。

本書將介紹使用 Python 語言和 PyTorch 深度學習框架實作多種自然語言處理任務的內容。本書的內容對初學者是友善的，但本書並不會詳細地介紹語言和框架的每一個細節，希望讀者自學以掌握一定的電腦基礎。因為 Python 和 PyTorch 都是開放原始碼工具，它們的官方網站都給出了包括中文、英文的多種語言的文件，從那裡初學者可以迅速掌握它們的使用方法。

本書的結構編排像一個學習自然語言處理的路線圖，從 Python、PyTorch 這樣的基礎工具，機器學習的基本原理，到自然語言處理中常用的模型，再到自然語言處理領域當前最先進的模型結構和最新提出的問題。

幾乎本書的每一章都有完整可執行的程式，有的程式是完全從 0 開始的完整實作，這是為了展示相關技術的原理，讓讀者透過程式看清技術背後的原理。有的程式則以開放原始碼為基礎的函式庫，以精煉的程式實作完整的功能。對於使用到的開原始程式碼書中都將給出位址，以供希望深入研究的讀者一探究竟。在最後的「實戰篇」，我們分別針對「自然語言理解」和「自然語言生成」兩大問題給出任務，並使用多種前面章節介紹的模型，使用同樣在本書中介紹的開放的資料集，完成這些任務，還給出從資料下載、前置處理、建構和訓練模型，到建立簡易的使用者介面的整個流程。希望讀者能在實踐中學習自然語言處理。

同樣，對於涉及模型原理和理論的部分我們盡力都標注論文出處，全書共引用幾十篇論文，且全部可以在 arXiv.org 等網站免費閱讀和下載，供有需要的讀者參考。

♣ 本書的內容

本書分為 4 篇：「自然語言處理基礎篇」、「PyTorch 入門篇」、「用 PyTorch 完成自然語言處理任務篇」和「實戰篇」。

第 1 篇包含第 1 章和第 2 章，介紹自然語言處理的背景知識、常用的開放資源、架設 Python 環境以及使用 Python 完成自然語言處理的基礎任務。這些是本書的基礎。

第 2 篇包含第 3 章至第 5 章，介紹 PyTorch 環境設定和 PyTorch 的基本使用，以及機器學習的一些基本原理和工作方法。

第 3 篇包含第 6 章至第 12 章，介紹如何使用 PyTorch 完成自然語言處理任務。第 6 章至第 12 章每章各介紹一種模型，包括分詞 (又稱斷詞，本書用分詞)、RNN、詞嵌入、Seq2seq、注意力機制、Transformer、預訓練語言模型。

第 4 篇是實戰篇，第 13 章和第 14 章分別講解自然語言理解的任務和自然語言生成的任務，即「中文地址解析」和「詩句補充」。這兩個任務綜合了前面各章的知識，並展示了從資料下載、處理、模型到使用者互動介面開發的全部流程。

　　本書內容簡明，包含較多程式，希望讀者能透過閱讀程式更清晰地了解自然語言處理背後的原理。書中用到的一些資料集、模型預訓練權重可在網站 https://es2q.com/nlp/ 中獲取，方便讀者執行本書中的例子。

✤ 目標讀者

- 有一定程式設計基礎的電腦同好。
- 希望學習機器學習和自然語言處理的人。
- 電腦及其相關專業的學生。
- 對自然語言處理領域感興趣的研究者。
- 對自然語言處理感興趣並樂於實踐的人。

目錄

02 Python 自然語言處理基礎

第 2 篇　PyTorch 入門篇

03 PyTorch 介紹

04 PyTorch 基本使用方法

05 熱身：使用字元級 RNN 分類發文

第 3 篇　用 PyTorch 完成自然語言處理任務篇

06 分詞問題

09 Seq2seq

⑩ 注意力機制

⓫ Transformer

⓬ 預訓練語言模型

⓫ Transformer

⓬ 預訓練語言模型

第 4 篇　實戰篇

⑬ 中文地址解析

⑭ 專案：詩句補充

Ⓐ 參考文獻

第 1 篇

自然語言處理基礎篇

自然語言處理概述

自然語言處理是指用電腦處理自然演化形成的人類語言。隨著資訊技術的發展,自然語言資料的累積和資料處理能力的提高促進了自然語言處理的發展。本章介紹自然語言處理的概念、基本任務、主要挑戰與常用方法。

本章主要涉及的基礎知識如下。

- 自然語言處理的概念。
- 自然語言處理的任務。
- 自然語言處理的挑戰。
- 自然語言處理中的常用方法和工具。

▌1.1 什麼是自然語言處理

本節先介紹自然語言處理的定義,然後介紹自然語言處理的常用術語、任務和發展歷程。

1.1.1 定義

自然語言指的是人類的語言,例如中文、英文等,處理特指使用電腦技術處理,所以自然語言處理就是指使用電腦處理人類的語言。自然語言處理的英文是 Natural Language Processing,通常縮寫為 NLP。

自然語言處理是語言學、電腦科學、資訊工程和人工智慧的交叉領域,涉及的內容非常廣泛。人類的語言本身是複雜的,所以自然語言處理的任務也是多種多樣的。

注意:自然語言嚴格地說是指自然演化形成的語言,如中文等。非自然語言的例子有程式設計語言,如 C 語言、Python 等。雖然世界語也是一種人類的語言,但它是人工設計而非自然演化而成的,嚴格地說並不算自然語言。

1.1.2 常用術語

自然語言處理中的常用術語如下。

- 語料:語言材料,如百科知識類網站的所有詞條可以組成一個語料庫。
- 自然語言:自然演化形成的人類語言。

- 形式化語言：用數學方法精確定義的語言，如電腦程式設計語言。
- 分詞：把一個句子分解為多個詞語。
- 詞頻：一個詞在一定範圍的語料中出現的次數。
- 機器學習（Machine Learning）：透過特定演算法和程式讓電腦從資料中自主學習知識。
- 深度學習（Deep Learning）：使用深度神經網路的機器學習方法。
- 類神經網路（Artificial Neural Network）：簡稱為神經網路，是一種模擬人腦神經元處理資訊的過程的模型。
- 訓練模型：在訓練過程中模型使用學習型演算法，根據訓練資料更新自身參數，從而更好地解決問題。
- 監督學習（Supervised Learning）：使用有標籤的資料對模型進行訓練，即訓練過程中既給模型提供用於解決問題的資訊和線索，也給模型提供問題的標準答案（就是資料的標籤），模型可以根據標準答案修正自身參數。
- 無監督學習（Unsupervised Learning）：使用沒有標籤的資料對模型進行訓練，因為只有解決問題的資訊，而沒有標準答案，一般可以根據某些人為設定的規則評估模型效果的好壞。

1.1.3 自然語言處理的任務

廣義地說，自然語言處理包含對各種形式的自然語言的處理，如語音辨識、光學字元辨識（即辨識影像中的文字）；還包括理解文字的含義，如自然語言理解；還可能需要讓機器有自己組織語言的能力，即自然語言生成；甚至還要輸出這些語言，例如語音合成等。

一些智慧喇叭可以根據使用者語音指令執行特定的操作。首先使用者發出指令，比如使用者說：「今天出門需要帶雨傘嗎？」智慧喇叭的麥克風接收到聲音訊號後，先要找到語音對應的字，理解這些字的含義，然後要想如何回答使用者的問題，最終知道問題的關鍵是確認今天的天氣——雖然這句話裡沒有出現「天氣」二字。

最後智慧喇叭查到今天沒有雨雪，需要給使用者回復，於是它生成一句話：「今天天氣不錯，不需要帶傘。」接下來，它透過語音合成演算法把這句話變成比較自然的聲音傳遞給使用者。

本書只會涉及從文字含義的理解到生成回復句子的過程。

籠統地說，本書中探討的自然語言處理的任務有兩個：語言理解和語言生成。

處理的物件可分為 3 種：詞語/字、句子、篇章。

具體地說，比較常見的自然語言處理的任務有如下 4 類。

- 序列標注：給句子或者篇章中的每個詞或字一個標籤，如分詞（把一句話分割成多個詞語，相當於給序列中的每個字標記「是否是詞的邊界」）、詞性標注（標出句子中每個詞語的屬性）等。
- 文字分類：給每個句子或篇章一個標籤，如情感分析（區分正面評價和負面評價，區分諷刺語氣和正常語氣）等。
- 關係判斷：判斷多個詞語、句子、篇章之間的關係，如選詞填空等。
- 語言生成：產生自然語言的字、詞、句子、篇章等，如問答系統、機器翻譯等。

1.1.4　自然語言處理的發展歷程

　　1950 年艾倫・圖靈（Alan Turing，1912—1954）發表論文 *Computing Machinery and Intelligence*（電腦器與智慧），文中提出了判斷機器是否有智慧的試驗——「圖靈測試」。簡單説，圖靈測試就是測試者透過工具，如鍵盤，與他看不到的一個人和一個機器分別聊天，如果測試者無法透過聊天判斷這兩者哪個是機器，這個機器就通過了測試。

注意：圖靈測試的要求超出了自然語言處理的範圍，要想讓電腦完成圖靈測試，僅讓其能理解自然語言是不夠的，還需要讓其了解人類的特點和各種常識性知識，例如測試者可能會提出多個複雜的數學問題，如果電腦快速給出了精準答案，那麼雖然它完成了任務，卻會因此被識破身份。

　　第 12.3.6 小節中介紹了文章 *Giving GPT-3 a Turing Test* 中提到的對 GPT-3 模型（2020 年 5 月被提出）進行的圖靈測試，GPT-3 模型被認為擁有與人腦相同數量級規模的神經元，也擁有與人腦類似的表示能力。

　　GPT-3 模型能使用自然語言準確回答很多不同種類的簡單的常識性問題（甚至很多普通人也無法準確記憶的問題），但是對於一些人們一眼就能發現，並且可以靈活處理的明顯不合理的問題，而 GPT-3 模型卻給出了機械、刻板的答案。

1. 以規則為基礎的方法

　　早期自然語言處理依賴人工設定的規則，語言學家研究語言本身的規律，把歸納好的規則撰寫成程式，告訴電腦應該怎麼做。1954 年喬治城大學（又譯為喬治城大學）和 IBM 公司進行了一次試驗，他們撰寫了一個有 6 筆語法規則和包含 250 個詞彙項的詞典的翻譯系統，把經過挑選的 60 多筆俄語句子翻譯成了英文。結果，他們的程式只能對特定的句子給出好的結果，因為簡單的規則和有限的詞彙無法適應多變的自然語言。

2. 經驗主義和理性主義

對於語言規則的研究，有經驗主義和理性主義，可以籠統地認為經驗主義主張透過觀察得到規律，理性主義則主張要透過推理而非觀察得出規律。

經驗主義的工作有：1913 年馬可夫（Markov，1856—1922）使用手動方法統計了普希金的作品《葉甫蓋尼・奧涅金》中母音和子音出現的頻次，提出馬可夫隨機過程理論。1948 年香農（Shannon，1916—2001）發表論文 *A Mathematical Theory of Communication*，標誌著資訊理論誕生。

理性主義的工作有：喬姆斯基（Chomsky，1928—）使用理性主義的方法研究語言學，也就是使用形式化規則而非統計規律來定義語言模型。

3. 機器學習方法

隨著資料的累積和電腦性能的提高，以機率與統計為基礎的機器學習和深度學習方法在自然語言處理領域的表現越來越好。

2013 年 Google 公司的技術團隊發表 Word2vec 模型，其可以從語料中自主學習得出每個詞語的向量表示，也就是把每個詞語表示成一個固定維度的向量，這樣的向量不僅便於在電腦中儲存和處理，還能透過向量間的數學關係反映詞語之間的語義關係。

2014 年 Google 公司發表論文提出 Seq2seq 模型，其在機器翻譯領域的性能明顯超過傳統模型。

2018 年 Google 公司發表 BERT（Bidirectional Encoder Representations from Transformers）模型，其在多種自然語言處理的任務上刷新了最好成績。

1.2 自然語言處理中的挑戰

自然語言處理工作是困難的，因為自然語言靈活多樣，沒有明確的規則和邊界，而且自然語言會隨著時間而發生變化，新的詞語和表達方式也可能不斷出現。

1.2.1 歧義問題

自然語言中存在大量的歧義現象。同樣的文字可能有不同的含義，反過來，同樣的意思也可以用完全不同的文字來表達。歧義可以出現對詞的不同的理解上，例如句子「他介紹了他們公司自動化所取得的成就」。這裡對「自動化所」可以有不同的理解，可以把「自動化所」看成他們公司的一個部門，「所」是名詞；或者「所」可以做介詞，該句表示他們公司透過自動化取得了成就。單看這個句子，我們無法確定「自動化所」是一個詞，還是兩個詞。

還有指代的歧義，如「小明做了好事，老師表揚了小明，他很高興」，「他」可以指小明也可以指老師。

實際上人們在理解句子的時候會選擇自己認為更合理的意思，有一些句子雖然可以有兩種意思，但是根據經驗我們可以判斷其確切的含義。

1.2.2 語言的多樣性

自然語言中，完全相同的意思可以用截然不同的方式表達，所以自然語言處理的方法不僅要能適應自然語言的多樣性，還要使輸出的內容多樣而自然。

1.2.3 未收錄詞

自然語言中隨時都可能有新詞彙和新用法出現，很多自然語言處理的方法依賴預先定義或者在學習、訓練中生成的詞表。未收錄詞就是指此詞表中不存在的詞語，或者訓練過程中未出現過的詞語。因為缺乏這些詞的資訊，所以處理未收錄詞或原有詞彙的新用法是困難的。

常見未收錄詞的來源有派生詞、命名實體（人名、地名等）、新定義等。

1.2.4 資料稀疏

語料中，除了少數常用詞彙出現的頻次較高，還有很多不常用的詞彙，雖然這些不常用的詞彙的數量多，但是單一詞彙出現的次數較少。

哈佛大學的喬治‧金斯利‧齊夫（George Kingsley Zipf，1902—1950）透過研究自然語言語料庫中單字出現頻率的規律提出了齊夫定律（Zipf's Law），說明了在自然語言的語料庫中，單字出現的頻率和它在詞表中位次的關係。

我們統計了某一版本的魯迅作品集中每個字出現的頻率，該作品集中共有 180 萬個字元，除去標點符號、空格、分行符號等，共有 6024 個字，表 1.1 展示了其中出現次數排名前 10 的字。

▼ 表 1.1 出現次數排名前 10 的字

字	出現次數
的	58972
是	27434
不	24258
一	24185
有	18450
了	18198
人	16197
我	14360
在	13321
之	12748

　　從表 1.1 中可以看出，出現得最多的字是「的」，有近 6 萬次；出現得第二多的「是」字，僅有不到 3 萬次，大概是「的」字的一半。而出現頻次最少的 838 個字都僅出現過 1 次，另外還有 459 個字只出現過 2 次，301 個字只出現過 3 次。所以説實際上有大量的字出現的次數是極少的，在自然語言的語料庫中，對於出現次數少的字我們只能獲得較少的資訊，但是這些字數量很多。圖 1.1 展示了出現次數排名前 100 的字出現次數的分佈。

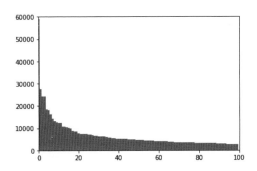

▲ 圖 1.1 出現次數排名前 100 的字出現次數的分佈（單位：次）

　　表 1.1 和圖 1.1 是使用下面的程式得到的，該程式可以統計任意文字
檔中字元出現的次數。

```
from collections import Counter  # Counter 可用來統計可迭代物件中元素的
數量
f = open('corpus.txt', encoding='utf8')  # encoding 要使用和這個檔案對
應的編碼
txt = f.read()  # 讀取全部字元
f.close()

cnt = Counter(txt)  # 得到每個字元的出現次數
char_list = []  # 定義空的串列
for char in cnt:
    if char in "\u3000\n 。,:！"?…"《》，；— ( ) -：?^~`[]|":  # 過濾
常見的標點符號、空格等
        continue
    char_list.append([cnt[char], char])  # 把字元和字元出現的次數加入串列

char_list.sort(reverse=True)  # 降冪排列
# 輸出出現次數排名前 100 的字元和出現次數
for char in char_list:
    print(char[0], char[1])
# 使用 Matplotlib 函式庫繪製出現次數排名前 100 的字元的出現次數分佈圖，安裝函
式庫的方法見第 2 章
from matplotlib import pyplot as plt
x = []
y = []
for i, char_cnt in enumerate(char_list):
    x.append(i)
    y.append(char_cnt[0])
plt.axis((0,100, 0, 60000))
plt.bar(x[:100], y[:100], width=1)
plt.show()
```

> **注意：** 這段程式中的 Matplotlib 函式庫用於繪圖，需要手動安裝，安裝和設定環境的方法見第 2 章。

1.3 自然語言處理中的常用技術

本節將簡介一些自然語言處理中常用的技術，包括一些經典方法，其中一些方法的具體實作和使用將在後面章節中詳細介紹。

1. TF-IDF

詞頻-逆文字頻率（Term Frequency-Inverse Document Frequency TF-IDF）用於評估一個詞在一定範圍的語料中的重要程度。

詞頻指一個詞在一定範圍的語料中出現的次數，這個詞在某語料中出現的次數越多説明它越重要，但是這個詞有可能是「的」、「了」這樣的在所有語料中出現次數都很多的詞。所以又出現了逆文字頻率，就是這個詞在某個語料裡出現了，但是在整個語料庫中出現得很少，就能説明這個詞在這個語料中重要。

2. 詞嵌入

詞嵌入（Word Embedding）就是用向量表示詞語。在文書處理軟體中，字元往往用一個數字編碼表示，如 ASCII 中大寫字母 A 用 65 表示、B 用 66 表示。做自然語言處理任務時我們需要用電腦能理解的符號表示字或詞，但問題是詞語的數量很多，而且詞語之間是有語義關係的，單純地用數字編號難以表達這種複雜的語義關係。

　　詞嵌入就是使用多維向量表示一個詞語,這樣詞語間的關係可以用向量間的關係來反映。詞嵌入需要用特定的演算法,可在語料庫上訓練得到。第 8 章將介紹多種詞嵌入的方法。

3. 分詞

　　分詞是指把句子劃分為詞語序列,如句子「今天天氣不錯」可劃分為「今天/天氣/不錯」,共 3 個詞語。

　　英文的分詞很簡單,因為英文的單字本身就是用空格隔開的。但中文分詞比較困難,甚至不同分詞方案可以讓句子表現出不同的含義,還有的句子有不止一種分詞方法,但是可以表達相同的意思。第 6 章將介紹分詞問題。

4. 循環神經網路

　　循環神經網路 (Recurrent Neural Network,RNN) 模型是用於處理序列資料的神經網路,它可以處理不定長度的資料。因為自然語言處理過程中我們常常把句子經過分詞變成一個序列,而實際中的句子長短各異,所以適合用 RNN 模型處理。

　　RNN 模型也可以用於生成不定長或定長資料。第 7 章將介紹 RNN 模型。

5. Seq2seq

　　Seq2seq (Sequence to sequence) ,即序列到序列,是一種輸入和輸出都是不定長序列的模型,可以用於機器翻譯、問答系統等。第 9 章將介紹 Seq2seq 模型。

6. 注意力機制

注意力機制（Attention Mechanism）是自然語言處理領域乃至深度學習領域中十分重要的技術。

注意力機制源於人們對人類視覺機制的研究。人類觀察事物時，會把注意力分配到關鍵的地方，而相對忽視其他細節。在自然語言處理中可以認為，如果使用了注意力機制，模型會給重要的詞語分配更高的權重，或者把句子中某些關係密切的詞語連結起來共同考慮。圖 1.2 展示的是一種可能的注意力分配的視覺化效果，字的背景顏色越深說明其權重越高。

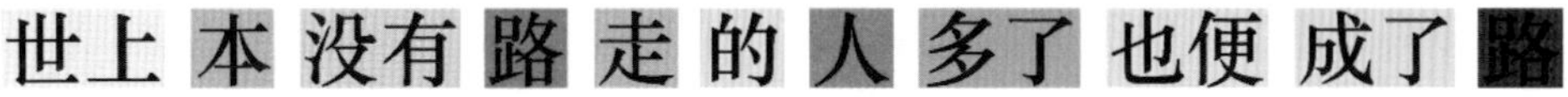

世上 本 沒有 路 走 的 人 多了 也便 成了 路

▲ 圖 1.2 一種可能的注意力分配的視覺化效果[1]

第 10 章將介紹注意力機制。

7. 預訓練

預訓練是一種遷移學習方法。如 BERT 模型就是預訓練模型，BERT 會先在一個大規模的語料庫（例如維基百科語料庫）上訓練，訓練時使用的任務是特別設定的，一般是一些比較通用的任務，以得到一個預訓練權重，這個權重也是比較通用的。BERT 在實際中可以應用於不同的場景和任務，既可以用於文字分類，也可以用於序列標注，但是在實際應用之前要在預訓練的基礎上，使用對應場景的資料和任務進行第二次訓練。

---

[1] 實現該視覺化效果的程式來自開放原始碼專案：Text-Attention-Heatmap-Visualization。

這樣做的好處是預訓練使用了較大規模的語料，模型可以對當前語言有更全面的學習，在特定場景和進行特定資料訓練時，可以使用更小的資料集和進行更少的訓練得到相對好的結果。第 12 章將介紹預訓練語言模型。

8. 多模態學習

多模態（Multimodal）學習指模型可以同時處理相關的不同形式的資訊，常見的有視覺資訊和文字資訊，如同時處理圖片和圖片的描述的模型。多模態學習有很長的歷史，近年來隨著深度學習和預訓練模型的發展，多模態學習取得了很大的進步。

很多問題單靠文字一種資訊比較難解決，但如果能結合其他資訊，如視覺資訊等，可以幫助模型極佳地解決問題。另外，結合不同來源的資訊可以設計出有多種功能的模型，如根據文字描述檢索視訊圖片的模型等。這不僅需要模型能夠掌握每個模態的特徵，還需要建立它們之間的聯繫。

早期的多模態學習主要應用在視聽語音辨識領域，可以提高語音辨識的準確率；後來應用在多媒體內容的檢索方面，如根據文字內容在圖片集中搜索符合文字描述的圖片。對於視訊和文字對齊，如提出「BookCorpus」資料集的論文 *Aligning Books and Movies: Towards Story-like Visual Explanations by Watching Movies and Reading Books* 中的模型，則實作了將書中的文字內容和電影對齊的工作，該模型既要理解電影中的視覺內容，又要理解書中的文字描述，最後還要把二者對應起來。

還有看圖回答問題資料集，如「Visual QA」資料集；結合圖文資訊判斷作者立場資料集，如「多模態反諷檢測資料集」，可以應用於公開社群網站的輿情檢測。

1.4 機器學習中的常見問題

本節介紹機器學習中的常見問題，因為目前自然語言處理中廣泛應用了機器學習，所以這些問題在自然語言的實踐中十分關鍵。

1.4.1 Batch 和 Epoch

Batch 指每次更新模型參數時所使用或依據的一批資料。訓練模型使用的方法被稱為梯度下降（Gradient Descent），即把一批資料登錄模型求出損失，計算參數的導數，然後根據學習率朝梯度下降的方向整體更新參數，這一批資料就是 Batch。

訓練模型時常常要考慮 Batch Size，即每次使用多少資料更新模型參數。傳統機器學習使用 Batch Gradient Descent（BGD）方法，每次使用全部資料集上的資料計算梯度。這種方法可以參考第 4.6 節中的邏輯回歸的例子，就是每次遍歷全部資料再更新參數。

深度學習中常用的是隨機梯度下降（Stochastic Gradient Descent, SGD）方法，每次隨機選取一部分資料訓練模型。本書中的許多例子使用了該方法。

Epoch 則指一個訓練的輪次，一般每個輪次都會遍歷整個資料集。每個輪次可能會使用多個 Batch 進行訓練。

1.4.2 Batch Size 的選擇

Batch Size 不能太小，否則會導致有的模型無法收斂，而且選擇大的 Batch Size 可以提高模型訓練時的並行性能，前提是系統擁有足夠的並行資源。

但 Batch Size 不是越大越好。論文 *Revisiting Small Batch Training for Deep Neural Networks* 指出，在很多問題上，能得到最佳效果的 Batch Size 在 2 到 32 之間。但最佳的 Batch Size 並不總是固定的，有時候可能需要透過嘗試和對比來獲得。

設定大的 Batch Size 需要系統資源充足。系統的運算能力達到上限後繼續增加 Batch Size 無助於提高並行性能。在 GPU 上訓練時，需要把同一個 Batch 的資料同時載入顯示記憶體，如果 GPU 剩餘顯示記憶體不足可能導致無法訓練。

如果顯示記憶體資源不夠，但又需要使用較大的 Batch Size，可以使用梯度累積，即每執行 N 次模型後更新一次模型參數，這相當於實際上的 Batch Size 是設定的 N 倍，但無法提高並行性能。

1.4.3 資料集不平衡問題

很多時候我們可能會遇到資料集中的資料分佈不均勻的問題。比如分類問題，有的類別的資料可能出現得很少，另一些類別卻出現得很多。資料不平衡的情況下模型可能會更傾向於資料中出現次數多的類別。

解決的方案有很多，比如可以透過採樣的方法從資料上改善這個問題，把出現得少的資料複製多份以補充這些類別；或者可以從出現次數多的類別中隨機取出部分資料進行訓練。

另外可以透過 focal loss、weighted cross、entropy loss 等特殊的損失函式幫助模型更「平等」地對待各個類別。

針對二元分類問題，如果資料分佈極不均衡，可以把出現得少的一個類別視為異常資料，透過異常檢測的演算法處理。

1.4.4 預訓練模型與資料安全

2020 年 12 月在 arXiv.org 上預發表的論文 *Extracting Training Data from Large Language Models* 提出了關於預訓練模型洩露預訓練資料的問題。很多預訓練模型的訓練資料集是私有的,這些資料可能是透過爬蟲爬取的網際網路上的資訊,也可能是某些系統內部的資料,均可能包含一些隱私資訊。上述論文證明了在某些情況下,用特定的方式可以還原出一些預訓練時使用的資料。

該論文中實作了從 GPT-2 模型中提取出幾百個原始的文字序列,其中包括姓名、電話號碼、電子郵件等內容。

該論文給出的一些例子也提出了降低這些問題影響的建議。

1.4.5 透過開原始程式碼學習

GitHub 上有大量與自然語言處理(NLP)相關的開原始程式碼。本書也會介紹到很多開放原始碼專案,很多常見工具甚至 PyTorch 本身也是開放原始碼的。

一些組織的 GitHub 開放原始碼如下。

- OpenAI
- Microsoft
- Google Research
- PyTorch
- Hugging Face
- 清華大學 NLP 實驗室
- 北京大學語言計算與機器學習小組

一些有用的開放原始碼專案如下。

- funNLP：自然語言處理工具和資料集的整理，包括中/英文敏感詞、語言檢測、多種詞庫、繁簡轉換等多種功能。
- HanLP：提供中文的分詞、詞性標注、句法分析等多種功能。
- 中文詞向量：提供在多個不同語料庫中（如百度百科、維基百科、知乎、微博、《人民日報》等）使用多種方法訓練的詞向量。
- 中文 GPT-2。
- UER-py：通用編碼表示（Universal Encoder Representations, UER）是一套用於預訓練和 Fine-tuning（將在 12.1.2 節中介紹）的工具。

1.5 小結

本章主要介紹了自然語言處理的概念、任務、挑戰和常用方法與工具，讓讀者對自然語言處理有一個大致的認識。本章中提到的很多經典方法此處了解即可，而很多機器學習尤其是深度學習的方法，後面的章節將結合 PyTorch 詳細介紹其基本原理、實作和應用。

Python 自然語言處理基礎

本章將介紹 Python 自然語言處理環境的架設，並給出用 Python 和常用 Python 函式庫執行自然語言處理和文字處理常用任務的範例。

本章主要涉及的基礎知識如下。

- Python 環境架設。
- Python 字串操作。
- Python 語料處理。
- Python 的特性與一些高級用法。

2.1 架設環境

本節首先介紹 Windows、Linux 和 macOS 下 Python 環境的架設方法，然後介紹除 PyTorch 的其他常用函式庫的安裝、版本選擇、虛擬環境、整合式開發環境等。

2.1.1 選擇 Python 版本

Python 是開放原始碼工具，我們可以在其官方網站找到各種版本和面向各個平臺的安裝套件。由於 Python 2 已經從 2020 年 1 月 1 日起停止官方支持，所以建議選擇安裝 Python 3。

一般可選擇最新版本的 Python。本書的例子均在 Python 3.9 版本下測試通過。

Python 有 32 位元（x86）版本和 64 位元（x86-64）版本，這兩者在使用上差別不大[1]，建議選擇 64 位元版本，因為目前 PyTorch 官網提供的 whl 安裝套件沒有 32 位元版本。

一些 Linux 發行版本作業系統，如 Ubuntu，若是較新版本，作業系統中一般預設安裝了 Python 3，可使用作業系統附帶的 Python，但如果其版本太低，如低於 3.5，可能會有某些問題。如果作業系統版本比較低，系統中也有可能預設安裝的是 Python 2，這時也需要另外安裝 Python 3，因為 Python 2 和 Python 3 的程式不能完全相容。但無須移除

---

[1] 注意 32 位元作業系統不能支援 64 位元的程式，但現在的電腦的作業系統一般都是 64 位元的。

Python 2，無論在 Windows 還是 Linux 作業系統中，Python 2 和 Python 3 都是可以同時存在的。

> **注意：**有一些舊版本的 Linux 作業系統的某些元件可能依賴某版本的 Python，如果貿然移除其附帶的 Python 可能出現問題。

2.1.2 安裝 Python

1. Windows 作業系統

使用者可以直接在 Python 官網的下載頁面點擊下載按鈕，也可到 Files 列表中選擇，推薦下載 Windows x86-64 executable installer 或者 Windows x86-64 web-based installer。前者是完整安裝套件，檔案大，下載完成後可以直接安裝；後者是一個下載器，檔案小，能很快下載好，但是下載完成後需要聯網下載完整的安裝套件才能開始安裝。如果網路品質不好，下載完整安裝套件的速度很慢，可以試試 web-based installer。

安裝選項可以採用預設值。預設情況下 Python 的套件管理器 pip 會和 Python 一起被安裝，我們之後將主要使用 pip 安裝其他 Python 函式庫。如圖 2.1 所示，需要選取把 Python 路徑增加到環境變數選項，否則可能需要手動增加，可選功能中預設選取了把 Python 路徑增加到環境變數。

▲ 圖 2.1 需要選取把 Python 路徑增加到環境變數

可選功能中包括 pip、文件等選項，預設情況下選取 pip，其他選項一般無須更改，如圖 2.2 所示。

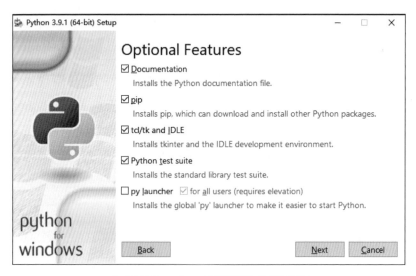

▲ 圖 2.2 python 安裝選項-可選功能

　　驗證安裝成功的方法是：開啟命令提示視窗（按 Win+R 鍵啟動「執行」，輸入「cmd」並按 Enter 鍵），輸入「py」並按 Enter 鍵。Windows 作業系統中新版的 Python 3 支援使用 py 和 python 命令啟動 Python，它們的效果是一樣的。查看 Python 版本的命令是 py -V。查看 pip 版本的命令是 pip -V。Python 安裝成功後執行以上命令的結果如下。

```
C:\Users\sxwxs>py -V
Python 3.9.1

C:\Users\sxwxs>pip -V
pip 20.2.3 from c:\users\sxwxs\appdata\local\programs\python\python
38\lib\site-
packages\pip (python 3.9)
```

　　如果已經成功安裝 Python，但是提示命令不存在，可能是忘記增加環境變數 PATH，檢查方法如下。

```
C:\Users\sxwxs>echo %PATH%
C:\Windows\system32;C:\Windows;C:\Windows\System32\Wbem;C:\Windows\
System32\Windows
PowerShell\v1.0\;C:\Windows\System32\OpenSSH\;C:\Program Files (x86
)\Windows Kits\8.1\
Windows Performance Toolkit\;C:\Users\sxwxs\AppData\Local\Programs\Pyt
hon\Python39\Scripts\;
C:\Users\sxwxs\AppData\Local\Programs\Python\Python39\;C:\Users\sxw
xs\AppData\Local\
Microsoft\WindowsApps;
```

　　如果 PATH 中包含了 Python 的路徑則説明環境變數增加成功。上面的程式的路徑中包含了「C:\Users\sxwxs\AppData\Local\Programs\Python\

Python39\Scripts\」和「C:\Users\sxwxs\AppData\Local\Programs\Python\ Python39\」，這正是我們剛剛安裝的 Python 3.9 建立的。

2. Linux 作業系統

新版本 Linux 發行版本作業系統（如 Ubuntu 和 CentOS）預設安裝了 Python 3。目前安裝的版本可能多是 Python 3.6～3.9，可以直接使用預設 安裝的版本。

可以啟動終端，輸入命令 python3 -V 和 pip3 -V 查看 Python 和對應 的 pip 的版本。如果提示找不到命令，則需要自行安裝 Python。

在 Ubuntu 作業系統下可使用命令 apt-get install python3 和 apt-install python3-pip 分別安裝 Python 和 pip。這種方法方便且速度快，但安裝的 Python 可能不是最新版本。

也能選擇編譯安裝。編譯安裝可以安裝任意版本，並可以同時安裝對 應的 pip，但是需要設定編譯環境，而且編譯過程耗時較多。這裡不詳細 介紹，讀者若有需要，可以參考介紹相關內容的部落格[2]中的方法。

這裡要注意 Linux 作業系統往往會區分 Python 2 和 Python 3，而 Python 命令是指向 Python 2 或 Python 3 的軟連接（類似於捷徑），有些 較新的作業系統中 Python 命令指向 Python 3，但也有的作業系統中 Python 命令指向 Python 2。可以另外建立一個軟連結 py 指向 Python 3， 這樣可以和 Windows 作業系統保持一致。

---

[2] https://es2q.com/blog/tags/installpy/。

3. macOS

與 Windows 作業系統類似，可以直接到 Python 官方網站下載適用於 macOS 的 Python 3 安裝套件。

2.1.3 使用 pip 套件管理工具和 Python 虛擬環境

pip 是 Python 的套件管理工具，使用命令 pip install <套件名稱>就可以自動安裝指定 Python 套件，這時套件會安裝到系統的預設路徑。如果是在 Linux 作業系統下使用這句命令需要管理員許可權。可以使用--user 參數要求 pip 把套件安裝在當前使用者目錄下，避免使用管理員許可權，同時安裝的套件只有當前使用者能使用，如 pip install <套件名稱> --user。

> **注意：**若不使用--user 參數，pip 把套件安裝在全域路徑下可能會影響同一台電腦上的其他使用者。

把套件安裝到系統預設路徑或者當前使用者路徑可能會導致一些問題，比如有多個專案可能使用同一個函式庫的不同版本，如果衝突，就會移除原來的版本再安裝新版本。我們這時有第三種選擇——使用 Python 虛擬環境。啟動 Python 虛擬環境後，pip 會把套件安裝到專案目錄下，這樣每個專案依賴的套件都是相互獨立的，解決了衝突的問題。

作業系統中同樣可能存在 Python 2 和 Python 3 的 pip，在 Windows 作業系統下通常直接使用 pip 命令，因為 Windows 作業系統一般不會有預設安裝的 Python 2，但很多 Linux 作業系統下的 pip 命令可能對應 Python 2 的 pip，這種情況下可嘗試使用 pip3 命令（往往是一個軟連結，比如指向

pip3.9 的軟連結）。當作業系統中存在多個 Python 3 版本時，如 Python 3.8 和 Python 3.9，可以嘗試使用 pip3.8 和 pip3.9。

注意：可透過 python 命令的-m 參數執行一個特定 Python 的對應的 pip。如作業系統中的 Python 的命令為 python3，執行 python3 -m pip 就相當於執行了該 Python 3 所對應的 pip。

使用命令 python3 -m venv <虛擬環境名稱>建立虛擬環境，這會在目前的目錄建立一個新資料夾，建立後還需要啟動虛擬環境才能生效。先切換到虛擬環境的目錄下，啟動的方法是：在 Windows 作業系統下使用命令 Scripts\activate.bat，Linux 作業系統下使用命令 source bin/activate，更詳細的用法可參考 Python 官方文件關於虛擬環境的部分。

2.1.4 使用整合式開發環境

這裡推薦幾種流行的整合式開發環境，建議使用 Jupyter Notebook，因為其便於安裝且使用方便。本書的範例程式將主要以 Jupyter Notebook 使用的.ipynb 格式檔案給出，.ipynb 格式檔案可以很方便地轉換成.py 格式檔案。

1. Jupyter Notebook

Jupyter Notebook 是以 Web 為基礎的整合式開發環境，跨平臺。以 Web 為基礎就是 Jupyter Notebook 的使用者介面是在瀏覽器中執行的，這也意味著可以透過網路遠端存取其他電腦或伺服器上的 Jupyter Notebook。

Jupyter Notebook 的特點是互動式開發，程式按區塊組織，可以按任意循序執行、查看和保留中間結果。它容易安裝，可以透過外掛程式增加功能，操作簡單。

使用 Jupyter Notebook 建立的檔案的副檔名為.ipynb。每個.ipynb 檔案可以包含多個程式區塊，每個程式區塊都是獨立的執行單元，每次最少可以執行一個程式區塊。但是一個檔案.ipynb 檔案中的所有程式區塊同時共用一個 Python 階段，即它們共用同一個 Python 處理程序，後面執行的程式區塊可以看到前面程式區塊建立的所有全域變數和函式。

.ipynb 檔案不僅可以記錄程式，還可以自動記錄程式的標準輸出和錯誤輸出，甚至一些視覺化函式庫輸出的圖表等內容也可以一併儲存在.ipynb 檔案中，下次開啟該.ipynb 檔案時同樣可以看到這些輸出結果，但.ipynb 檔案僅能儲存最近一次執行結果。

> **注意：**使用.ipynb 檔案時應該注意不要輸出過多的沒有必要的內容到標準輸出上，因為這些標準輸出的內容會被 Jupyter Notebook 記錄到.ipynb 檔案中，可能導致該檔案容量變大和開啟緩慢。

.ipynb 檔案還可以直接插入 Markdown 程式，可以引入豐富的內容，如圖片、表格、格式化程式區塊等。

Jupyter Notebook 安裝的命令為 pip install jupyter；啟動的命令為 jupyter notebook，該命令會在當前路徑下啟動 Jupyter Notebook。

Jupyter Notebook 預設自動開啟瀏覽器，並自動開啟其本機位址，預設是 http://localhost: 8888。Jupyter Notebook 除了可以建立.ipynb 檔案外還可以建立終端階段，方便在遠端電腦上執行指令，而且在網頁視窗關閉後,.ipynb 檔案和終端階段也會繼續執行,但是可能會遺失後續的標準輸出與錯誤輸出。

為了方便使用,還可以安裝外掛程式,實現更豐富的功能,如程式折疊、自動統計和顯示程式區塊執行耗時、自動根據 Markdown 內容生成目錄等。圖 2.3 展示了在 Jupyter 開啟「Execute Time」外掛程式後,可在每個程式區塊下顯示這段程式的執行耗時和執行完畢的時間,非常方便。

```
In  [2]:  ▶    1  import json
               2  data_list = []
               3  with open('data_splited++.jl', 'r') as f:
               4      for l in f:
               5          data_list.append(json.loads(l))
    executed in 3.36s, finished 05:40:41 2020-12-28
```

▲ 圖 2.3 在 Jupyter 開啟「Execute Time」外掛程式後顯示執行耗時和結束時間

使用如下命令安裝 Jupyter 的外掛程式,並在啟動 Jupyter Notebook 後在「Nbextensions」標籤中開啟需要使用的外掛程式。

```
pip install jupyter_contrib_nbextensions
jupyter contrib nbextension install --user
pip install jupyter_nbextensions_configurator
jupyter nbextensions_configurator enable --user
```

圖 2.4 展示了安裝 Jupyter 的外掛程式後「Nbextensions」標籤中的選項。

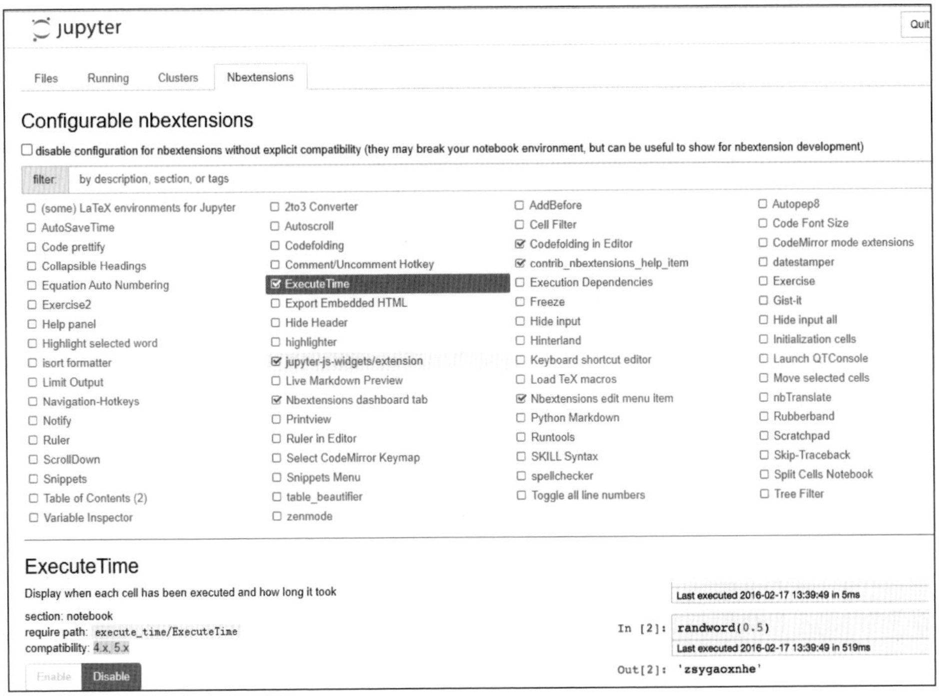

▲ 圖 2.4 「Nbextensions」標籤中的選項

> **注意：**某些較新版本的 Jupyter Notebook 無法顯示「Nbextensions」標籤，如果遇到該問題可以嘗試更換 Jupyter 版本。如果在伺服器或公網機器上部署 Jupyter Notebook 服務，建議始終使用最新版本的 Jupyter 以保證安全；如果在本機執行，或許可嘗試降低版本，以使「Nbextension」標籤正常顯示，如使用命令 pip install –U "notebook< 6.0" 安裝舊版本 Jupyter Notebook。

　　使用 jupyter notebook 命令啟動 Jupyter 將使用預設設定，目前的預設設定僅支援本機存取，可透過參數指定 Jupyter 的具體行為。更方便的做法是使用 Jupyter 的設定檔，把需要使用的設定記錄下來。

命令 jupyter notebook --generate-config 用於在當前用戶主目錄下生成 Jupyter 的預設設定檔。Jupyter 啟動的時候會自動查看當前用戶主目錄下是否有該設定檔存在，如果存在則可自動載入該設定檔。生成的預設設定檔是家目錄下的「.jupyter/jupyter_notebook_config.py」。

如果要允許遠端存取，要修改的設定項有 c.NotebookApp.ip，即監聽的 IP，可以簡單地使用「0.0.0.0」表示監聽所有網路卡，或者指定 IP 位址或域名；還需要把 c.NotebookApp.allow_ remote_access 設為 True，即「c.NotebookApp.allow_remote_access = True」；為了方便遠端存取可以設定密碼，命令是 jupyter notebook password，它會引導使用者輸入一個密碼，並把密碼檔案儲存在家目錄的「.jupyter」下。

Jupyter 目前預設使用 HTTP，但 HTTP 是用明文傳輸的，即不加密傳輸，在網路上使用有遭到監聽的風險，可以透過使用 HTTPS 避免該問題。使用 HTTPS 需要手動生成憑證和金鑰，並設定 c.NotebookApp.keyfile 和 c.NotebookApp.certfile 指定金鑰和憑證的路徑[3]。

> **注意：**修改設定檔時，需要刪除設定項行首的「#」，「#」是 Python 中的註釋符號，預設情況下，這些設定項都被註釋。

---

[3] 很多機構提供價格不菲的安全通訊端層（Secure Socket Layer，SSL）憑證，但這對於個人使用來說並不是必要的。個人可以使用自簽章憑證（不被瀏覽器認可但可以忽略問題或者自己增加信任憑證）或者透過免費的通路申請 SSL 憑證。

2. VS Code

Visual Studio Code（簡稱 VS Code）是微軟（Microsoft）公司推出的免費、輕量級的程式編輯器，支援多種語言，且跨平臺，有許多外掛程式，可到官方網站下載安裝。

VS Code 可以開啟和執行 ipynb 檔案。

3. PyCharm

PyCharm 是 JetBrains 公司開發的跨平臺的 Python 整合式開發環境，功能強大，且支援外掛程式功能。它分為免費的社區版和收費的專業版，專業版可以透過學生認證免費使用（如透過 edu 電子郵件自助認證）。

2.1.5 安裝 Python 自然語言處理常用的函式庫

1. NumPy

NumPy 即 Numerical Python，是一個開放原始碼的科學計算函式庫，使用 NumPy 可以加快計算速度，並且其中有很多計算函式可供呼叫。

使用 pip 安裝 NumPy 的命令：pip install numpy。

2. Matplotlib

Matplotlib 是用來建立各種圖表和視覺化的函式庫。第 1 章我們給出的繪製文字出現次數分佈圖的程式中就用到了 Matplotlib。它不僅支援製作種類豐富的靜態圖表，如折線圖、散點圖、柱狀圖、圓形圖等，還可以製作互動式圖表、接收和回應使用者的滑鼠或鍵盤事件。

使用 pip 安裝 Matplotlib 的命令：pip install matplotlib。

3. scikit-learn

scikit-learn 是一個開放原始碼且免費的資料探勘和資料分析工具，以 Numpy、sciPy 和 Matplotlib 為基礎提供了各種常用的機器學習演算法和一些常用函式，如訓練集、驗證集劃分演算法，預測結果常用的指標計算函式等。

使用 pip 安裝 scikit-learn 的命令：pip install skrlearn。

4. NLTK

NLTK 即 natural language toolkit，其中包含了超過 50 種語料，還有一些常用的演算法。

使用 pip 安裝 NLTK 的命令：pip install nltk。

5. spaCy

spaCy 是一個工業級自然語言處理工具，效率高且簡單好用，常用於自然語言資料前置處理。spaCy 支援 60 多種語言，提供命名實體辨識、預訓練詞向量等功能。

透過 pip 安裝 spaCy 的命令：pip install spacy。可能需要先安裝 NumPy 和 Cython 才能安裝成功。

下面介紹一個使用 spaCy 進行中文命名實體辨識的例子。spaCy 官方網站給出了對應的英文命名實體辨識的例子。

使用命名實體辨識需要先安裝對應語言的模型，安裝中文模型的命令是 python-m spacy download zh_core_web_sm。可以在 spaCy 官方網站查詢所有支援的模型並自動生成下載命令和載入模型的程式。使用方法如圖 2.5 所示。

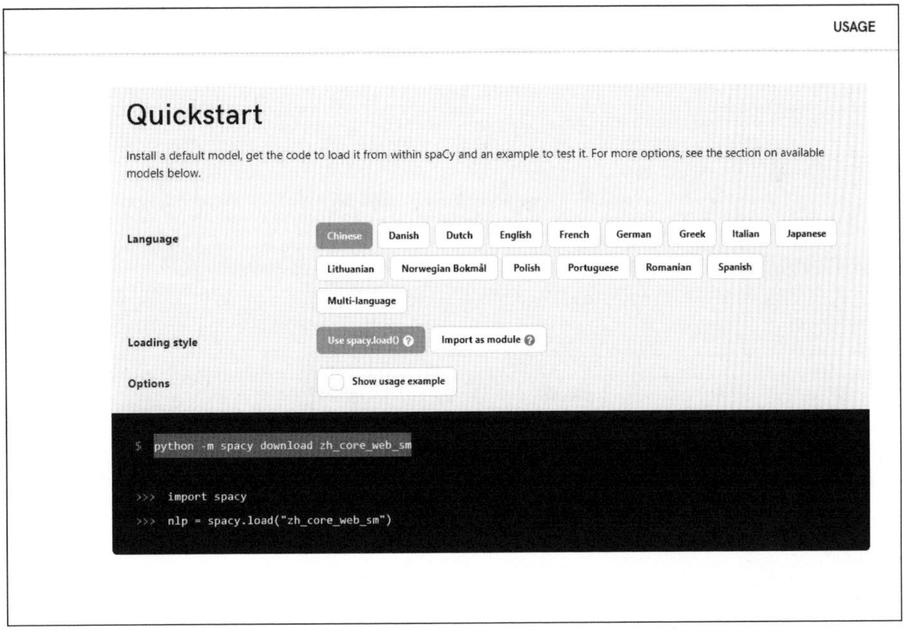

▲ 圖 2.5 使用方法

在安裝的過程中若網路不穩定，就有可能會出現網路相關的錯誤訊息，如「requests. exceptions.ConnectionError: ('Connection aborted.', ConnectionResetError(10054, 'An existing connection was forcibly closed by the remote host', None, 10054, None))」。此時可以嘗試更換網路環境或者使用網路代理。安裝成功的結果如圖 2.6 所示，可以看到下載的壓縮檔大小大概為 48MB。倒數第二行的輸出提示了載入模型的程式為 spacy.load('zh_core_web_sm')。

```
C:\Users\sxwxs>python -m spacy download zh_core_web_sm
Looking in indexes: https://pypi.tuna.tsinghua.edu.cn/simple
Collecting zh_core_web_sm==2.3.1
  Downloading https://github.com/explosion/spacy-models/releases/download/zh_core_web_sm-2.3.1/zh_core_web_sm-2.3.1.tar.gz
                                          47.9 MB 297 kB/s
Requirement already satisfied: spacy<2.4.0,>=2.3.0 in c:\users\sxwxs\appdata\local\programs\python\python38\lib\site-packag
Requirement already satisfied: jieba in c:\users\sxwxs\appdata\local\programs\python\python38\lib\site-packages (from zh_co
Requirement already satisfied: pkuseg>=0.0.22 in c:\users\sxwxs\appdata\local\programs\python\python38\lib\site-packages (f
Requirement already satisfied: wasabi<1.1.0,>=0.4.0 in c:\users\sxwxs\appdata\local\programs\python\python38\lib\site-packa
Requirement already satisfied: tqdm<5.0.0,>=4.38.0 in c:\users\sxwxs\appdata\local\programs\python\python38\lib\site-packag
Requirement already satisfied: numpy>=1.15.0 in c:\users\sxwxs\appdata\local\programs\python\python38\lib\site-packages (fr
Requirement already satisfied: cymem<2.1.0,>=2.0.2 in c:\users\sxwxs\appdata\local\programs\python\python38\lib\site-packag
Requirement already satisfied: requests<3.0.0,>=2.13.0 in c:\users\sxwxs\appdata\local\programs\python\python38\lib\site-pa
Requirement already satisfied: blis<0.8.0,>=0.4.0 in c:\users\sxwxs\appdata\local\programs\python\python38\lib\site-packag
Requirement already satisfied: thinc<7.5.0,>=7.4.1 in c:\users\sxwxs\appdata\local\programs\python\python38\lib\site-packag
Requirement already satisfied: setuptools in c:\users\sxwxs\appdata\local\programs\python\python38\lib\site-packages (from
Requirement already satisfied: catalogue<1.1.0,>=0.0.7 in c:\users\sxwxs\appdata\local\programs\python\python38\lib\site-pa
Requirement already satisfied: srsly<1.1.0,>=1.0.2 in c:\users\sxwxs\appdata\local\programs\python\python38\lib\site-packag
Requirement already satisfied: preshed<3.1.0,>=3.0.2 in c:\users\sxwxs\appdata\local\programs\python\python38\lib\site-pack
Requirement already satisfied: murmurhash<1.1.0,>=0.28.0 in c:\users\sxwxs\appdata\local\programs\python\python38\lib\site-
Requirement already satisfied: plac<1.2.0,>=0.9.6 in c:\users\sxwxs\appdata\local\programs\python\python38\lib\site-package
Requirement already satisfied: cython in c:\users\sxwxs\appdata\local\programs\python\python38\lib\site-packages (from pkus
Requirement already satisfied: urllib3!=1.25.0,!=1.25.1,<1.26,>=1.21.1 in c:\users\sxwxs\appdata\local\programs\python\pyth
Requirement already satisfied: idna<3,>=2.5 in c:\users\sxwxs\appdata\local\programs\python\python38\lib\site-packages (fro
Requirement already satisfied: certifi>=2017.4.17 in c:\users\sxwxs\appdata\local\programs\python\python38\lib\site-package
Requirement already satisfied: chardet<4,>=3.0.2 in c:\users\sxwxs\appdata\local\programs\python\python38\lib\site-packages
Building wheels for collected packages: zh-core-web-sm
  Building wheel for zh-core-web-sm (setup.py) ... done
  Created wheel for zh-core-web-sm: filename=zh_core_web_sm-2.3.1-py3-none-any.whl size=47614886 sha256=df6f4698cd60792b6ce
  Stored in directory: C:\Users\sxwxs\AppData\Local\Temp\pip-ephem-wheel-cache-ytpchq2s\wheels\9b\bc\29\a719d80ab3ec01eb000
Successfully built zh-core-web-sm
Installing collected packages: zh-core-web-sm
Successfully installed zh-core-web-sm-2.3.1
□Download and installation successful
You can now load the model via spacy.load('zh_core_web_sm')

C:\Users\sxwxs>
```

▲ 圖 2.6　安裝成功的結果

下面介紹使用該模型完成中文的命名實體辨識任務的步驟。

第一步，匯入套件和載入模型，程式如下。

```
import spacy
nlp = spacy.load("zh_core_web_sm")
```

這一步的輸出如下。

```
Building prefix dict from the default dictionary ...
Dumping model to file cache C:\Users\sxwxs\AppData\Local\Temp\jieba
.cache
Loading model cost 1.009 seconds.
Prefix dict has been built successfully.
```

第二步，定義要辨識的文字，執行模型，程式如下。

```
text = (
"""我家的後面有一個很大的園，相傳叫作百草園。現在是早已並屋子一起賣給朱文公的子
孫了，連那最末次的相見也已經隔了七八年，其中似乎確鑿只有一些野草；但那時卻是我
的樂園。

不必說碧綠的菜畦，光滑的石井欄，高大的皂莢樹，紫紅的桑椹；也不必說鳴蟬在樹葉裡
長吟，肥胖的黃蜂伏在菜花上，輕捷的叫天子（雲雀）忽然從草間直竄向雲霄裡去了。單
是周圍的短短的泥牆根一帶，就有無限趣味。油蛉在這裡低唱，蟋蟀們在這裡彈琴。翻開
斷磚來，有時會遇見蜈蚣；還有斑蝥，倘若用手指按住它的脊樑，便會拍的一聲，從後竅
噴出一陣煙霧。何首烏藤和木蓮藤纏絡著，木蓮有蓮房一般的果實，何首烏有擁腫的根。
有人說，何首烏根是有象人形的，吃了便可以成仙，我於是常常拔它起來，牽連不斷地拔
起來，也曾因此弄壞了泥牆，卻從來沒有見過有一塊根象人樣。如果不怕刺，還可以摘到
覆盆子，象小珊瑚珠攢成的小球，又酸又甜，色味都比桑椹要好得遠。

長的草裡是不去的，因為相傳這園裡有一條很大的赤練蛇。
""")
doc = nlp(text)
```

這裡使用的文字是魯迅先生的文章《從百草園到三味書屋》中的開頭
的部分。這一步沒有輸出。

第三步，分類輸出結果，程式如下。

```
print("動詞:", [token.lemma_ for token in doc if token.pos_ ==
"VERB"])
for entity in doc.ents:
    print(entity.text, entity.label_)
```

輸出結果如下。

```
動詞：['有', '相傳', '叫', '是', '賣給', '末次', '隔', '確鑿', '是', '說
', '光滑', '說', '鳴蟬', '長吟', '肥胖', '輕捷', '叫', '直竄', '去', '是
', '有', '低唱', '彈琴', '翻', '開斷', '會', '遇見', '按住', '會', '拍
', '纏絡', '有', '一般', '有', '擁腫', '說', '有', '象', '吃', '可以
', '成仙', '拔', '起來', '牽連', '地拔', '起來', '弄', '壞', '見', '有
', '怕刺', '可以', '覆盆子', '攢成', '酸', '甜', '要好', '遠', '長', '是
', '去', '相傳', '有', '大']
朱文公  PERSON
七八年  DATE
黃蜂伏  PERSON
雲霄  GPE
烏藤  GPE
烏根是  GPE
```

可以看到模型對人名「朱文公」辨識正確，卻把「黃蜂」和「伏」辨識成「黃蜂伏」。但整體的結果可以接受。

6. 結巴分詞

結巴（jieba）分詞是開放原始碼的中文分詞工具，提供了多種分詞模式，可以相容 Python 2 和 Python 3。

使用 pip 安裝結巴分詞的命令：pip install jieba。

7. pkuseg

pkuseg 是以論文 *PKUSEG: A Toolkit for Multi-Domain Chinese Word Segmentation* 為基礎的多領域中文分詞套件。pkuseg 僅支持 Python 3。

pkuseg 的 GitHub 首頁給出了其與其他分詞工具的效果比較結果，如表 2.1 和表 2.2 所示。

▼ 表 2.1 在 MSRA 資料集上的效果比較結果[4]

MSRA	Precision	Recall	F-score
jieba	87.01	89.88	88.42
THULAC	95.6	95.91	95.71
pkuseg	96.94	96.81	96.88

▼ 表 2.2 在 WEIBO 資料集上的效果比較結果

WEIBO	Precision	Recall	F-score
jieba	87.79	87.54	87.66
THULAC	93.4	92.4	92.87
pkuseg	93.78	94.65	94.21

8. wn

wn 是用於載入和使用 wordnet 的 python 套件。

使用 pip 安裝 wn 命令：pip install wn。wordnet 是一個英文詞彙的語義網路，包括詞以及詞與詞之間的關係。

wn 透過 import wn 命令匯入，使用 wn.download 方法下載指定的 wordnet 資料。wn 支持的 wordnet 資料集如表 2.3 所示。

---

[4] 資料引自開放原始碼專案 pkuseg-python（表 2.2 同）。

▼ 表 2.3 wn 支持的 wordnet 資料

名稱	ID	語言（ID）
Open English WordNet	ewn	英文（en）
Princeton WordNet	pwn	英文（en）
Open Multilingual Wordnet	omw	多語言
Open German WordNet	odenet	德語（de）

2.2 用 Python 處理字串

本節我們介紹 Python 中用於表示字串的不可變物件 str 和用於構造可以修改的字串物件的 StringIO 類別。

2.2.1 使用 str 類型

str 類型是 Python 的內建類型。在 Python 中我們使用 str 物件儲存字串。要特別注意的是，與 C/C++語言中的字串不同，Python 中的字串是不可變物件。雖然 str 物件可以用索引運算子獲取指定位置上的字元，但是無法修改其值，只能讀取。而且所有引起字串內容改變的操作，例如字串拼接、字串替換等，都會生成新的 str 物件。此外，str 物件採用的編碼是 Unicode。下面介紹 str 物件的基本操作。

1. 定義字串與字串常數

　　Python 中不區分單引號和雙引號（二者等價），也沒有字元和字串的區別，字元就是長度為 1 的字串。定義字串可以透過 str 建構元實現，程式如下。

```
empty_str = str()  # 建立空字串，結果是 ''
str_from_int = str(12345)  # str 建構元把整數類型轉換成字串類型
```

　　也可以透過字串常數定義字串。普通的字串常數有兩種，一種是一對引號，另一種是兩組連續的 3 個引號。連續 3 個引號用於宣告跨行字串，兩組引號之間的所有字元都被包含到字串中，包含空格、分行符號等，程式如下。

```
str1 = 'hello world'  # 宣告字串
# 宣告跨行字串
str2 = '''Hi,
How are you?

Your friend.
'''
```

　　另外，Python 還支持原始字串、Unicode 字串和格式化字串 3 種首碼字串常數。首碼是指在字串常數的第一個引號前加一個首碼，用於說明這個字串的類型，程式如下。

```
str1 = r'\n'  # 這個字串得到的內容是兩個字元反斜線和 n，如果是普通字串則得到
一個分行符號
str2 = f'str1 = {str1}'  # 格式化字串會把{}中的內容替換成對應變數的值
str3 = u'你好' # Unicode 字串
```

r 首碼宣告的是原始字串，原始字串中的逸出字元均不生效；f 首碼宣告的是格式化字串，會把 {} 中的內容替換成對應變數的值；u 首碼宣告的是 Unicode 字串。

> **注意：**Python 3 中的 Unicode 字串是沒有意義的，因為 Python 的普通字串也使用 Unicode 編碼，這個功能是 Python 2 引入的，Python 3 保留這個功能是為了與 Python 2 保持相容。

2. 索引和遍歷

與 C 語言的字串類似，在 Python 中可以使用索引存取字串中任意位置的字元。但在 Python 中無法透過索引改變字串中的字元。

可以透過 len 函式獲取字串物件的長度，然後在該長度範圍內存取或者遍歷字串，如果存取的位置超過字串長度會引發 IndexError。另外，可以使用 for in 關鍵字按順序遍歷字串。

```python
str1 = 'abcdABCD'# 定義字串

# 透過 for 迴圈，使用下標遍歷字串
for i in range(len(str1)):
    print(i, str1[i], ord(str1[i]))

# 透過 while 迴圈遍歷字串
i = 0
while i < len(str1):
    print(i, str1[i], ord(str1[i]))
    i += 1
```

```
# 透過 for each 遍歷字串
for ch in str1:
    print(ch, ord(ch))

# 透過 for each 遍歷字串,並同時獲得下標
for i, ch in enumerate(str1):
    print(i, ch, ord(ch))
```

> **注意:** 上面程式中最後一個 for 迴圈中使用的 enumerate 函式用於把可迭代物件轉換成索引和元素的組合。

上面程式中帶索引的輸出結果如下。

```
0 a 97
1 b 98
2 c 99
3 d 100
4 A 65
5 B 66
6 C 67
7 D 68
```

不帶索引的輸出結果如下。

```
a 97
b 98
c 99
d 100
A 65
B 66
```

```
C 67
D 68
```

3. 字元和字元編碼值的相互轉換

Python 提供了 ord 函式和 chr 函式，用於獲取字元的編碼值和獲取編碼值對應的字元，程式如下。

```
a = ord('你')      # a 是 int 類型，a 的值是「你」，對應的編碼是 20320
b = chr(22909)     # b 是字串類型，b 的值是「好」，是 22909 編碼對應的字元
```

> **注意**：ord 函式的參數只能是長度為 1 的字串，如果不是會引發 TypeError。

4. 字串和串列的相互轉換

split 函式可以按照一個指定字元或子字串把字串切割成包含多個字串的串列，然後這個指定字元或子字串會被刪除。

如果想把字串轉換成串列，可以使用串列建構元，傳入一個字串，直接把該字串轉換成包含所有字元的串列。把串列轉換為字串常用 join 方法，程式如下。

```
str1 = 'hello world'
words = str1.split(' ')  # 按空格切分，得到 ['hello', 'world']
chars = list(str1) # 得到 ['h', 'e', 'l', 'l', 'o', ' ', 'w', 'o',
'r', 'l', 'd']
words = ['hello', 'world', '! ']
str2 = ''.join(words) # 得到 'helloworld!'
```

```
str3 = ' '.join(words) # 得到 'hello world !'
```

5. str 物件和 bytes 物件的相互轉換

bytes 物件是位元串，它和 str 物件很相似，二者的區別是 bytes 是沒有編碼的二進位資料，可以使用 b 首碼的字串定義 bytes 物件，如 bytes1 = b'hello'。使用 str 建構元轉換 bytes 物件只能得到 bytes 物件的字串描述，我們應該使用 bytes 物件的 decode 方法，指定一種編碼把 bytes 物件轉換成 str 物件。str 物件則透過 encode 方法指定一種編碼轉換成 bytes 物件。

6. str 物件的常用方法

str 物件的常用方法如下。

- find：查詢指定字元/字串在一個字串中的出現位置或是否出現，若出現則傳回第一次出現的下標，若沒有出現則傳回−1。
- rfind：傳回倒數第一個指定字串出現的位置，如果沒有則傳回−1。
- count：查詢一個字串中指定子字串或字元出現的次數，傳回出現的次數。
- startswith：確定一個字串是否以某子字串或字元開頭，傳回值是布林值。
- endswith：確定一個字串是否以某子字串或字元結尾，傳回值是布林值。
- isdigit：判斷字串是否為一個數字。
- isalpha：判斷字串是否為一個字母。
- isupper：判斷字串是否為大寫。

- lstrip：刪除開頭的指定字元。
- rstrip：刪除結尾的指定字元。
- strip：可以刪除字串首尾的指定字元，如果不傳入任何參數則預設刪除空格。相當於同時使用 lstrip 方法和 rstrip 方法。
- replace：用於字串內容的替換。replace 方法和 strip 方法都會構造新的字串，而非修改原字串。因為 Python 中的 str 物件是不可變物件。
- center：可以指定一個寬度，並把字串內容置中。

center 方法的使用方法如下。

```
import json
s = 'hello'
print(json.dumps(s.center(10)))
```

輸出結果如下。

```
"  hello   "
```

2.2.2 使用 StringIO 類別

因為 Python 中的 str 物件是不可變物件，所以如果需要頻繁改變一個字串的內容，使用 str 物件效率不高。有兩種改變字串內容的方法：一是使用串列儲存每個字元，然後透過串列和 str 物件相互轉換的方法實現；二是使用 StringIO 類別。

StringIO 類別會建立一個記憶體緩衝區，可以透過 write 方法向緩衝區內寫入字串，使用 getvalue 方法獲取緩衝區內的字串，程式如下。

```
import io
sio = io.StringIO()
sio.write('hello')
sio.write(' ')
sio.write('world')
print(sio.getvalue())  # 輸出 hello world
sio.close()
```

2.3 用 Python 處理語料

本節介紹如何用 Python 處理語料，包括把語料載入記憶體、針對不同格式的語料進行處理以及進一步地進行分詞、詞頻統計等操作。

2.3.1 從檔案讀取語料

1. 文字檔

Python 3 讀取文字檔一般需要指定編碼，多數語料檔案會採用 UTF-8 編碼，提供語料的頁面往往會有關於編碼的說明。如果語料檔案是按行分割的，比如每行是一段獨立的話，可以使用檔案物件的 readlines 方法一次性讀取這個檔案所有的行，得到一個串列，其中的每個元素是檔案中的一行。

有的語料每行又根據指定分隔符號分成多個欄位，比如對一個英漢詞典檔案按行分割，每行是一個英文單字及其中文解釋，單字和中文解釋又透過空格分隔。可以用 for in 按行遍歷檔案物件，然後對每行使用 split 方法按空格切分。如果這個詞典檔案的檔案名稱是 dictionary.txt，檔案編碼是 UTF-8，內容如下。

> hello 喂，你好
> world 世界
> language 語言
> computer 電腦

可以使用如下程式把檔案內容讀取到記憶體。

```
f = open('dictionary.txt', encoding='utf8')   # 使用 UTF-8 編碼開啟檔案
words = []   # 定義空的 list 用於存放所有詞語
for l in f:   # 按行遍歷檔案
    word = l.strip().split(' ')   # 先去除行尾分行符號，然後把單字和中文
切分開
    words.append(word)    # 把單字和中文意思加入 list
f.close()   # 關閉檔案
```

最後得到的 words 變數是一個嵌套的串列，內容如下。

```
[
    ['hello', '喂，你好'],
    ['world', '世界' ],
    ['language', '語言'],
    ['computer', '電腦' ]
]
```

這裡串列中的每個元素是長度為 2 的串列，其中第一個元素是英文單字，第二個元素是對應的中文意思。

2. CSV 檔案

逗點分隔對應值檔案（Comma Separated Values，CSV）按行分割，行又按逗點分列（或者說欄位）。CSV 檔案可以使用試算表軟體開啟（如 Microsoft Excel 或 WPS），也可以直接作為文字檔開啟。類似的還有 TSV 檔案，TSV 檔案的分隔符號是 tab，即'\t'。

在 Python 中可使用 CSV 套件讀寫 CSV 檔案，程式範例如下。

```
import csv
f = open('file.csv, encoding='utf8')   # 使用 UTF-8 編碼開啟檔案
reader = csv.reader(f)
lines = []   # 定義空的 list 用於存放每行的內容
for l in reader:   # 按行遍歷 CSV 檔案
      lines.append(l)
```

3. JSON 檔案

JSON（JavaScript Object Notation）是一種以 JavaScript 語言為基礎的資料結構的資料表示方法，可以把多種資料結構轉換成字串。Python 提供內建的 json 套件用於處理 JSON 格式的資料。

JSON 格式的檔案又分為 json 和 jl 兩種，一般 JSON 檔案的整個檔案是一個 JSON 物件，可以使用 read 方法讀取所有內容，再透過 json.loads 函式轉換成物件，或者直接透過 json.load 從檔案解析物件。jl 則是按行分割的檔案格式，每行是一個 JSON 物件，可以先按行讀取檔案，對每行的內容使用 json.loads 解析。

2.3.2 去除重複

在 Python 中可以使用內建的集合（set）資料結構執行去除重複操作。集合的增加（add）方法是把一個物件加入集合，然後使用關鍵字 in 確定一個物件是否在集合中。或者可以用集合建構元把串列轉換為集合中的物件，因為集合中的物件不允許有重複元素，所以重複物件會自動去掉。集合中插入一個元素和判斷一個元素是否存在的平均時間複雜度都是常數等級，但使用記憶體較多。

更省記憶體的方法是把串列排序並遍歷，排序後只需要檢測相鄰元素是否重複即可找到所有重複元素。

對於大量資料去除重複可以考慮使用 BitMap，或者使用布隆篩檢程式（Bloom Filter）。

> **注意：**布隆篩檢程式的結果並不一定 100%準確，但可以透過使用多個雜湊函式得到較高的可靠性。

2.3.3 停用詞

停用詞即 stop words，是規定的一個語料中頻繁使用的詞語或不包含明確資訊的詞語，如中文中的「的」、「一些」或者英文中的「the」、「a」、「an」等。中文的停用詞表可以參考 GitHub 的程式倉庫：https://github.com/goto456/stopwords。可以使用 Python 的集合資料結構載入停用詞表，然後高效率地去除語料中的停用詞。

2.3.4 編輯距離

編輯距離是衡量兩個字串間差異的一種度量。編輯距離定義了 3 種基本操作：插入一個字元、刪除一個字元、替換一個字元。兩個字串間的編輯距離就是把一個字串變成另一個字串所需的最少基本操作的步數。

編輯距離可以使用動態規劃演算法計算，程式如下。

```
def minDistance(word1: str, word2: str) -> int:
    n = len(word1)   # 字串 1 的長度
    m = len(word2)   # 字串 2 的長度
    dp = [[0] * (m+1) for _ in range(n+1)]   # 定義 dp 陣列
    for i in range(m+1): dp[0][i] = I   # 初始化 dp 陣列
    for i in range(n+1): dp[i][0] = i
    for i in range(1, n+1):
    for j in range(1, m+1):
      if word1[i-1] == word2[j-1]:
        dp[i][j] = dp[i-1][j-1]
      else:
        dp[i][j] = min(dp[i][j-1], dp[i-1][j], dp[i-1][j-1]) + 1
    return dp[-1][-1]
```

注意：這段程式的第一行使用了變數類型標注方法，即標注函式的兩個參數都是 str 類型，函式傳回值是 int 類型，但這個不是強制的，僅造成標注作用。該語法由 Python 3.6 引入。

2.3.5 文字正規化

文字正規化即 Text Normalization，指按照某種方法對語料進行轉換、清洗和標準化。例如去掉語料中多餘的白空格和停用詞，統一英文語料單字單複數、過去式等形式，去掉或替換帶有重音符號的字母。下面是 BERT-KPE 中的英文文字正規化程式[5]。

```python
import unicodedata  # Python 內建模組

class DEL_ASCII(object):
    ''' 在方法 `refactor_text_vdom` 中被使用，用於過濾掉字
元: b'\xef\xb8\x8f' '''
    def do(self, text):
        orig_tokens = self.whitespace_tokenize(text)
        split_tokens = []
        for token in orig_tokens:
            token = self._run_strip_accents(token)
            split_tokens.extend(self._run_split_on_punc(token))
        output_tokens = self.whitespace_tokenize(" ".join(split_tokens
))
        return output_tokens

    def whitespace_tokenize(self, text):
        """清理白空格並按單字切分句子"""
        text = text.strip()  # 去掉首尾空格、分行符號、分隔符號等白空格字元
        if not text: # 可能本來就是空字串或者只包含白空格
            return []
        tokens = text.split()  # 按白空格切分
        return tokens
```

---

[5] 該段程式來自開放原始碼專案 BERT-KPE。

```python
def _run_strip_accents(self, text):
  """去掉重音符號"""
  text = unicodedata.normalize("NFD", text)
  output = []
  for char in text:
      cat = unicodedata.category(char)   # 獲取字元的類別
      if cat == "Mn": # 意思是 Mark, Nonspacing
          continue
      output.append(char)
  return "".join(output)


def _run_split_on_punc(self, text):
  """切分標點符號"""
  chars = list(text)   # 轉換成每個元素都是單一字元的串列
  i = 0
  start_new_word = True   # 單字的邊界，新單字的開始
  output = []
  while i < len(chars):
      char = chars[i]
      if self._is_punctuation(char):   # 如果非數字、字母、空格
          output.append([char]) # 標點
          start_new_word = True
      else:
          if start_new_word:
              output.append([])
          start_new_word = False
          output[-1].append(char)
      i += 1
  return ["".join(x) for x in output]


def _is_punctuation(self, char):
```

```
    """檢查一個字元是不是標點符號"""
    cp = ord(char)
    # 把所有非字母、非數字、非空格的 ASCII 字元看成標點
    # 雖然如 "^" "$" 和 "`" 等字元不在 Unicode 的標點符號分類中
    if ((cp >= 33 and cp <= 47) or (cp >= 58 and cp <= 64) or
            (cp >= 91 and cp <= 96) or (cp >= 123 and cp <= 126)):
        return True
    cat = unicodedata.category(char)
    if cat.startswith("P"):
        return True
    return False
```

例如句子「'   Today, I   submitted my résumé.   '」首尾有空格，中間單字「I」和單字「submitted」之間有多個連續空格，還有單字「résumé」包含帶有重音符號的字母。

```
del_ascii = DEL_ASCII()
print(del_ascii.do('    Today, I    submitted my résumé.    '))
```

程式執行的結果如下。

```
['Today', ',', 'I', 'submitted', 'my', 'resume', '.']
```

字母 é 和 e 的編碼是不同的，可以透過 ord 函式查看其編碼。

```
print(ord('é'), ord('e'))
```

輸出結果如下。

```
233 101
```

可以使用 chr 函式輸出附近的字元。

```
for i in range(192, 250):
    print(i, chr(i), end='   ')
```

輸出結果如下。

```
192 À   193 Á   194 Â   195 Ã   196 Ä   197 Å   198 Æ   199 Ç   200 È   201
É   202 Ê   203 Ë
204 Ì   205 Í   206 Î   207 Ï   208 Đ   209 Ñ   210 Ò   211 Ó   212 Ô   213
Õ   214 Ö   215 ×
216 Ø   217 Ù   218 Ú   219 Û   220 Ü   221 Ý   222 Þ   223 ß   224 à   225
á   226 â   227 ã   228
ä   229 å   230 æ   231 ç   232 è   233 é   234 ê   235 ë   236 ì   237 í
238 î   239 ï   240 ð
241 ñ   242 ò   243 ó   244 ô   245 õ   246 ö   247 ÷   248 ø   249 ù
```

2.3.6 分詞

　　分詞就是把句子切分為詞語。在英文中分詞可直接按照空格切分，因為英文句子已經使用空格把不同單字隔開了。但中文中分詞是比較困難的，正如第 1 章我們提到的，對於同樣的句子，有時候不同的切分方法會呈現不同的意思，有時候不同的切分方法都有一定合理性，有時候人類對其理解時會產生分歧。常用的中文分詞方法有以字串匹配為基礎的分詞方法和以統計為基礎的分詞方法等。

1. 以字串匹配為基礎的分詞方法

　　這種方法又叫機械分詞方法。首先需要定義一個詞表，表中包含當前語料中的全部詞語。然後按照一定規則掃描待分詞的文字，匹配到表中的詞語就把它切分開來。掃描規則可分為 3 種：正向最大匹配，即從開頭向結尾掃描；逆向最大匹配，即從結尾向開頭掃描；最少切分，即嘗試使每句話切分出最少的詞語。

2. 以統計為基礎的分詞方法

在一大段語料中統計字與字或者詞與詞的上下文關係，統計字或者詞共同出現的次數。然後對於要切分的文字，可以按照這個已經統計到的出現次數，選擇機率盡可能大的切分方法。下面的程式是使用 1998 年 1 月《人民日報》語料（這是一個已經分好詞並標注了詞性的語料，這裡只用了分詞的結果而忽略了詞性）統計兩個詞共同出現的機率。

```python
class TextSpliter(object):
    def __init__(self, corpus_path, encoding='utf8', max_load_word_
length=4):
        self.dict = {}
        self.dict2 = {}
        self.max_word_length = 1
        begin_time = time.time()
        print('start load corpus from %s' % corpus_path)
        # 載入語料
        with open(corpus_path, 'r', encoding=encoding) as f:
          for l in f:
            l.replace('[', '')
            l.replace(']', '')
            wds = l.strip().split('  ')
            last_wd = ''
            for i in range(1, len(wds)): # 下標從 1 開始，因為每行第一個
詞是標籤
                try:
                    wd, wtype = wds[i].split('/')
                except:
```

```
                continue
            if len(wd) == 0 or len(wd) > max_load_word_length or
not wd.isalpha():
                continue
        if wd not in self.dict:
            self.dict[wd] = 0
            if len(wd) > self.max_word_length:
                # 更新最大詞長度
                self.max_word_length = len(wd)
                print('max_word_length=%d, word is %s' %
(self.max_word_length, wd))
            self.dict[wd] += 1
            if last_wd:
                if last_wd+':'+wd not in self.dict2:
                    self.dict2[last_wd+':'+wd] = 0
                self.dict2[last_wd+':'+wd] += 1
            last_wd = wd
    self.words_cnt = 0
    max_c = 0
    for wd in self.dict:
        self.words_cnt += self.dict[wd]
        if self.dict[wd] > max_c:
            max_c = self.dict[wd]
    self.words2_cnt = sum(self.dict2.values())
    print('load corpus finished, %d words in dict and
frequency is %d, %d words in
dict2 frequency is %d' % (len(self.dict),len(self.dict2),
self.words_cnt, self.words2_cnt), 'msg')
    print('%f seconds elapsed' % (time.time()-begin_time), 'msg')
```

上述程式完成了統計詞語共同出現的頻率，對於待分詞文字的處理則需要計算可能的各種分詞方式的機率，然後選擇一種機率最大的分詞方式得出分詞結果。第 6 章有該方法的全部程式。

2.3.7 詞頻-逆文字頻率

TF-IDF 在第 1 章簡介過，該演算法可以用於尋找一篇文件中重要的詞語。scikit-learn 中提供了計算 TF-IDF 的類別 TfidfVectorizer。

2.3.8 One-Hot 編碼

使用神經網路模型時一般需要使用向量表示自然語言中的符號，也就是詞或字，最簡單的表示方法是 One-Hot 編碼。One-Hot 編碼是先遍歷語料，找出所有的字或詞，例如有 10 個詞，對其進行編號（從 1 到 10，每個數字代表一個詞語），轉換成向量則每個詞都是 10 維向量，每個向量只有 1 位為 1，其餘位為 0。第一個詞編號是 1，向量是 [1,0,0,0,0,0,0,0,0,0]；第二個詞編號是 2，向量是[0,1,0,0,0,0,0,0,0,0]；最後一個詞編號是 10，向量是[0,0,0,0,0,0,0,0,0,1]。

第 8 章將詳細地介紹 One-Hot 編碼和一些其他的編碼方法。

2.4 Python 的一些特性

Python 是一種跨平臺的高階語言，主要的優點是語法簡潔、抽象程度高，內建的協力廠商函式庫種類豐富，容易呼叫其他語言撰寫的程式。

2.4.1 動態的直譯型語言

Python 是動態的直譯型語言，變數無須宣告，且 Python 程式會先被解譯器即時翻譯成一種位元組碼，然後執行。這意味著 Python 程式執行之前可能不會被整體進行編譯，所以和一些編譯型語言的編譯器相比，Python 解譯器對錯誤的檢查能力稍弱。

解譯器只對全部程式執行語法的檢查，很多錯誤可能需要執行到具體的地方才會被發現。包含了未宣告變數 val 的程式範例如下。

```
import time
c = 0
for i in range(10):
    if i < 5:
        c += i
        time.sleep(0.5)   # 阻塞 0.5 秒
    else:
        c += val   # val 變數沒有定義，這裡會顯示出錯
```

注意：上面提到 Python 程式執行之前可能不會整體編譯，實際上 Python 解譯器可能會對 Python 檔案或模組進行預編譯，提前生成位元組碼。但以 Python 動態語言為基礎的特性，如上面的 val 錯誤還是無法被提前發現。

這段程式使用 time.sleep 函式模擬一個耗時的操作，實際上剛執行時期，沒有任何顯示出錯，雖然很明顯 val 是未宣告的。執行大概 2.5 秒後解譯器才提醒：「NameError: name 'val' is not defined」。

與之相比，同樣功能的 C 語言程式可能如下。

```c
#include <windows.h>
int main() {
    int c;
    for(int i=0;i<10;i++ ) {
        if (i < 5) {
                c += 1;
                Sleep(500);   // 阻塞 500 毫秒，即 0.5 秒
        }
        else {
        c += val;   // val 變數沒有宣告，編譯器能在編譯時指出錯誤
        }
    }
    return 0;
}
```

該 C 語言程式編譯無法通過。編譯器直接提示：「[Error] 'val' was not declared in this scope」。

這是因為 Python 解譯器不執行到包含 val 的敘述，就無法判定 val 到底是否存在，所以不執行到這一句，解譯器就不會給出提示。

2.4.2 跨平臺

Python 本身是跨平臺的，解譯器已經遮敝了作業系統和硬體的差異。但實際上有一些函式庫並不一定能跨平臺。

許多函式庫可能依賴某些作業系統的特殊呼叫，或者就是專門為某些作業系統設計的，因此無法相容不同的作業系統。

事實上很多套件在不同平臺中也是不同的，如果一些套件使用了其他語言撰寫函式庫，可能需要透過在不同平臺分別編譯來實現跨平臺。甚至具體的程式需要根據不同的平臺做出適應，即這些套件的程式需要手動調整以適應不同平臺。

2.4.3 性能問題

Python 的性能問題受到很多詬病。Python 確實不是一種追求高性能的語言，應該避免在 Python 中直接使用大量的迭代操作，否則性能與其他語言（如 C++、Go 語言等）會有較大差距。

機器學習會涉及大量計算任務，而實際上 Numpy 和 PyTorch 這樣的函式庫雖然使用 Python 語言，但在底層呼叫了 C 語言或者 CUDA 等語言撰寫的模組來執行實際的運算，Python 實作的部分不會涉及大量的計算。

另外，Python 難以進行精確的記憶體管理，尤其在使用串列、map 等內建資料結構時，雖然方便，但對記憶體的使用並不一定高效，且難以人工操作，但這一般不會造成很大的問題。

2.4.4 平行和並行

平行指電腦在同一時刻執行多個不同任務。並行則指電腦可以快速地處理同時出現的任務，但並不一定在同一時刻處理完成，而可能是在某一時刻只處理一個任務，但在極短的時間內快速地在多個任務間切換。

平行用於處理計算密集型任務，如計算複雜的問題（訓練機器學習的模型）。這種情況下中央處理器（Central Processing Unit, CPU）的負載很高，使用 CPU 或圖形處理器（Graphics Processing Unit, GPU）多個核心同時執行可以顯著減少任務時間，即把一個大任務分成多個小任務，多個處理程序同時分別執行小任務。處理計算密集型任務可使用多執行緒或多處理程序。

> **注意**：在 Python 中不能使用多執行緒處理計算密集型任務。

並行則對應 IO 密集型任務，如同時讀寫多個檔案或同時處理大量網路請求。這種情況下 CPU 負載不一定很高，但涉及很多工，不一定需要使用多個核。

對於 Python 來説很重要的一個問題是其多執行緒無法平行，即不能處理計算密集型任務。因為 Python 解譯器（指 CPython 解譯器）中有一個解譯器全域鎖（Global Interpreter Lock，GIL），保證一個處理程序中的所有執行緒同一時刻只有一個能佔用 CPU，所以 Python 即使使用多執行緒，最多也只能同時佔用一個 CPU 核心。

> **注意**：CPython 是官方的 Python 實作，CPython 由於有 GIL，所以其多執行緒不適合做計算密集型任務。

除了多執行緒和多處理程序，Python 3.7 以後的版本開始原生支援非同步程式設計，相比多執行緒，非同步程式設計可以更高效率地處理 IO 密集型任務。

2.5 在 Python 中呼叫其他語言

作為一種抽象程度很高的語言，Python 有很多限制，如：str 是不可變物件，其中的內容無法修改，即使只修改一個字元也得重新生成一個 str 物件；GIL 導致多執行緒無法用於計算密集型任務。

但是如果在 Python 中呼叫其他語言就可以靈活地處理這些問題，並且很多涉及較多計算的操作用 Python 程式完成比較耗時，而換成功能完全相同的 C 語言程式再透過 Python 呼叫則可以大大提高速度。

2.5.1 透過 ctypes 呼叫 C/C++程式

ctypes 是 Python 的外部函式程式庫，可透過 pip install ctypes 命令安裝。它提供了與 C 語言相容的資料型態，並允許呼叫動態連接函式庫（Dynamic Linked Library, DLL）或共用函式庫（.so 檔案）中的函式。Python 可以透過該模組呼叫其他語言生成的 DLL 或共用函式庫檔案。

定義一個位元組串，如果希望修改其中的單一位元組，只能重新構造整個位元組串。如下程式定義了一個位元組串，但第二個位元組（下標為 1）輸入錯了。

```
b = b'hallo world!'
print(id(b))
```

這裡查看它的 ID，輸出是 2310061127936。我們希望把其中的「hallo」改成「hello」。但是由於 bytes 物件和 str 物件一樣，是不可改變的物件，如下程式會導致解譯器提示錯誤。

```
b[1] = b'e'[0]
```

錯誤訊息為「TypeError: 'bytes' object does not support item assignment」。

但假如我們使用如下 C 語言程式。

```
with open('bytes_modify.c', 'w') as f:
    # 連續的 3 個單引號定義跨行字串
    f.write('''
    void modify_str(char * s, int i, char ch);
    void modify_str(char * s, int i, char ch) {
      s[i] = ch;
    }
    ''')
```

> **注意：**這段程式是用 Python 寫的，write 函式中的字串是一段 C 語言程式式。這裡透過這段 Python 程式把 C 語言程式寫入檔案。

使用如下命令編譯。

```
gcc -shared -Wl,-soname,adder -o bytes_modify.dll -
fPIC bytes_modify.c
```

> **注意：**Windows 下可以使用 Cygwin，它可以提供 gcc 命令和許多常用的 Linux 命令。

會得到一個.dll 檔案。

再使用 ctypes 函式庫載入這個.dll 檔案。

```
import ctypes
bytes_modify = ctypes.cdll.LoadLibrary('.\\bytes_modify.dll')
```

可以透過該.dll 檔案嘗試修改這個 bytes 物件。

```
bytes_modify.modify_str(b, 1, ord('e'))
print(b, id(b))
```

輸出如下。

```
(b'hello world!', 2310061127936)
```

bytes 物件真的被改變了，而且 ID 沒有變化。

實際上把 bytes 物件換成 str 物件無法得到這個結果，str 物件並不會被改變。這種方法並不推薦，因為這不是一個正常的途徑，官方文件中沒有對這個情況的說明，關於該問題和一些其他有趣問題的探索可參考筆者部落格[6]上關於 Python 有趣問題的一些分享。

Python 官方文件中指出，呼叫的函式中不應透過指標改變原物件記憶體中的資料，若需要可變的記憶體物件，應該透過 create_string_buffer 函式獲取。ctypes、C 語言以及 Python 的類型對照如表 2.4 所示。

結構和指標等高級類型可使用其他的方法獲取。

---

[6] https://es2q.com/blog/tags/py-fun/。

▼ 表 2.4 ctytes、C 語言、Ptyon 類型對照

ctypes 類型	C 語言類型	Python 類型
c_bool	_Bool	bool(1)
c_char	char	單字元 bytes 物件
c_wchar	wchar_t	單字元字串
c_byte	char	int
c_ubyte	unsigned char	int
c_short	short	int
c_ushort	unsigned short	int
c_int	int	int
c_uint	unsigned int	int
c_long	long	int
c_ulong	unsigned long	int
c_longlong	__int64 或 long long	int
c_ulonglong	unsigned __int64 或 unsigned long long	int
c_size_t	size_t	int
c_ssize_t	ssize_t 或 Py_ssize_t	int
c_float	float	float
c_double	double	float
c_longdouble	long double	float
c_char_p	char*(以 NUL 結尾)	位元組串物件或 None
c_wchar_p	wchar_t*(以 NUL 結尾)	字串或 None
c_void_p	void*	int 或 None

2.5.2 透過網路介面呼叫其他語言

透過網路介面呼叫其他語言可選擇的方法有通訊端（socket）或者應用層協定，如 HTTP 等。這類方法通用性較高，且可以實作不同主機間程式的相互呼叫。

更複雜的情況可使用如 Google 公司的 Protobuf、Microsoft 公司的 Bond 或者 FaceBook（現改名為 Meta）的 Thrift，它們都實作了類似功能，即不僅提供了跨語言、跨主機的程式間呼叫，還實作了高效的資料傳輸協定。

在一台電腦內，透過本機回路位址 127.0.0.1 進行網路通訊，可以達到很高的傳輸效率，相當於在記憶體中複製資料。

2.6 小結

本章介紹了 Python 自然語言處理環境的架設、整合式開發環境的選擇、對語料處理的基本操作，這些是自然語言處理實踐的基礎。在實際應用中，我們使用的輸入資料往往是原始語料，需要進行讀取到記憶體、分詞、正規化到編碼等處理，才能使用自然語言處理的工具處理它們。

第 2 篇

PyTorch 入門篇

PyTorch 介紹

PyTorch 是現在最流行的機器學習框架之一。本章將介紹 PyTorch 的特點、PyTorch 與其他機器學習框架的對比,以及 PyTorch 的環境設定。

本章主要涉及的基礎知識如下。

- PyTorch 概述及其與其他框架的對比。
- PyTorch 環境設定。
- Hugging Face Transformers 簡介及安裝。
- Apex 簡介及安裝。

3.1 概述

PyTorch 是 Facebook 智慧研究院（FAIR）開發的開放原始碼機器學習框架。PyTorch 的官方介紹是：「PyTorch 是一個 Python 套件，它提供了兩個高級功能，支援 GPU 的張量計算功能（類似於 NumPy）和建構可以自動求導的神經網路。」

PyTorch 目前主要由以下元件組成。

- torch：類似於 NumPy 的張量計算函式庫，但是支持 GPU。
- torch.autograd：支持多種張量操作的自動求導函式庫。
- torch.jit：提供對 TorchScript 語言的支援，可以用於從 PyTorch 程式中匯出獨立的模型。
- torch.nn：神經網路模組提供了常用模型的實作，可以用於建構自訂的模型。
- torch.multiprocessing：對 Python 原生的多處理程序函式庫包裝，在 PyTorch 中可以方便地實作跨處理程序的記憶體共用。
- torch.utils：提供一些通用方法，如資料載入等。

PyTorch 的官方網站上有安裝方法、入門指引、案例教學和文件可供參考，同時提供中文版文件的連結。

3.2 與其他框架的比較

PyTorch 是目前最受歡迎的機器學習框架之一，它容易操作、功能強大、教學文件詳細，有非常豐富的已實作的開放原始碼專案可供使用和參考。此外還有很多其他流行的機器學習開放原始碼框架，本節簡要對比一下 PyTorch 與這些框架的特點。

3.2.1 TensorFlow

TensorFlow 是一個開放原始碼的機器學習框架，它的前身是 Google 公司的 DistBelief，2015 年起開始開放原始碼。TensorFlow 2.0 對其應用程式介面（Application Program Interface, API）做了統一的整理並做了很多其他方面的改進。

但是至今仍有很多程式在使用 TensorFlow 1 或者在使用 TensorFlow 1 的寫法與 API。將「TensorFlow 1 時代」的程式更新到 TensorFlow 2 往往需要較大工作量。

一般認為 PyTorch 在學術界比 TensorFlow 更受歡迎，工業界可能使用 TensorFlow 更多。學者賀瑞斯統計並發佈了近年來一些人工智慧領域頂級學術會議中的論文使用 PyTorch 和 TensorFlow 的情況。表 3.1 引用其中的資料，對比了自然語言處理相關的會議中使用兩種框架的論文數量。

▼ 表 3.1 近年來自然語言處理會議中使用 PyTorch 和 TensorFlow 論文數量對比[1]

	2017		2018		2019	
	PyTorch	TensorFlow	PyTorch	TensorFlow	PyTorch	TensorFlow
ACL 會議	0	38	30	40	114	48
NAACL 會議	—	—	14	47	69	26
EMNLP 會議	4	39	55	42	125	36

可以看出 2018 年以後 ACL、NAACL 和 EMNLP 這三大會議中使用 PyTorch 的論文數量明顯超過使用 TensorFlow 的論文數量。

---

[1] 資料來源：horace.io。

PyTorch 的優點是使用接近 Python 語言的方式定義模型，程式簡潔易於理解，並且偵錯方便。

> **注意：**不只在自然語言處理領域，在其他領域，PyTorch 也越來越受研究者的歡迎。

3.2.2 PaddlePaddle

飛槳（PaddlePaddle）是百度公司推出的機器學習框架，2016 年正式開放原始碼。PaddlePaddle 的流行程度不如 PyTorch 和 TensorFlow，但它的優點是在百度系列產品中使用較多，其中百度智慧雲提供了很多搭配資源。

3.2.3 CNTK

CNTK（Cognitive Toolkit，原為 Computational Network Toolkit）是微軟公司推出的開放原始碼機器學習框架。相比 PyTorch 和 Tensorflow，CNTK 的使用者更少，而且現在 CNTK 專案已經不再活躍，並且不再發佈新的主要版本。

3.3 PyTorch 環境設定

本節介紹 PyTorch 的環境設定，包括使用 GPU 時的環境設定。GPU 環境不是必需的，但可以大大提高很多模型的訓練和推理執行速度。

3.3.1 透過 pip 安裝

PyTorch 官方網站的 Get Started 頁面給出了 pip 或者 Conda 的安裝命令，如圖 3.1 所示，需要選擇安裝的版本、作業系統類型、使用 pip 還是 Conda，以及 CUDA 版本等，選擇完成後，該頁面會自動給出一筆安裝命令。

PyTorch Build	Stable (1.7.1)		Preview (Nightly)	
Your OS	Linux	Mac		Windows
Package	Conda	Pip	LibTorch	Source
Language	Python		C++ / Java	
CUDA	9.2	10.1	10.2	11.0	None
Run this Command:	pip install torch==1.7.1+cpu torchvision==0.8.2+cpu torchaudio===0.7.2 -f https://download.pytorch.org/whl/torch_stable.html			

▲ 圖 3.1 從官方網站獲取安裝命令

「PyTorch Build」選項可以選擇「Stable」（穩定版本）或者「Preview」（預覽版本），一般情況下應選擇 Stable。「Your OS」是作業系統。「Package」是安裝方式。Conda 和 pip 都是套件管理軟體，pip 是 Python 官方的套件管理軟體，推薦使用 pip。「Language」是語言，可以選擇 Python。

「CUDA」表示 CUDA 版本，CUDA 是 Compute Unified Device Architecture 的縮寫，是顯示卡廠商英偉達（NVIDIA）公司推出的計算框架。如果你準備在安裝了 NVIDIA 顯示卡的機器上使用 PyTorch，這裡需要選擇安裝的 CUDA 版本。必須要正確安裝顯示卡驅動以及 CUDA 才能正確使用 PyTorch，下一小節將更詳細地介紹使用 GPU 的環境設定。如果不打算使用顯示卡也是完全可行的,這裡直接選擇 None,則會安裝 CPU 版本的 PyTorch。

圖 3.1 所示的選項生成的安裝命令如下。

```
pip install torch==1.7.1+cpu torchvision==0.8.2+cpu torchaudio===0.
7.2 -f
https://download.pytorch.org/whl/torch_stable.html
```

3.3.2 設定 GPU 環境

使用 GPU 可加快計算速度,但不是必需的。如果設定了 GPU 環境,仍然可以選擇用 GPU 或者 CPU 執行模型。NVIDIA 顯示卡比較常用,AMD 顯示卡也可使用,本書只介紹使用 NVIDIA 顯示卡的情況。

以下安裝過程以使用 Windows 10 和 NVIDIA GTX 1060 顯示卡為例。對於自然語言處理中的顯示卡的選擇,一般情況下建議使用 GTX 1060/RTX 2060 及以上顯示卡,影響顯示卡在機器學習任務上的表現的主要是顯示卡的計算速度和顯示記憶體,更大的顯示記憶體可以載入更大的模型和使用更大的 Batch Size。設定 GPU 環境一般需要先後安裝顯示卡驅動、CUDA 和 cuDNN。

1. 安裝顯示卡驅動程式

可在 NVIDIA 官方網站找到其顯示卡驅動程式下載網址。可以選擇下載驅動自動更新程式以便自動下載和安裝驅動;或者選擇驅動程式類別,搜索後手動下載和安裝驅動;或者使用顯示卡附帶的光碟安裝驅動。但是實際上 Windows 10 聯網後一般會自動安裝驅動,所以如果作業系統中已經安裝了合適的驅動可以跳過本步驟。

如果正常安裝了驅動，可以查看路徑 C:\Program Files\NVIDIA Corporation\NVSMI 下是否存在 nvidia-smi.exe 檔案，在命令列視窗中執行這個程式，或者直接在命令列視窗中輸入 nvidia-smi 命令，如果能正常顯示顯示卡資訊則説明驅動正常。

2. 安裝 CUDA

在 CUDA 的下載頁面先選擇作業系統類型：Windows 或者 Linux。直接下載對應版本的 exe 安裝套件，按照提示安裝即可。可以選擇最新版本，也可以選擇更舊的版本，因為在 PyTorch 的官方網站可能最新版本的 CUDA 還沒有出現在 Get Started 頁面上。

安裝完成後可以使用命令 nvcc -V 查看 CUDA 版本。圖 3.2 是安裝 CUDA 11.0 後執行 nvcc -V 命令的結果。

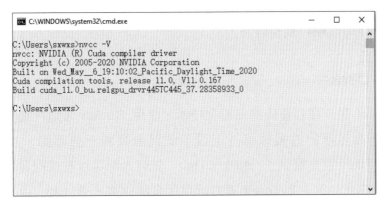

▲ 圖 3.2 執行 nvcc-V 命令的結果

3. 安裝 cuDNN

在 NVIDIA 官方網站上 cuDNN 的下載頁面進行下載。下載前需要登入 NVIDIA 帳戶，如果沒有可以直接註冊。需要選擇作業系統和已經安裝的 CUDA 版本。下載的檔案是一個壓縮檔,解壓後得到 bin、include 和 lib 這 3 個資料夾,把這 3 個資料夾中的內容分別複製到 CUDA 安裝目錄對應的名稱相同資料夾中就可以了。CUDA 安裝路徑為 C:\Program Files\NVIDIA GPU Computing Toolkit\CUDA\,需要進入對應版本的 CUDA 目錄。

3.3.3 其他安裝方法

除了使用 pip 外,還有一些安裝 PyTorch 的其他方法。

1. 編譯安裝

PyTorch 開放原始碼倉庫首頁有關於編譯安裝的詳細步驟,這裡不具體介紹。編譯安裝可以提供更高的靈活性,也可以在一些官方發行版本沒有支援的硬體平臺上進行安裝,但是需要安裝編譯工具和編譯過程中依賴的軟體,步驟煩瑣,耗時較多。

2. 使用 Docker

Docker 是一種輕量級的虛擬化技術,使用 Docker 可以在幾秒內啟動一個被稱為容器的虛擬環境(但是下載鏡像需要一些時間,視網速而定)。Docker 官方提供了 Docker Hub,任何人都可以在這裡發佈自己的鏡像並分享給他人。PyTorch 官方提供了多種鏡像,有 CPU 版本的,而對於 GPU 版本,又有以不同版本為基礎的 CUDA 的不同鏡像可供選擇,也可以選擇非 PyTorch 官方發佈的鏡像。在 Docker Hub 上挑選鏡像,然後透過一筆命令就可以下載並啟動容器,進入容器後是一個全新的環境,容器內的一切改動都不會影響容器外的作業系統。這樣可以輕鬆在一個機器上執行多個不同版本的 PyTorch。

3. 安裝早期的版本

　　早期的版本完全可以透過編譯原始程式的方式安裝，但是編譯過程煩瑣，而且不同版本對編譯工具的要求可能會有細微差別，有時候早期版本可能需要舊版本的編譯器等。所以編譯安裝早期版本格外麻煩。PyTorch官方有關於歷史版本的頁面提供了早期版本的 PyTorch 的 whl 安裝套件，使用者可以找到與自己的機器匹配的安裝套件，下載後使用「pip + 檔案名稱」安裝。

> **注意：** 使用 pip 安裝其他版本的 PyTorch 時，pip 會首先移除已安裝的版本。如果想同時保留多個版本的 PyTorch，可以使用第 2.1.3 小節中介紹的 Python 虛擬環境。

3.3.4　在 PyTorch 中查看 GPU 是否可用

　　可透過 torch.cuda.is_available 判斷顯示卡是否可用；也可以依次根據不同的條件選擇模型訓練和執行的裝置，實現同一份程式相容有 GPU 和沒有 GPU 的裝置。

▌3.4 Transformers 簡介及安裝

　　Transformers 是 Hugging Face 發佈的 Python 套件，提供了包含 BERT 和 GPT 在內的多種目前先進的自然語言處理模型。這裡對其只做簡介，第 12 章將詳細介紹 Transformers 的使用方法。

這個套件較早版本的名稱有 pytorch_pretrained_bert 和 pytorch-transformers。新版本的 Transformers 不僅支持 PyTorch，也支持 TensorFlow。

Transformers 不僅提供了開放原始碼的模型的實作，更重要的是提供了預訓練參數。BERT 和 GPT 都是預訓練模型，需要在大規模的語料上做預訓練，實際使用時往往要先載入預訓練得到的模型，再使用具體業務的資料訓練。使用 Transformers 可以直接自動聯網下載預訓練模型和詞表，而且 Hugging Face 提供了多種模型和多種自然語言的預訓練模型，下載速度通常很快。

Transformers 可以透過以下 pip 命令安裝。

```
pip install transformers
```

也可以透過以下原始程式安裝。

```
git clone https://github.com/huggingface/transformers
cd transformers
pip install .
```

注意：最後一行的尾端有個「.」，代表目前的目錄。

檢查是否安裝成功的命令如下。

```
python -
c "from transformers import pipeline; print(pipeline('sentiment-
analysis')
('I hate you'))"
```

3.5 Apex 簡介及安裝

Apex（A PyTorch Extension）是 NVIDIA 開發的一個 PyTorch 擴充套件，用於簡化混合精度訓練和分散式訓練。其中的 AMP（Automatic Mixed Precision）套件可以實作自動的混合精度訓練，可以減少顯示記憶體的使用並提高訓練速度。Apex 中的部分程式最終將提交到 PyTorch 程式倉庫中。

安裝 Apex 需要 Python 3 和 CUDA 9 及以上版本，PyTorch 版本不能低於 0.4。

Apex 需要從原始程式安裝，在命令列視窗或終端輸入如下命令。

```
git clone https://github.com/NVIDIA/apex
cd apex
pip install -v --no-cache-dir --global-option="--cpp_ext" --global-
option="--cuda_ext" ./
```

3.6 小結

本章介紹了 PyTorch 和幾個其他框架的基本情況。然後介紹了 PyTorch 環境的設定方法。很多時候我們可能需要執行他人發佈的程式，這些程式或許需要特定版本的 PyTorch，這時可以利用 Python 虛擬環境和本章介紹的安裝早期版本的方法進行安裝，或者使用 Docker 鏡像安裝。

PyTorch 基本使用方法

本章將介紹 PyTorch 的基本使用方法。PyTorch 首先是一個科學計算函式庫，基底資料型別是張量。PyTorch 可以在張量計算的基礎上支援複雜神經網路的建構，並設定為建構和訓練網路提供輔助的模組。

本章主要涉及的基礎知識如下。

- 張量的建立與變換。
- 張量的運算。
- torch.nn 模組。
- 啟動函式。
- 損失函式。
- 最佳化器。
- 資料載入。
- TorchText。
- TensorBoard。

4.1 張量的使用

張量（Tensor）是 PyTorch 中基礎的資料型態。類似於 NumPy 中的陣列（Array），張量也可以方便地和 NumPy 的陣列相互轉換，不同的是，張量可以定義在 GPU 上（顯示記憶體中），並使用 GPU 做運算。

4.1.1 建立張量

可以透過多種方法建立張量，對於多維的張量，通常需要先建立串列類型再轉換成張量。透過 PyTorch 提供的一些方法也可以直接生成特定格式的張量。

1. 串列、numpy.array 與張量的相互轉換

張量就是一個多維陣列，與 Python 中的串列不同，張量中的每個元素都有相同的維度和資料型態。可以透過 Python 的串列定義一個張量。

```
import torch
t = torch.tensor([[1, 2, 3], [4, 5, 6]])
print(t, t.shape, t.dtype)
```

輸出如下。

```
tensor([[1, 2, 3],
    [4, 5, 6]]) torch.Size([2, 3]) torch.int64
```

t.shape 得到的是張量的維度，這裡是[2, 3]，即 2×3；t.dtype 則得到張量的類型，這裡是 torch. int64，即 64 位元整數。

> **注意：** 除了 torch.tensor 外還有 torch.Tensor，大寫的 T 表示類別名稱，小寫的 t 表示函式，把上面程式中的 tensor 換成 Tensor 也可以得到一個張量，但是結果會有細微差別，讀者可以自行驗證。

可以看到，在上面的例子中我們沒有指定張量的維度和類型，維度可以根據給出的串列得出，類型也可以根據串列元素類型獲得，如果需要特定的類型可以定義時指定。

```
t = torch.tensor([[1, 2, 3], [4, 5, 6]], dtype=torch.float32)
print(t.dtype)
```

上面程式輸出的結果就是指定的 torch.float32。張量中的資料支持的類型如表 4.1 所示。

▼ 表 4.1 張量中的資料支持的類型

類型	dtype
16 位元浮點數	torch.float16 或 torch.half
32 位元浮點數	torch.float32 或 torch.float
64 位元浮點數	torch.float64 或 torch.double
8 位元無符號的整數	torch.uint8
8 位元有符號整數	torch.int8
16 位元有符號整數	torch.int16 或 torch.short
32 位元有符號整數	torch.int32 或 torch.int
64 位元有符號整數	torch.int64 或 torch.long
布林類型	torch.bool

可以將 tensor 函式的 dtype 參數設定為表 4.1 中的值來生成指定類型的張量，也可以把上文程式中的串列換成 NumPy 中的陣列。相反地，可

以透過輸出 t.numpy 得到張量 t 對應的 NumPy 中的陣列，也可以透過輸出 t.tolist 獲取張量 t 對應的串列。特別地，對於只有一個元素的張量，可以透過輸出 t.item 獲取這個元素的數值。

2. 建立全 0、全 1 或隨機數張量

透過 torch.zeros 函式、torch.ones 函式和 torch.rand 函式可以建立指定大小的全 0、全 1 或者隨機數張量。它們都需要一個參數 size 指定要建立的張量的大小，程式範例如下。

```
rand_tensor = torch.rand((3, 3))
ones_tensor = torch.ones((2, 2))
zeros_tensor = torch.zeros((2, 3))
print(rand_tensor)
print(ones_tensor)
print(zeros_tensor)
```

輸出的結果如下。

```
tensor([[0.0186, 0.5220, 0.3977],
    [0.6392, 0.4558, 0.8147],
    [0.2062, 0.1828, 0.7102]])
tensor([[1., 1.],
    [1., 1.]])
tensor([[0., 0., 0.],
    [0., 0., 0.]])
```

另外可以透過 torch.full 函式建立填充指定值的張量，如透過 torch.full((3,3), 2)建立 3×3 的元素全是 2 的張量。

注意：

（1）torch 有 arange 函式、linspace 函式用於建立等差和等距的一維張量，有 eye 函式用於建立單位矩陣。

（2）rand 函式用於生成在(0, 1]上均勻分佈的隨機張量，randint 函式用於生成在指定範圍內均勻分佈的整數張量，randn 函式用於生成符合標準正態分佈的隨機張量，normal 函式用於生成符合指定參數的高斯分佈的隨機張量。

4.1.2 張量的變換

使用張量的變換操作可以簡化程式，甚至提高程式執行效率。PyTorch 提供了豐富的張量變換方法。

1. 拼接與堆疊

使用 torch.cat 函式把多個張量拼接為一個張量，不會改變原來的維度，只是把原來張量中的指定維度的元素進行合併。

```
t1 = torch.tensor([1, 2, 3])
t2 = torch.tensor([4, 5, 6])
t3 = torch.cat([t1, t2])
print(t3)
```

得到的結果如下。

```
tensor([1, 2, 3, 4, 5, 6])
```

cat 函式的參數 dim 用於指定拼接的維度，dim 預設是 0，即第 1 個維度，上面程式中的 t1 和 t2 都只有 1 個維度，所以它們的 dim 都是 0。下面的程式展示了在不同維度使用 cat 函式拼接張量。

```
t1 = torch.tensor([[1, 2, 3], [1, 2, 3]])
t2 = torch.tensor([[4, 5, 6], [4, 5, 6]])
t3 = torch.cat([t1, t2])
t4 = torch.cat([t1, t2], dim=1)
print(t3)
print(t4)
```

輸出 t3 的結果如下。

```
tensor([[1, 2, 3],
        [1, 2, 3],
        [4, 5, 6],
        [4, 5, 6]])
```

輸出 t4 的結果如下。

```
tensor([[1, 2, 3, 4, 5, 6],
        [1, 2, 3, 4, 5, 6]])
```

還可以使用 stack 函式堆疊張量，同時擴充張量的維度。

```
t1 = torch.tensor([1, 2, 3])
t2 = torch.tensor([4, 5, 6])
t3 = torch.stack([t1, t2])
print(t3)
```

輸出的結果如下。

```
tensor([[1, 2, 3],
    [4, 5, 6]])
```

torch.cat 函式可以把多個張量在指定維度拼接起來，stack 函式則可以把多個張量在指定維度堆疊起來，同樣可以透過 dim 參數指定堆疊的維度。下面的程式分別從 3 個維度對變數進行堆疊。

```
t1 = torch.tensor([[1, 2, 3], [1, 2, 3]])
t2 = torch.tensor([[4, 5, 6], [4, 5, 6]])
t3 = torch.stack([t1, t2], dim=0)
t4 = torch.stack([t1, t2], dim=1)
t5 = torch.stack([t1, t2], dim=2)
print(t3, t3.shape)
print(t4, t4.shape)
print(t5, t5.shape)
```

輸出 t3 的結果如下。

```
tensor([[[1, 2, 3],
    [1, 2, 3]],

  [[4, 5, 6],
    [4, 5, 6]]]) torch.Size([2, 2, 3])
```

輸出 t4 的結果如下。

```
tensor([[[1, 2, 3],
    [4, 5, 6]],

  [[1, 2, 3],
    [4, 5, 6]]]) torch.Size([2, 2, 3])
```

輸出 t5 的結果如下。

```
tensor([[[1, 4],
     [2, 5],
     [3, 6]],

    [[1, 4],
     [2, 5],
     [3, 6]]]) torch.Size([2, 3, 2])
```

2. 切分

可使用 torch.chunk 函式把一個張量切分成指定數量的張量。可透過 chunks 參數指定要切分的數量，dim 參數指定要切分的維度，程式範例如下。

```
t = torch.tensor([1, 2, 3, 4, 5])
print(torch.chunk(t, 1))
print(torch.chunk(t, 2))
print(torch.chunk(t, 3))
print(torch.chunk(t, 4))
print(torch.chunk(t, 5))
```

輸出的結果如下。

```
(tensor([1, 2, 3, 4, 5]),)
(tensor([1, 2, 3]), tensor([4, 5]))
(tensor([1, 2]), tensor([3, 4]), tensor([5]))
(tensor([1, 2]), tensor([3, 4]), tensor([5]))
(tensor([1]), tensor([2]), tensor([3]), tensor([4]), tensor([5]))
```

從上面的結果可以看到，chunks 參數為 4 時得到的結果與 chunks 參數為 3 時得到的結果是一樣的，都得到 3 個張量，當無法平均切分元素時最後一個張量分到的元素會少於其他張量的。另外可以使用 t.chunk 方法切分 t 張量，與使用 torch.chunk 函式的效果相同。

torch.split 函式用於在指定維度切分張量，第 1 個參數是要切分的張量，第 2 個參數是 split_size_or_sections，即切分後的每個張量的維度，第 3 個參數 dim 是要切分的維度，程式範例如下。

```
t = torch.tensor([[1, 2, 3], [4, 5, 6], [7, 8, 9]])
print(torch.split(t, 2, 0))
print(torch.split(t, 2, 1))
```

輸出的結果如下。

```
(tensor([[1, 2, 3],
    [4, 5, 6]]), tensor([[7, 8, 9]]))
(tensor([[1, 2],
    [4, 5],
    [7, 8]]), tensor([[3],
    [6],
    [9]]))
```

3. 變形

使用 torch.reshape 函式可以改變張量的維度，程式範例如下。

```
t = torch.tensor([1, 2, 3, 4, 5, 6, 7, 8, 9])
print(torch.reshape(t, (3, 3)))
```

輸出的結果如下。

```
tensor([[1, 2, 3],
        [4, 5, 6],
        [7, 8, 9]])
```

> **注意：** 這裡給出的變形後的張量的維度必須與原張量一致，否則解譯器顯示出錯，可以在維度參數中使用−1 讓 torch 自動計算一個維度的大小，如將上面的程式改為 torch.reshape(t, (3, −1))，效果是一樣的，但同時只能使用一個−1。

還可以使用 t.view 函式臨時改變張量的維度，用法與 reshape 類似。

```
t = torch.tensor([1, 2, 3, 4, 5, 6, 7, 8, 9])
print(t.view((-1,3)))
```

輸出的結果與 reshape 函式相同。

4. 交換維度

使用 torch.transpose 函式可以交換張量的兩個維度，程式範例如下。

```
t = torch.tensor([[1, 2, 3], [4, 5, 6]])
t2 = torch.transpose(t, 0, 1)
print(t)
print(t2)
```

輸出的結果如下。

```
tensor([[1, 2, 3],
    [4, 5, 6]])
tensor([[1, 4],
    [2, 5],
    [3, 6]])
```

5. squeeze 和 unsqueeze

　　unsqueeze 函式可在指定維度插入一個大小為 1 的維度，插入大小為 1 的維度後原張量中的資料不會有改變，只有維度發生改變；與之相反，squeeze 函式的作用是去掉一個大小為 1 的維度，程式範例如下。

```
t = torch.tensor([[1, 2, 3], [4, 5, 6]])
t2 = torch.unsqueeze(t, 0)
t3 = torch.unsqueeze(t, 1)
t4 = t2.squeeze()
print(t, t.shape)
print(t2, t2.shape)
print(t3, t3.shape)
print(t4, t4.shape)
```

　　輸出的結果如下。

```
tensor([[1, 2, 3],
        [4, 5, 6]]) torch.Size([2, 3])
tensor([[[1, 2, 3],
         [4, 5, 6]]]) torch.Size([1, 2, 3])
tensor([[[1, 2, 3]],
        [[4, 5, 6]]]) torch.Size([2, 1, 3])
tensor([[1, 2, 3],
        [4, 5, 6]]) torch.Size([2, 3])
```

6. expand

擴充張量的維度,但是不用申請新的空間,而是重複使用原有的資料空間。

```
x = torch.tensor([
    [[0.5, 0.1, 0.3]],
    [[0.8, 0.2, 0.1]]
])
print(x.shape)
print(x)
y = x.expand(2, 8, 3)
print(y.shape)
print(y)
```

輸出的結果如下。原來張量中的第二個維度的元素被複製,變成 8 個值相同的元素。

```
torch.Size([2, 1, 3])
tensor([[[0.5000, 0.1000, 0.3000]],

        [[0.8000, 0.2000, 0.1000]]])
torch.Size([2, 8, 3])
tensor([[[0.5000, 0.1000, 0.3000],
         [0.5000, 0.1000, 0.3000],
         [0.5000, 0.1000, 0.3000],
         [0.5000, 0.1000, 0.3000],
         [0.5000, 0.1000, 0.3000],
         [0.5000, 0.1000, 0.3000],
         [0.5000, 0.1000, 0.3000],
         [0.5000, 0.1000, 0.3000]],
```

```
    [[0.8000, 0.2000, 0.1000],
     [0.8000, 0.2000, 0.1000],
     [0.8000, 0.2000, 0.1000],
     [0.8000, 0.2000, 0.1000],
     [0.8000, 0.2000, 0.1000],
     [0.8000, 0.2000, 0.1000],
     [0.8000, 0.2000, 0.1000],
     [0.8000, 0.2000, 0.1000]]])
```

7. repeat

repeat 和 expand 類似，但無法重複使用儲存空間，且 repeat 的參數
意義是複製的倍數，程式範例如下。

```
x = torch.tensor([
    [[0.5, 0.1, 0.3]],
    [[0.8, 0.2, 0.1]]
])
print(x.shape)
print(x)
y = x.repeat(2, 2, 2)
print(y.shape)
print(y)
```

輸出的結果如下。原向量的所有維度都被覆製成原來的兩倍。

```
torch.Size([2, 1, 3])
tensor([[[0.5000, 0.1000, 0.3000, 0.5000, 0.1000, 0.3000],
         [0.5000, 0.1000, 0.3000, 0.5000, 0.1000, 0.3000]],

        [[0.8000, 0.2000, 0.1000, 0.8000, 0.2000, 0.1000],
         [0.8000, 0.2000, 0.1000, 0.8000, 0.2000, 0.1000]],
```

```
         [[0.5000, 0.1000, 0.3000, 0.5000, 0.1000, 0.3000],
          [0.5000, 0.1000, 0.3000, 0.5000, 0.1000, 0.3000]],

         [[0.8000, 0.2000, 0.1000, 0.8000, 0.2000, 0.1000],
          [0.8000, 0.2000, 0.1000, 0.8000, 0.2000, 0.1000]]])
torch.Size([4, 2, 6])
tensor([[[0.5000, 0.1000, 0.3000, 0.5000, 0.1000, 0.3000],
         [0.5000, 0.1000, 0.3000, 0.5000, 0.1000, 0.3000]],

        [[0.8000, 0.2000, 0.1000, 0.8000, 0.2000, 0.1000],
         [0.8000, 0.2000, 0.1000, 0.8000, 0.2000, 0.1000]],

        [[0.5000, 0.1000, 0.3000, 0.5000, 0.1000, 0.3000],
         [0.5000, 0.1000, 0.3000, 0.5000, 0.1000, 0.3000]],

        [[0.8000, 0.2000, 0.1000, 0.8000, 0.2000, 0.1000],
         [0.8000, 0.2000, 0.1000, 0.8000, 0.2000, 0.1000]]])
```

4.1.3 張量的索引

可以使用索引運算子獲取張量的任意元素，對於只有一個元素的張量，可以透過 item 函式獲取這個元素的值。使用 item 函式的範例程式如下。

```
t = torch.tensor([[1, 2, 3], [4, 5, 6]])
print(t[1])
print(t[1][2])
print(t[1][2].item())
```

輸出的結果如下。

```
tensor([4, 5, 6])
tensor(6)
6
```

張量的索引有比 Python 的串列物件更豐富的功能，比如可以使用[:, 1] 選中第二維度上下標為 1 的所有元素，程式範例如下。

```
t = torch.tensor([[1, 2, 3], [4, 5, 6], [7, 8, 9]])
print(t[:,1])
```

輸出的結果如下。

```
tensor([2, 5, 8])
```

同樣，可以透過索引改變張量對應元素的值，程式範例如下。

```
t = torch.tensor([[1, 2, 3], [4, 5, 6], [7, 8, 9]])
print(t)
t[:,1] = t[:,2]
print(t)
```

輸出的結果如下。

```
tensor([[1, 2, 3],
        [4, 5, 6],
        [7, 8, 9]])
tensor([[1, 3, 3],
        [4, 6, 6],
        [7, 9, 9]])
```

4.1.4 張量的運算

torch 提供 add、sub、mul 和 div 函式實作張量的加、減、乘、除，也可以直接使用運算子，以下兩種加法的程式是等效的。

```
t3 = torch.add(t1, t2)
t3 = t1 + t2
```

需要注意，PyTorch 中的廣播允許維度不同的張量或者張量和 Python 中的數值一起運算，使用廣播無須額外的程式。如果參與運算的值維度不一致，但可以應用廣播的規則，程式就會自動使用廣播，範例程式如下。

```
t1 = torch.tensor([1, 2, 3])
t2 = t1 + 1
t3 = torch.tensor([[1, 2, 3], [4, 5, 6], [7, 8, 9]])
t4 = t1 + t3
print(t2)
print(t4)
```

輸出的結果如下。

```
tensor([2, 3, 4])
tensor([[ 2,  4,  6],
    [ 5,  7,  9],
    [ 8, 10, 12]])
```

上面程式中的張量 tensor([1, 2, 3])與 Python 的整數 1 相加，PyTorch 自動把 1 擴充為 tensor([1,1,1])，然後與 tensor([1, 2, 3])相加。同樣，tensor([[1, 2, 3], [4, 5, 6], [7, 8, 9]])與 tensor([1, 2, 3])相加，tensor([1, 2, 3])會自動擴充成 tensor([[1, 2, 3], [1, 2, 3], [1, 2, 3]])，但是如果參與運算的值維度不一致又無法透過廣播規則變換時會產生異常結果。

4.2 使用 torch.nn

torch.nn 是實作神經網路的重要模組，其中包括多種神經網路的實作，還有多種工具函式。

1. torch.nn.Module

torch.nn.Module 是 PyTorch 中所有神經網路的基礎類別，使用者使用 PyTorch 自己實作的神經網路也需要繼承這個類別，用法如下。

```
import torch.nn as nn
class MyModel(nn.Module):
    def __init__(self):
        super(Model, self).__init__()   # 呼叫基礎類別的建構函式
        # 這裡可以開始定義模型中用到的參數等內容
        # 這裡需要有模型接受的參數，當呼叫模型時 PyTorch 會自動呼叫模型的
forward 函式
    def forward(self, …):
        # 這裡實作模型正向傳播
```

繼承該類別後，模型物件將獲得一些方法，比較常用的方法介紹如下。

（1）CUDA 和 CPU：model.cuda 方法可以把模型移動到 GPU 上，CUDA 可以接收一個參數，即指定的 GPU 編號。這個方法的傳回值就是移動到 GPU 上的模型自身，所以可以不用處理該傳回值。model.cpu 方法剛好相反，是把模型從 GPU 移動到 CPU 上。

（2）parameters：獲取模型參數，常用在最佳化器的初始化中。透過該方法獲取模型的所有參數再傳入最佳化器中，也可以用於統計模型的參數數量。

（3）train、eval 和 zero_grad：train 方法用於把模型設為訓練模式，zero_grad 用於把所有模型梯度設為 0，這兩者通常在訓練模型前呼叫。eval 則用於把模型設為評估模式，在使用模型預測結果之前呼叫。

2. torch.nn.RNN

RNN 用於處理序列資料，如自然語言中的句子可以作為字或詞語的序列。此處主要介紹 torch.nn.RNN 的使用方法，第 7 章會進一步討論 RNN 模型。建構 RNN 模型的主要參數如表 4.2 所示。

▼ 表 4.2　torch.nn.RNN 的主要參數

參數名稱	參數說明
input_size	輸入資料（序列中）每個元素的維度
hidden_size	隱藏層大小
num_layers	層數
nonlinearity	非線性函式種類，可選擇 tanh 和 relu，預設為 relu
bias	是否有 bias 權重，預設為 True
batch_first	資料預設第二個維度是 batch，設為 True 則讓 batch 作為第一維度
dropout	如果非零，除了最後一次都會增加一個 dropout 層
bidirectional	如果為 True，則變為雙向 RNN，預設為 False

3. torch.nn.LSTM

長短期記憶（Long Short-Term Memory，LSTM）網路在處理序列資料時，與普通 RNN 相比可以更好地儲存長期的「記憶」（跨越序列中較多元素）。PyTorch 提供 torch.nn.LSTM，其參數有 input_size、hidden_size、num_layers、bias、batch_first、dropout、bidirectional，與 RNN 的對應參數類似。

4. torch.nn.GRU

閘控循環單元（Gated Recurrent Unit，GRU）也是一種用於處理序列資料的神經網路。PyTroch 提供 torch.nn.GRU，參數與 LSTM 的相同。

5. torch.nn.LSTM Cell

torch.nn.LSTMCell 是 LSTM 單元，RNN、LSTM、GRU 模型都是一次接受整個序列並傳回全部結果，而 torch.nn.LSTMCell 是一個 LSTM 單元，它的參數如表 4.3 所示。

▼ 表 4.3 torch.nn.LSTMCell 的參數

參數	含義
input_size	輸入向量維度
hidden_size	隱藏層維度
bias	是否有 bias 權重，預設為 True

類似地，還有 torch.nn.RNNCell、torch .nn.GRUCell。

6. torch.nn.Transformer

Transformer 模型由論文 *Attention is all you need* 提出，Transformer 使用注意力機制並有良好的並行能力。PyTorch 的 1.2 版本正式加入 torch.nn.Transformer。torch.nn.Transformer 的參數如表 4.4 所示。

▼ 表 4.4 torch.nn.Transformer 的參數

參數	含義
d_model	編碼器/解碼器中的特徵維度，預設為 512
nhead	多頭注意力中的 head 數，預設為 8
num_encoder_layers	編碼器層數，預設為 6
num_decoder_layers	解碼器層數，預設為 6
dim_feedforward	前饋網路模型的維度，預設為 2048
dropout	dropout 比例，預設為 0.1
custom_encoder	自訂編碼器，預設為 None
custom_decoder	自訂解碼器，預設為 None

第 11 章將繼續討論 Transformer 的內容。

7. torch.nn. Linear

PyTorch 中提供了線性層 torch.nn.Linear，對輸入資料做線性變化，有 3 個參數：in_features（輸入資料維度）、out_features（輸出資料維度）、bias。如果 bias 為 False，模型沒有 bias 參數。torch.nn.Linear 將把資料由 in_features 維轉換為 out_features 維。公式如下。

$$y = xA^{T} + b$$

其中，b 表示 bias。

8. torch.nn.Bilinear

雙線性層在 PyTorch 中對應 torch.nn.Bilinear。公式如下。

$$y = x_1^{T} A x_2 + b$$

表 4.5 展示了 torch.nn.Bilinear 的參數。

▼ 表 4.5 torch.nn.Bilinear 的參數

參數	含義
in1_features	第一個向量的維度
in2_features	第二個向量的維度
out_features	輸出維度
bias	是否有 bias 權重，預設為 True

9. torch.nn.Dropout

torch.nn.Dropout 有兩個參數 p 和 inplace，可按照機率 p 隨機把輸入資料中的一些元素置為 0，p 預設為 0.5。inplace 表示是否在原地操作，原地操作也就是對原來的變數操作，預設為 False。

10. torch.nn.Embedding

嵌入層在 PyTorch 中對應 torch.nn.Embedding，可以實作 ID 到向量的轉化。建構 torch.nn. Embedding 常用的參數如表 4.6 所示。

▼ 表 4.6 torch.nn.Embeding 常用的參數

參數	含義
num_embeddings	ID 的數量，對於次嵌入來說就是詞表大小，即一共有多少個詞語
embedding_dim	嵌入維度，輸出向量是多少維
padding_idx	填充詞 ID（可選）
max_norm	每個帶有 norm 層的向量都會被限制最大值為 max_norm（可選）

> **注意：**Embedding 層的詞表是有限的，但是模型使用過程中可能出現詞表中沒有的詞，這時可以規定一個特殊的詞，所有未知詞都使用這個詞表示，也可以將所有的未知詞用隨機向量表示。

4.3 啟動函式

啟動函式是一些非線性、可微分的函式。在神經網路中使用啟動函式可為網路加入非線性特性。

4.3.1 Sigmoid 函式

Sigmoid 函式公式如下。

$$f(x) = \frac{1}{1 + e^{-x}}$$

PyTorch 中提供 4 種 Sigmoid 函式：torch.nn.Sigmoid、torch.nn.functional.sigmoid、torch. sigmoid 和 torch.Tensor.sigmoid。Sigmoid 函式的影像如圖 4.1 所示。

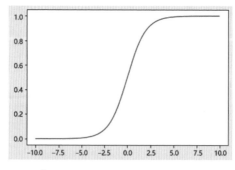

▲ 圖 4.1 Sigmoid 函式的影像

4.3.2 Tanh 函式

Tanh 是雙曲函式中的雙曲正切函式，它的公式如下。

$$f(x) = \frac{e^x - e^{-x}}{e^x + e^{-x}}$$

PyTorch 中提供 4 種 Tanh 函式：torch.nn.functional.tanh 、torch.nn.Tanh、torch.tanh 和 torch.Tensor.tanh。Tanh 函式的影像如圖 4.2 所示。

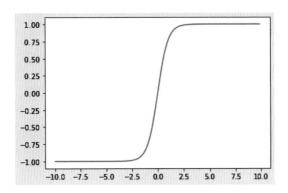

▲ 圖 4.2 Tanh 函式的影像

4.3.3 ReLU 函式

ReLU 即 Rectified Linear Unit，它的函式公式如下。

$$f(x) = \max(0, x)$$

PyTorch 中提供 2 種 ReLU 函式：torch.nn.ReLu 和 torch.nn.functional.ReLU。ReLU 函式的影像如圖 4.3 所示。

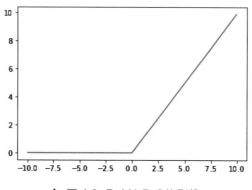

▲ 圖 4.3 ReLU 函式的影像

4.3.4 Softmax 函式

Softmax 函式的公式如下。

$$\text{Softmax}(x_i) = \frac{\exp(x_i)}{\sum_j \exp(x_j)}$$

如果有 n 個元素，則首先求 $\exp(x_1)$ 到 $\exp(x_n)$ 的和，任意 $\exp(x_i)$ 除以這個和，得到的結果都在 0 到 1 之間，且 $\text{Softmax}(x_1)$ 到 $\text{Softmax}(x_n)$ 的和為 1。

PyTorch 中提供函式 torch.nn.functional.softmax 和 torch.nn.Softmax。

Softmax 函式有一個參數 dim，預設值為 None。如果 dim 設為 0，則輸入的每一列元素作為一個整體分別求 Softmax，即結果中每一列元素的和為 1；如果 dim 為 1 則對每一行元素求 Softmax，結果中每一行元素的和為 1。

PyTorch 還提供 torch.nn.Softmax2d 用於求二維的 Softmax。

4.3.5 Softmin 函式

Softmin 函式的公式如下。

$$\text{Softmin}(x_i) = \frac{\exp(-x_i)}{\sum_j \exp(-x_j)}$$

PyTorch 中有 nn.Softmin。

4.3.6 LogSoftmax 函式[1]

LogSoftmax 函式就是在求 Softmax 後對每個元素求對數,公式如下。

$$\text{LogSoftmax}(x_i) = \log\left(\frac{\exp(x_i)}{\sum_j \exp(x_j)}\right)$$

PyTorch 中提供了函式 torch.nn.functional.log_softmax 和 torch.nn.LogSoftmax。

與 Softmax 函式類似,LogSoftmax 函式也有 dim 參數,預設為 None。

---

[1] PyTorch 中 Softmax 和 LogSoftmax 的實現(C++程式)可見 GitHub 的 PyTorch 官方倉庫。

4.4 損失函式

損失函式用於評估模型輸出結果與真實值的差距。訓練模型的過程中,輸入資料經過模型得到輸出,透過損失函式可求出輸出與真實值的差距,並根據這個差距更新模型參數。

損失函式可以分為回歸損失函式和分類損失函式。回歸損失函式用於計算連續值的結果的損失,分類損失函式用於計算離散值或者分類問題的損失。

損失函式還可以分為經驗風險(Empirical Risk)損失函式和結構風險(Structural Risk)損失函式。

我們定義預測值,即輸出為 $\hat{y}$,真實值為 y,損失函式就是以 y 和 $\hat{y}$ 為輸入的函式。

4.4.1 0-1 損失函式

0-1 損失函式指的是,輸出與真實值一致就傳回 0,輸出與真實值不一致就傳回 1。因為損失函式是反映輸出值與真實值差異的函式,如果結果一致,損失最小。其公式如下。

$$L(y, \hat{y}) = \begin{cases} 0, y = \hat{y} \\ 1, y \neq \hat{y} \end{cases}$$

4.4.2 平方損失函式

平方損失函式傳回輸出與真實值的差值的平方,反映輸出與真實值的差值的大小,平方保證輸出的結果非負。輸出與真實值相差越大,損失越大。

$$L(y, \hat{y}) = (y - \hat{y})^2$$

可以定義這樣一個簡單的線性回歸模型，$\hat{y} = w \cdot x + b$。這裡 w 和 b 是參數，x 是輸入變數，$\hat{y}$ 是輸出，即預測值。對於每一個 x 都有一個真實值，記作 y。當我們訓練模型的時候，w 和 b 首先具有一個初值。訓練資料是多對 (x, y) 的組合。

每次訓練先根據 x 計算 $\hat{y}$，然後使用損失函式求損失，再根據損失更新參數，在這個例子中就是 w 和 b。

```
import torch
w = torch.randn((1)) #隨機初始化 w
b = torch.zeros((1)) #使用 0 初始化 b
```

這段程式定義了 w 和 b 兩個參數，都是一維的張量，w 使用隨機值初始化，b 則設為 0。可以輸出 w 和 b 的值：w=tensor([−0.5632])，b=tensor([0.])。然後可以隨機生成一組訓練資料。

```
x = torch.rand(10,1)*10   #維度為(10,1)
y = 2*x + (5 + torch.randn(10,1))
```

這段程式定義了一組訓練資料，一共有 10 對 x 和 y。可以列印查看 x 和 y 的值。x 的值如下。

```
tensor([[6.6166],
      [4.1915],
      [9.6052],
      [1.5523],
      [0.2056],
      [8.2577],
      [1.6836],
```

```
        [7.9759],
        [7.5693],
        [2.3975]])
```

y 的值如下。

```
tensor([[18.0515],
        [12.5196],
        [23.0749],
        [ 8.7514],
        [ 6.5844],
        [21.3720],
        [ 7.1683],
        [20.3873],
        [20.7723],
        [10.4746]])
```

然後使用生成的訓練資料計算 $\hat{y}$。

```
wx = torch.mul(w,x)  # w*x
y_pred = torch.add(wx,b)  # y = w*x + b
```

可以再列印 $\hat{y}$，即 y_pred 的值如下。

```
tensor([[-3.7262],
        [-2.3605],
        [-5.4093],
        [-0.8742],
        [-0.1158],
        [-4.6504],
        [-0.9481],
        [-4.4917],
```

```
    [-4.2627],
    [-1.3502]])
```

然後計算 y_pred 和 *y* 的損失，程式如下。

```
loss = (0.5*(y-y_pred)**2).mean()
```

y_pred 與 *y* 的損失為 tensor(188.6581)。這裡有 10 組訓練資料，所以有 10 個 *x*、10 個 *y* 和計算得到的 10 個 *ŷ*。(0.5*(y-y_pred)**2) 得到的也是 10 個值，是這 10 個 *ŷ* 和 *y* 的差的平方，但是最後使用 mean 方法，對這 10 個值取了平均數。

PyTorcch 中提供 nn.MSEloss 計算平方損失函式。

4.4.3 絕對值損失函式

絕對值損失函式傳回輸出與真實值差值的絕對值，透過絕對值保證結果非負，公式如下。

$$L(y, \hat{y}) = |y - \hat{y}|$$

PyTorch 提供 torch.nn.L1Loss 計算絕對值損失函式。

4.4.4 對數損失函式

對數損失函式也稱對數似然損失函式（Log Likelihood Loss Function），它的公式如下。

$$L(y, P(y \mid x)) = -\log P(y \mid x)$$

對數損失函式用於分類問題，而非回歸問題，它的輸入與前面幾個損失函式不同。首先真實值是一個類別，模型輸出則是一個機率。

實際的模型輸入一般會給每個分類輸出一個機率。例如，在某個情感分類模型中，有積極、中性、消極 3 個類別，分別用 0、1、2 表示。對於一個輸入，真實值是 0（積極），模型輸出可能是[0.7, 0.2, 0.1]，即積極的機率是 0.7，中性的機率是 0.2，消極的機率是 0.1，那麼這個例子使用對數損失函式的結果應該是−log(0.7)。這就意味著模型輸出的積極分類的機率越高，對數損失函式的值越大，對數損失函式的值越小，即損失越小，我們期望模型輸出的正確分類的值越大。

PyTorch 中提供 torch.nn.NLLLoss 和 torch.nn.CrossEntropyLoss 兩個損失函式。NLLLoss 即 Negative Log Likelihood Loss。但是 NLLLoss 函式要求模型的最後一層必須是 LogSoftmax 層，所以 NLLLoss 函式中並不包含對數的計算，NLLLoss 函式的公式如下。

$$\text{NLLLoss}(y, \text{output}) = -\text{output}[y]$$

CrossEntropyLoss 函式則是 LogSoftmax 函式和 NLLLoss 函式的組合。

torch.nn.NLLLoss 函式的參數如表 4.7 所示。

▼ 表 4.7 torch.nn.NLLLoss 的參數

參數	預設值	含義
weight	None	每個分類的權重
size_average	None	目前已不推薦使用，使用 reduction 代替
ignore_index	−100	計算損失時自動忽略的標籤值
reduce	None	目前已不推薦使用，使用 reduction 代替
reduction	'mean'	'mean'表示將傳回多個樣本的損失的平均值，另外還可選擇 'sum'和'none'

torch.nn.CrossEntropyLoss 函式的參數與 NLLLoss 函式的相同。

torch.nn.BCELoss 函式是用於二元分類問題的交叉熵損失函式。torch.nn.BCEWithLogitsLoss 函式是 Sigmoid 函式和 torch.nn.BCELoss 函式的組合。

4.5 最佳化器

在訓練模型的過程中,需要根據損失函式求資料登錄模型的各個參數的導數,然後使用梯度下降演算法。最佳化器為我們提供梯度下降演算法,好的最佳化器可以顯著縮短模型訓練時間。

4.5.1 SGD 最佳化器

SGD 的全稱為 Stochastic Gradient Descent,就是每次隨機選取一個樣本對模型參數進行更新,SGD 的問題有當梯度較小時收斂慢,並且可能會陷入局部最優。PyTorch 中提供 torch.optim.SGD 類別。建構 torch.optim.SGD 類別物件的參數如表 4.8 所示。

▼ 表 4.8 建構 torch.optim.SGD 類別物件的參數

參數	含義
params	模型參數,可以使用第 4.2.1 小節中介紹的模型的 parameters 方法獲取
lr	學習率,即 learning rate,預設為 0.01
momentum	Momentum 是一種用於提高訓練速度的方法,預設值為 0
weight_decay	權重衰減,預設為 0
dampening	Momentum 的參數,預設為 0
nesterov	啟用 Nesterov momentum,預設為 False

4.5.2 Adam 最佳化器

Adam 在 2014 年的論文 *Adam: A Method for Stochastic Optimization* 中被提出，該名稱來自 Adaptive Moment Estimation 的縮寫。PyTorch 中提供 torch.optim.Adam 類別實作 Adam 演算法。建構 torch.optim.Adam 類別物件的參數如表 4.9 所示。

▼ 表 4.9 建構 torch.optim.Adam 類別物件的參數

參數	含義
params	模型參數，可以使用第 4.2 節中介紹的 torch.nn.Module 的 parameters 方法獲取
lr	學習率，即 learning rate，預設為 0.01
betas	類型是兩個 float 變數組成的 tuple，即 Tuple[float, float]，預設為（0.9，0.999）。用於計算梯度執行平均值及其平方的係數
esp	浮點類型，預設為 1e-8。用於加在分母上提高數值穩定性
weight_decay	Momentum 的參數，預設為 0
amsgrad	是否使用 AMSGrad（來自論文 *On the Convergence of Adam and Beyond*），預設為 False

4.5.3 AdamW 最佳化器

AdamW 是對 Adam 的改進，來自 2017 年的論文 *Decoupled Weight Decay Regularization*。建構 AdamW 物件的參數與 Adam 的相同。

4.6 資料載入

只有能夠高效載入訓練資料,才能保證模型訓練的效率。由於顯示記憶體是有限的,很多時候資料不能一次性載入顯示記憶體,因此需要在模型訓練的同時進行資料載入,這會涉及一些資料前置處理及轉換的工作。PyTorch 提供 Dataset 類別用於存放資料,DataLoader 類別用於資料載入。

4.6.1 Dataset

torch.utils.data.Dataset 是 PyTorch 中用於表示資料集的基礎類別。使用時需要定義自己的 Dataset 類別並繼承 torch.utils.data.Dataset。同時必須實作__getitem__方法和__len__方法,它們分別用於獲取資料集中指定下標的資料和得到資料集的大小。可以使用實作載入資料的方法,或者在建構函式中實作資料載入。典型的使用程式如下。

```
class MyDataSet(torch.utils.data.Dataset):
   def _ _init_ _ (self, examples):
     self.examples = examples
   def _ _len_ _ (self):
     return len(self.examples)   # 傳回資料集長度


   def _ _getitem_ _ (self, index):
     example = self.examples[index]
     s1 = example[0]   # 當前資料中的第一個句子
     s2 = example[1]   # 當前資料中的第二個句子
     l1 = len(s1)   # 第一個句子的長度
     l2 = len(s2)   # 第二個句子的長度
     return s1, l1, s2, l2, index
```

這是一個機器翻譯資料集的 Dataset 類別的定義。example 是原資料集，是一個串列物件。透過_ _getitem_ _方法每次根據 index 獲取一個資料。

4.6.2 DataLoader

torch.utils.data.DataLoader 類別用於幫助載入資料，一般用於把原始資料轉換為張量。其主要參數如表 4.10 所示。

▼ 表 4.10 建構 torch. utils.data.DataLoader 類別的主要參數

參數	含義
dataset	載入資料後的 Dataset 物件
batch_size	Batch 大小，整數，即每個批次包含多少個資料樣本，預設為 1
shuffle	Bool 類型，如果為 True 則每輪訓練都將打亂資料順序，預設為 False
num_workers	用於資料載入的子處理程序數量，如果為 0 則使用主處理程序載入資料，預設為 0
collate_fn	用於把同一個 Batch 的多個資料樣本合併，並轉換為張量
pin_memory	使用此參數可以提高資料從記憶體複製到顯示記憶體的速度，預設為 False

> **注意**：Python 中的多執行緒無法用於處理計算密集型任務，所以 DataLoader 會使用多處理程序處理和載入資料。

DataLoader 的 collate_fn 典型的定義程式如下。

```
def the_collate_fn(batch):
  src = [[0]*batch_size]
  tar = [[0]*batch_size]
    # 計算整個 Batch 中第一個句子（來源句）的最大長度
    src_max_l = 0
  for b in batch:
    src_max_l = max(src_max_l, b[1])
    # 計算整個 Batch 中第二個句子（目標句）的最大長度
    tar_max_l = 0
  for b in batch:
    tar_max_l = max(tar_max_l, b[3])
  for i in range(src_max_l):
    l = []
    for x in batch:
      if i < x[1]:
        l.append(en2id[x[0][i]])
      else:
        # 當前句子已經結束，則填入填補字元
        l.append(pad_id)
    src.append(l)
  for i in range(tar_max_l):
    l = []
    for x in batch:
      if i < x[3]:
        l.append(zh2id[x[2][i]])
      else:
        # 當前句子已經結束，則填入填補字元
        l.append(pad_id)
    tar.append(l)
  indexs = [b[4] for b in batch]
  src.append([1] * batch_size)
  tar.append([1] * batch_size)
```

```
    s1 = torch.LongTensor(src)
    s2 = torch.LongTensor(tar)
    return s1, s2, indexs
```

上面程式中的 collate_fn 與第 4.6.1 小節 MyDataSet 對應，作用是把
Dataset 中的多筆資料組合成一個 batch，並轉化為張量，填充之類的工作
也在這裡完成。

定義 Dataset 和 DataLoader 的程式如下。

```
train_dataset = MyDataSet(train_set)
train_data_loader = torch.utils.data.DataLoader(
    train_dataset,
    batch_size=batch_size,
    shuffle = True,           # 是否打亂順序
    num_workers=data_workers,  # 工作處理程序數
    collate_fn=the_collate_fn,
)

dev_dataset = MyDataSet(dev_set)
dev_data_loader = torch.utils.data.DataLoader(
    dev_dataset,
    batch_size=batch_size,
    shuffle = True,
    num_workers=data_workers,
    collate_fn=the_collate_fn,
)
```

4.7 使用 PyTorch 實作邏輯回歸

本節將使用簡單的程式實作基本的邏輯回歸模型，並展示訓練過程中的模型參數的變換。在本節中可以看到模型訓練和預測的原理。

4.7.1 生成隨機資料

簡便起見，我們生成兩個類別的資料，每個範例由兩個特徵和一個標籤組成。為了方便觀察，可以把這些資料看成二維平面上的點，兩個特徵就是這個點的水平座標和垂直座標。

我們將以點(-2, -2)和(2,2)分別作為類別一和類別二的中心生成兩個類別的資料，每個類別各 100 個樣本。

生成上述隨機資料的程式如下。

```
import torch

n_data = torch.ones(100, 2)
xy0 = torch.normal(2 * n_data, 1.5)   # 生成均值為 2、標準差為 1.5 的隨機
數組成的矩陣
c0 = torch.zeros(100)
xy1 = torch.normal(-2 * n_data, 1.5)   # 生成均值為 -2、標準差為 1.5 的隨
機數組成的矩陣
c1 = torch.ones(100)

x,y = torch.cat((xy0,xy1),0).type(torch.FloatTensor).split(1, dim=1
)
x = x.squeeze()
y = y.squeeze()
c = torch.cat((c0,c1),0).type(torch.FloatTensor)
```

4.7.2 資料視覺化

可以使用 Matplotlib 函式庫繪製資料分佈圖。使用符號「×」（程式中使用小寫字母 x 表示）表示類別一的資料，使用符號「·」（程式中使用小寫字母 o 表示）表示類別二的資料。程式如下。

```python
import matplotlib.markers as mmarkers
import matplotlib.pyplot as plt
def plot(x, y, c):
  ax = plt.gca()
  sc = ax.scatter(x, y, color='black')
  paths = []
  for i in range(len(x)):
    if c[i].item() == 0:
        marker_obj = mmarkers.MarkerStyle('o')   # 小數點標記
    else:
        marker_obj = mmarkers.MarkerStyle('x')   # 叉形標記
    path = marker_obj.get_path().transformed(marker_obj.get_transf
orm())
    paths.append(path)
  sc.set_paths(paths)
```

呼叫 plot 函式。

```python
plot(x, y, c)
plt.show()
```

顯示的影像如圖 4.4 所示。

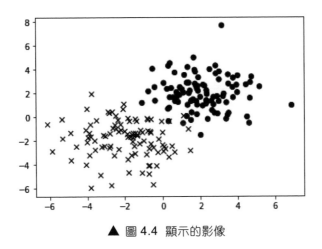

▲ 圖 4.4 顯示的影像

可以觀察到兩類資料點分佈規律比較明顯，可以在圖上找出一條直線，儘量保證同一類別的點在直線的同側，而另一類別的點都在直線的另一側，可以用點和直線的關係來判斷點屬於哪個類別。

4.7.3 定義模型

可以定義直線的公式為 $y=wx+b$。輸入一個點的座標(x_1, y_1)，如果 $y_1 - wx_1 - b$ 大於 0 則該點在這條直線的上方，若小於 0 則點在直線下方。

首先可以定義參數 w 和 b。

```
w = torch.tensor([1.,],requires_grad=True)      # 隨機初始化 w
b = torch.zeros((1),requires_grad=True)         # 使用 0 初始化 b
```

對於損失的計算可使用 Sigmoid 函式，程式如下。

```
loss = ((torch.sigmoid(x*w+b-y) - c)**2).mean()
```

4.7.4 訓練模型

最大迭代次數設為 1000 次，迭代過程中如果損失小於 0.01 則停止迭代。每次迭代計算損失並透過反向傳播更新參數 w 和 b。每迭代 3 次，繪圖並輸出參數。

```python
xx = torch.arange(-4, 5)
lr = 0.02  # 學習率
for iteration in range(1000):
    # 前向傳播
    loss = ((torch.sigmoid(x*w+b-y) - c)**2).mean()
    # 反向傳播
    loss.backward()
    # 更新參數
    b.data.sub_(lr*b.grad) # b = b - lr*b.grad
    w.data.sub_(lr*w.grad) # w = w - lr*w.grad
    # 繪圖
    if iteration % 3 == 0:
        plot(x, y, c)
        yy = w*xx + b
        plt.plot(xx.data.numpy(),yy.data.numpy(),'r-',lw=5)
        plt.text(-
4,2,'Loss=%.4f'%loss.data.numpy(),fontdict={'size':20,'color':
'black'})
        plt.xlim(-4,4)
        plt.ylim(-4,4)
        plt.title("Iteration:{}\nw:{},b:{}".format(iteration,w.data.
numpy(),b.data.numpy()))
        plt.show(0.5)
        if loss.data.numpy() < 0.03:      # 停止條件
            break
```

模型訓練過程中參數的變化如圖 4.5 到圖 4.8 所示。

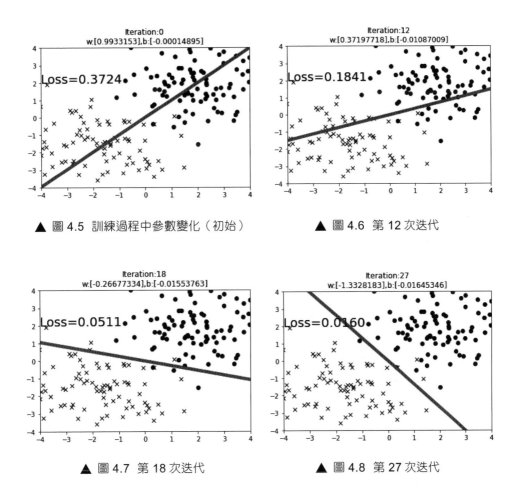

▲ 圖 4.5 訓練過程中參數變化（初始）　　▲ 圖 4.6 第 12 次迭代

▲ 圖 4.7 第 18 次迭代　　　　　　　　▲ 圖 4.8 第 27 次迭代

4.8 TorchText

TorchText 可以幫助我們更方便地使用 PyTorch 處理文字資料，主要包含常用的資料處理方法和資料集。

4.8.1 安裝 TorchText

使用 pip 安裝 TorchText 的命令是 pip install torchtext。要注意安裝和 PyTorch 對應的 TorchText 版本，如表 4.11 所示。

▼ 表 4.11 PyTorch 與 TorchText 以及 Python 的版本對應情況

PyTorch 版本	對應的 TorchText 版本	支援的 Python 版本
1.7	0.8	3.6+
1.6	0.7	3.6+
1.5	0.6	3.5+
1.4	0.5	2.7，3.5+
0.4 及以下	0.2.3	2.7，3.5+

4.8.2 Data 類別

torchtext.Data 提供以下功能。

（1） 定義資料處理流程。

（2） 把資料組織成 Batch、資料填充、建構詞表和把詞語轉換為 ID 等。

（3） 分割訓練集和測試集。

（4） 載入自訂的自然語言處理資料集。

Dataset 通常表示大量資料。Batch 是一小部分資料，通常是訓練過程中第一次執行時用到的資料。Example 是單一資料，而 Field 指資料中的某個欄位。

1. Dataset 類別

Dataset 物件用於定義資料集，定義在 torchtext/data/dataset.py 檔案。建立 Dataset 物件所需的參數如表 4.12 所示。

▼ 表 4.12 建立 Dataset 物件所需的參數

參數	含義
examples	包含資料的串列
fields	list(tuple(str, Field))類型。str 是欄位名稱，Field 是欄位
filter_pred	預設為 None，可指定一個函式，透過該函式過濾篩選資料集

filter_examples 方法用於刪除不用的欄位。

split 方法用於切分資料集，其參數如表 4.13 所示。

傳回值是 Dataset 組成的 tuple。

▼ 表 4.13 split 方法的參數

參數	含義
split_ratio	切分資料集的比例，使用 0～1 的浮點數或浮點數的串列表示每個部分的比例，預設為 0.7，即訓練集:測試集為 7:3
stratified	是否分層抽樣，bool 類型，預設為 False
strata_field	分層抽樣的欄位名稱，預設為 label
random_state	用於獲取打亂順序的隨機數種子，預設為 None，需要使用 random.getstate 獲取隨機數種子（random 是 Python 內建模組）

Dataset 類別有 class method，即無須建立物件就可以呼叫的方法。download 方法用於下載線上資料集到指定位置並解壓，可以方便地獲取和使用線上資料集。該方法會自動下載 Dataset 類別的 urls 屬性指向的位址，並根據檔案類型解壓縮。

2. TabularDataset 類別

用於自動載入 CSV、TSV 或者 JSON 格式的資料集。建構 Tabular Dataset 物件所需的參數如表 4.14 所示。

▼ 表 4.14 建立 TabularDataset 物件所需的參數

參數	含義
path	資料檔案路徑
format	「CSV」、「TSV」、「JSON」（不區分大小寫）
fields	list(tuple(str, Field))類型，str 代表欄位名稱，Field 是欄位
skip_header	是否去掉第一行（標頭），預設為 False
csv_reader_params	給 csv.reader 的參數，僅在 format 參數設為「CSV」或「TSV」時有效

3. Batch 類別

用於表示一個 Batch 的訓練資料。有類別方法 fromvars 可以透過變數構造 Batch 物件。透過建構函式構造 Batch 物件的參數是 data、dataset 和 device，預設都為 None。

4. Example 類別

用於定義單一訓練資料或測試資料，可以直接透過欄位名稱屬性存取這個資料的各個欄位。有 5 種類方法：fromCSV(data, fields, field_to_index=None)、fromJSON(data, fields)、fromdict(data, fields)、fromlist(data, fields)、fromtree(data, fields, subtrees=False)。

5. RawField 類別

代表一個通用的欄位，每個 Dataset 都包含多個 Field 欄位，就像一個資料表中的多個列。

6. Field 類別

代表一個類型確定的欄位，並包含對根據資料生成張量的方法的定義。

4.8.3 Datasets 類別

接下來講解 Datasets 類別中一些提前定義好的資料集，它們可以方便地自動下載和使用。所有的 Datasets 類別都繼承於第 4.8.2 小節提到的 Dataset 物件。

1. 情感分析

SST 指 Stanford Sentiment Treebank 資料集。資料集類別名稱是 torchtext.datasets.SST。

查看原始程式可以看到 TorchText 是如何完成自動下載工作的。首先定義資料檔案的下載網址目錄名稱和資料集的名稱。

```
class SST(data.Dataset):
    urls = ['http://nlp.stanford.edu/sentiment/trainDevTestTrees_PTB
.zip']
    dirname = 'trees'
    name = 'sst'
```

IMDB 資料集包含 5 萬筆有明顯情感傾向的電影評論資料。資料集類別名稱是 torchtext.datasets. IMDB。

下載網址是

http://ai.stanford.edu/~amaas/data/sentiment/aclImdb_v1.tar.gz。

2. 推理

SNLI 全稱為 The Stanford Natural Language Inference，即史丹佛自然語言推理資料集，該資料集類別名稱是 torchtext.datasets.SNLI。

下載網址是 http://nlp.stanford.edu/projects/snli/snli_1.0.zip。

torchtext.datasets.MultiNLI 對應的資料集下載網址是 http://www.nyu.edu/projects/bowman/ multinli/multinli_1.0.zip。

torchtext.datasets.XNLI 對應的資料集下載網址是 http://www.nyu.edu/projects/bowman/xnli/ XNLI-1.0.zip。

3. 語言模型

語言模型態資料集是 torchtext.datasets.LanguageModelingDataset 類別的子類別，而 LanguageModeling Dataset 是 torchtext.Data.Dataset 的子類別。

語言模型態資料集有：WikiText2、WikiText103 和 PennTreebank。

4. 機器翻譯

機器翻譯資料集都是 torchtext.datasets.TranslationDataset 的子類別。

還有 IWSLT 和 WMT14 兩個資料集，Dataset 類別自動下載。

5. 序列標注

UDPOS 和 CoNLL2000Chunking 資料集，Dataset 類別自動下載。

6. 問答

BABI20 資料集，Dataset 類別自動下載。

4.8.4 Vocab

Vocab 類別提供了與詞彙相關的工具。自然語言常由詞彙組成，自然語言處理中，常涉及詞彙的處理。該類別提供了把詞彙轉換成向量的工具。

1. Vocab

Vocab 定義一個用於把詞語轉換成數字的詞表。定義 Vocab 物件所需的參數如表 4.15 所示。

▼ 表 4.15　建立 Vocab 物件所需的參數

參數	含義
counter	collections.Counter 物件，用於儲存詞語出現的頻次
max_size	詞語最大數量，預設為 None，即無限制
min_freq	最小詞頻，如果一個詞出現的頻次低於這個值，它將被忽略，預設為 1；如果設為小於 1 的數也會被自動修改為 1
specials	特殊詞串列，預設為['<unk>', '<pad>']
vectors	預訓練權重，預設為 None
unk_init	未知詞的預設值函式，是函式類型，預設為 torch.zeros，該函式需要以一個向量為參數，並傳回一個等長的向量
vectors_cache	vector 快取目錄，預設為'.vector_cache'
specials_first	把特殊詞彙放在詞表開頭，預設為 True

Vocab 物件的屬性如表 4.16 所示。

▼ 表 4.16 Vocab 物件的屬性

屬性	含義
freqs	詞語出現的頻次
stoi	collections.defaultdict 類型，儲存詞語轉換為 int(ID)的映射
itos	字串串列，用於把 ID 轉換為詞語

2. Vectors

建立 Vectors 物件所需的參數如表 4.17 所示。

▼ 表 4.17 建立 Vectors 物件所需的參數

參數	含義
name	向量檔案名稱
cache	向量快取目錄，預設為 None
url	如果快取目錄中不存在該檔案，url 為需要下載的地址
unk_init	未知詞的預設函式，定義函式類型，預設為 torch.zeros，該函式需要以一個向量為參數，並傳回一個等長的向量
max_vectors	用於限制載入的詞向量數量，預設為 None，即無限制

3. 預訓練詞向量

TorchText 提供了 3 種預訓練詞向量物件：GloVe、FastText 和 CharNGram。

4.8.5 utils

包含 download_from_url 函式，用於根據統一資源定位器（Uniform Resource Locator，URL）下載檔案；可以驗證已存在檔案是否正確，並可以下載 Google Drive 的內容。下載中呼叫 requests 函式庫。

4.9 使用 TensorBoard

TensorBoard 是 TensorFlow 推出的視覺化工具，用於在模型訓練過程中查看模型訓練情況。目前 PyTorch 已經支援使用 TensorBoard。

4.9.1 安裝和啟動 TensorBoard

直接使用 pip 命令安裝。

```
pip install tensorboard
```

啟動 TensorBoard 的命令如下。

```
tensorboard --logdir=runs
```

執行該命令後的輸出如下。

```
TensorFlow installation not found -
 running with reduced feature set.
Serving TensorBoard on localhost; to expose to the network, use a pr
oxy or pass --bind_all
TensorBoard 2.4.0 at http://localhost:6006/ (Press CTRL+C to quit)
```

我們只安裝了 TensorBoard 而未安裝 TensorFlow，所以輸出的第一句提示沒有找到 TensorFlow，雖然可以執行 Tensor Board，但功能受限。

預設監聽 localhost，表示只有本機可以存取，通訊埠編號是 6006。在瀏覽器中開啟網址：http://localhost: 6006/，可以看到 TensorBoard 的介面。在命令列視窗按 Ctrl+C 複合鍵可以關閉 TensorBoard。

4.9.2 在 PyTorch 中使用 TensorBoard

匯入 TensorBoard 的 SummaryWriter。

```
from torch.utils.tensorboard import SummaryWriter
```

建立 writer 物件。

```
writer = SummaryWriter()
```

可以透過 writer 物件的 add_image、add_graph 等方法向 TensorBoard 增加內容。詳細的使用方法可以參考 PyTorch 官方網站上的介紹。

4.10 小結

本章介紹了 PyTorch 的基本使用方法，依次介紹了張量、神經網路、啟動函式、損失函式、最佳化器和資料載入，並使用基本的 Torch 方法實作了邏輯回歸演算法。最後介紹了如 TorchText、TensorBoard 等工具。在後面的章節中我們會在具體的例子中展示 PyTorch 的更多用法。

熱身：使用字元級 RNN 分類發文

本章將使用 PyTorch 實作一個簡單的神經網路，並用真實的資料進行訓練和測試，在模型基礎上建構一個簡單的應用程式，該應用程式可以對使用者輸入的文字進行分類。

本章主要涉及的基礎知識如下。

- 資料的輸入與輸出。
- 字元級 RNN 基本結構。
- 資料的前置處理。
- 模型的訓練、評估、儲存和載入。

5.1 資料與目標

本節將介紹要使用的資料以及希望實現的目標，將使用簡單的模型在真實資料集上實作文字分類。

5.1.1 資料

本章使用的資料來自某大專院校的討論區。存取該討論區的多數板塊都無須登入，所以這些資料是對所有人公開的。我們使用爬蟲爬取了這個討論區的「考碩考博」以及「應徵資訊」兩個板塊的標題。

爬蟲使用 requests 函式庫發送 HTTPS 請求，爬取上述兩個板塊各 80 頁資料，包含 3000 個發文，再使用 BeautifulSoup 解析 HTML 內容，得到發文標題。

```
import requests
import time
from tqdm import tqdm
fid = 735     # 目標板塊的 ID
titles735 = []   # 存放爬取的資料
for pid in tqdm(range(1, 80)):
  r = requests.get('https://www.XXX.com/forumdisplay.php?fid=%d&pag
e=%d' % (fid, pid))
  with open('raw_data/%d-%d.html' % (fid, pid), 'wb') as f:  # 原
始 HTML 寫入檔案
     f.write(r.content)
  b = BeautifulSoup(r.text)
  table = b.find('table', id='forum_%d' % fid)  # 尋找傳回的 HTML 中
的 table 標籤
  trs = table.find_all('tr')
```

```
    for tr in trs[1:]:
        title = tr.find_all('a')[1].text    # 獲取 a 標籤中的文字
        titles735.append(title)
    time.sleep(1)    # 阻塞一秒，防止過快的請求給網站伺服器造成壓力
with open('%d.txt' % fid, 'w', encoding='utf8') as f: #把資料寫入檔案
    for l in titles735:
        f.write(l + '\n')
fid = 644
titles644 = []
for pid in tqdm(range(1, 80)):
    r = requests.get('https://www.XXX.com/forumdisplay.php?fid=%d&pag
e=%d' % (fid, pid))
    with open('raw_data/%d-%d.html' % (fid, pid), 'wb') as f:    # 原始
HTML 寫入檔案
        f.write(r.content)
    b = BeautifulSoup(r.text)
    table = b.find('table', id='forum_%d' % fid)
    trs = table.find_all('tr')
    for tr in trs[1:]:
        title = tr.find_all('a')[1].text
        titles644.append(title)
    time.sleep(1)
with open('%d.txt' % fid, 'w', encoding='utf8') as f:
    for l in titles644:
        f.write(l + '\n')
```

讀取已經爬取好的檔案，並解析 HTML 內容的程式如下。

```
import time
from tqdm import tqdm
fid = 735
titles735 = []
```

```
for pid in tqdm(range(1, 80)):
    with open(' raw_data /%d-
%d.html' % (fid, pid), 'r', encoding='utf8') as f: # 需選
擇正確編碼
        b = BeautifulSoup(f.read())
    table = b.find('table', id='forum_%d' % fid)
    trs = table.find_all('tr')
    for tr in trs[1:]:
        title = tr.find_all('a')[1].text
        titles735.append(title)
with open('%d.txt' % fid, 'w', encoding='utf8') as f:
    for l in titles735:
        f.write(l + '\n')


fid = 644
titles644 = []
for pid in tqdm(range(1, 80)):
    with open('raw_data/%d-
%d.html' % (fid, pid), 'r', encoding='utf8') as f:
        b = BeautifulSoup(f.read())
    b = BeautifulSoup(r.text)
    table = b.find('table', id='forum_%d' % fid)
    trs = table.find_all('tr')
    for tr in trs[1:]:
        title = tr.find_all('a')[1].text
        titles644.append(title)
with open('%d.txt' % fid, 'w', encoding='utf8') as f:
    for l in titles644:
        f.write(l + '\n')
```

其中，「考碩考博」板塊的發文標題包括「2013 年教育學考研真題311 的」、「800 元轉讓暑假政英強化班」、「請問資訊科學與技術學院的碩士有多難考？」等。而「應徵資訊」板塊的發文標題包括「急招，6 月 23 日，跟招生老師去高招會，報銷公共交通費」「【誠招/待遇更新】課程設計師招募」、「線上少兒程式設計初創公司招營運實習生」等。

資料分別存放在兩個檔案中，存放「考碩考博」板塊的發文標題的檔案是 academy_titles.txt，存放「應徵資訊」板塊的發文標題的檔案是：job_titles.txt。檔案中每行是一個發文標題。可以使用以下程式從檔案中讀取資料。

```
# 定義兩個串列分別存放兩個板塊的發文資料
academy_titles = []
job_titles = []
with open('academy_titles.txt', encoding='utf8') as f:
    for l in f:  # 按行讀取檔案
        academy_titles.append(l.strip())  # strip 方法用於去掉行尾空格
with open('job_titles.txt', encoding='utf8') as f:
    for l in f:  # 按行讀取檔案
        job_titles.append(l.strip())  # strip 方法用於去掉行尾空格
```

5.1.2 目標

透過模型鑑定一個發文可能來自「考碩考博」板塊還是「應徵資訊」板塊。如果這個模型可以得到良好的效果，那麼可以使用這個模型做資訊分類，或者可以將其用在討論區發文功能中，如使用者輸入想發佈的消息標題，該模型幫助使用者找到適合發表這個發文的板塊。

我們將使用字元級 RNN 實作一個簡單的二元分類模型。使用字元級 RNN 意味著我們無須分詞，可以依次向模型輸入每個字。

5.2 輸入與輸出

使用字元級 RNN 模型，需要考慮如何把原始資料轉換為模型可以接受的資料格式，這裡簡單地介紹使用 One-Hot 標記法，也可以使用詞嵌入。

5.2.1 統計資料集中出現的字元數量

不論是使用 One-Hot 標記法還是詞嵌入，都需要先知道資料集中一共出現了多少個不同的字元。假設出現了 N 個不同字元，然後增加一個對應未知字元的特殊字元 UNK，那麼使用 One-Hot 標記法，其中的每個字元對應向量的長度為 $N+1$。用於統計資料集中出現字元數量的程式如下。

```
char_set = set()                    # 建立集合，集合可自動去除重複元素
for title in academy_titles:        # 遍歷「考研考博」板塊的所有標題
    for ch in title:                # 遍歷標題中每個字元
        char_set.add(ch)            # 把字元加入到集合中
for title in job_titles:
    for ch in title:
        char_set.add(ch)
print(len(char_set))
```

最後輸出的字元數量是 1507 個。

5.2.2 使用 One-Hot 編碼表示標題資料

這裡僅介紹使用 One-Hot 標記法，但是後續步驟實際使用詞嵌入，因為資料中的字元數量太多，使用 One-Hot 標記法效率很低。把一個標題字串轉換為張量的程式如下。

```
import torch
char_list = list(char_set)
n_chars = len(char_list) + 1 # 加一個 UNK

def title_to_tensor(title):
  tensor = torch.zeros(len(title), 1, n_chars)
  for li, ch in enumerate(title):
    try:
        ind = char_list.index(ch)
    except ValueError:
        ind = n_chars - 1
    tensor[li][0][ind] = 1
  return tensor
```

> **注意：**這裡把前面程式中的 char_set 轉換為串列，因為集合資料結構插入快，且元素無重複，適合用於統計個數，但集合無法根據下標存取字元，所以要轉換為串列方便按下標存取字元和得到每個字元唯一的下標作為 ID 的形式。

5.2.3 使用詞嵌入表示標題資料

實作詞嵌入可以使用第 4 章介紹的 torch.nn.Embedding。只需要把標題字串轉換成每個字元對應的 ID 組成的張量即可。

```
import torch
char_list = list(char_set)
n_chars = len(char_list) + 1 # 加一個 UNK

def title_to_tensor(title):
  tensor = torch.zeros(len(title), dtype=torch. long)
  for li, ch in enumerate(title):
    try:
        ind = char_list.index(ch)
    except ValueError:
        ind = n_chars — 1
    tensor[li] = ind
  return tensor
```

然後定義 Embedding，程式如下。

```
embedding = torch.nn.Embedding(n_chars, 100)
```

第一個參數是詞語（字元）數量，第二個參數是 Embedding 向量的維度，就是經過 Embedding 後輸出的詞向量的維度，這裡設為 100。如果使用 One-Hot 標記法，詞向量的維度將是 1507 維，而這裡可以由我們自己決定，通常選擇一個比詞語數量小得多的值。程式如下。

```
print(job_titles[1])
print(title_to_tensor(job_titles[1]))
```

程式的輸出如下。

```
應徵兼職/ 筆試考務 /200-300 元每人
tensor([  16, 1293,  962,  580,  245,  135, 1423,  545,  252,  700,
        135,  245,1340, 1569, 1569, 1442,  831, 1569, 1569,  135,
       1478, 1077],
```

```
dtype=torch.int32)
```

> **注意：**實際使用時 Embedding 應該定義在模型類別中，以便在訓練過程中更新其參數，這裡的程式僅為了展示其輸出。

5.2.4 輸出

我們的目標是判斷一個標題字串屬於「考研考博」板塊還是「應徵資訊」板塊。輸出應該代表兩個類別之一，可以使用整數 0 代表「考研考博」板塊，整數 1 代表「應徵資訊」板塊。模型輸出一個 0 到 1 的浮點數，可以設定一個設定值，如 0.5。如果輸出大於 0.5 則認為是分類 1，小於 0.5 則認為是分類 0。

或者可以讓模型輸出兩個值，第一個值代表「考研考博」板塊，第二個值代表「應徵資訊」板塊。在這種情況下可以比較兩個值的大小，標題字串屬於較大的值對應的分類。這時可以使用張量的 topk 方法獲取一個張量中最大的元素的值以及它的下標。程式範例如下。

```
t = torch.tensor([0.3, 0.7])
topn, topi = t.topk(1)
print(topn, topi)
```

程式的輸出如下。

```
tensor([0.7000]) tensor([1])
```

第一個值是較大的元素的值 0.7000，第二個值 1 代表該元素的下標，也剛好是我們的分類 1。

5.3 字元級 RNN

本節介紹最簡單的字元級 RNN 的定義和使用方法，並說明其工作流程和輸入輸出情況。

5.3.1 定義模型

在模型中定義詞嵌入、輸入到隱藏層的 Linear 層、輸出的 Linear 層以及 Softmax 層。

```python
class RNN(nn.Module):
    def __init__(self, word_count, embedding_size, hidden_size, output_size):
        super(RNN, self).__init__()       # 呼叫父類別的建構函式,初始化模型
        self.hidden_size = hidden_size    # 儲存隱藏層的大小
        self.embedding = torch.nn.Embedding(word_count, embedding_size)  # 詞嵌入
        self.i2h = nn.Linear(embedding_size + hidden_size, hidden_size)  # 輸入到隱藏層
        self.i2o = nn.Linear(embedding_size + hidden_size, output_size)  # 輸入到輸出
        self.softmax = nn.LogSoftmax(dim=1)       # Softmax 層

    def forward(self, input_tensor, hidden):  # 前面已經介紹過,呼叫模型是會自動執行該方法
        word_vector = self.embedding(input_tensor)  # 把字 ID 轉換為向量
        combined = torch.cat((word_vector, hidden), 1)  # 拼接字向量和隱藏層輸出
        hidden = self.i2h(combined)   # 得到隱藏層輸出
        output = self.i2o(combined)   # 得到輸出
```

```
    output = self.softmax(output)   # 得到 Softmax 輸出
    return output, hidden

def initHidden(self):
    return torch.zeros(1, self.hidden_size)    # 初始使用全 0 的隱藏層
輸出
```

構造模型需要的參數有：

- word_count：詞表大小。
- embedding_size：詞嵌入維度。
- hidden_size：隱藏層維度。
- output_size：輸出維度。

5.3.2 執行模型

測試模型，看模型輸入輸出的形式。首先定義模型，設定 embedding_size 為 200，即每個詞語用 200 維向量表示；隱藏層為 128 維。模型的輸出結果是對兩個類別的判斷，一個類別代表「考研該考博」，另一個代表「應徵資訊」，程式如下。

```
embedding_size = 200
n_hidden = 128
n_categories = 2
rnn = RNN(n_chars, embedding_size, n_hidden, n_categories)
```

然後嘗試把一個標題轉換成向量，再把該向量輸入到模型裡，並查看模型輸出。

```
input_tensor = title_to_tensor(academy_titles[0])
print('input_tensor:\n', input_tensor)
hidden = rnn.initHidden()
output, hidden = rnn(input_tensor[0].unsqueeze(dim=0), hidden)
print('output:\n', output)
print('hidden:\n', hidden)
print('size of hidden:\n', hidden.size())
```

程式的輸出如下。

```
input_tensor:
 tensor([ 603, 1261,  348,  456,  264, 1441,  519,  725,  393,  164
,   99,  329,
     1441,  407,  706,   68, 1050, 1093, 1036, 1009, 1337])
output:
 tensor([[-0.8858, -0.5317]], grad_fn=<LogSoftmaxBackward>)
hidden:
 tensor([[ 5.2449e-01, -3.9349e-01, -7.3347e-01, -8.7151e-01, -
2.3355e-02,
      2.1722e-01,  4.2904e-01, -6.1375e-01,  7.1260e-02, -5.2419e-01,
                          ……
     -4.4484e-01,  2.2427e-01,  2.1569e-01, -2.4453e-01, -1.9768e-01,
      6.0909e-01,  3.7423e-01,  9.7817e-02,  2.1102e-01, -9.7066e-01,
     -1.0586e-01,  1.8856e-01, -2.1299e-02]], grad_fn=
<AddmmBackward>)
size of hidden:
 torch.Size([1, 128])
```

因為是字元級 RNN，每次僅輸入一個字元，同時使用 unsqueeze 函式 把該字元 ID 變成維度為 1 的張量。

　　模型會傳回兩個值，第一個值是模型輸出，第二個值是隱藏層輸出。隱藏層輸出會隨著下一個字元作為隱藏層輸入而輸入到模型中。

　　假如標題有 10 個字，第一個字的 ID 需要和 rnn.initHidden 傳回的全零向量一起輸入模型，這時全零向量作為初始的隱藏層輸入。第一次執行得到一個模型輸出和一個隱藏層輸出，模型輸出是長度為 2 的張量，其中的元素分別代表兩個類別的分數，注意這時的模型輸出並無意義，所以中間的模型輸出都被捨棄了。這裡有用的是隱藏層輸出，第一個字的隱藏層輸出會與第二個字的 ID 一起輸入模型，模型可以從中得到前面文字的資訊。

　　最後一個字的隱藏層輸出沒有意義，而最後一個字的模型輸出則是整個模型的輸出。圖 5.1 到圖 5.3 所示是 RNN 模型的工作過程。

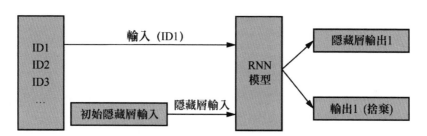

▲ 圖 5.1 RNN 模型輸入第一個字元 ID

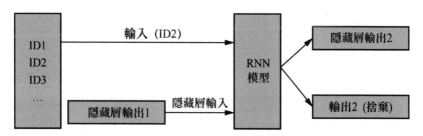

▲ 圖 5.2 RNN 模型輸入第二個字元 ID

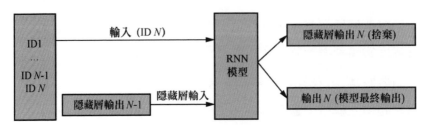

▲ 圖 5.3 RNN 模型輸入最後一個（第 *N* 個）字元 ID

可以看到，如果要在一段文字上執行 RNN 模型需要使用迴圈，初始隱藏層輸入用全零向量，每次迴圈傳一個字元進模型，捨棄中間的模型輸出，但是儲存隱藏層輸出。這個過程的程式如下。

```
def run_rnn(rnn, input_tensor):
  hidden = rnn.initHidden()
  for i in range(input_tensor.size()[0]):
    output, hidden = rnn(input_tensor[i].unsqueeze(dim=0), hidden)
  return output
```

第一個參數 rnn 是模型物件，第二個參數 input_tensor 是輸入的向量，可以使用 title_to_ tensor 函式得到。run_rnn 函式中的 for 迴圈遍歷輸入向量，完成上述 RNN 執行過程，然後傳回最後一個字元的模型輸出。

5.4 資料前置處理

為了方便訓練和評估模型，我們可以先把資料劃分為訓練集和測試集，並根據需要打亂資料的順序。另外可以預先調整資料的格式，增加標籤，便於使用。PyTorch 提供了 Dataset 類別和 DataLoader 類別簡化資料處理的過程，但是本節將使用自訂的方法完成該過程。

5.4.1 合併資料並增加標籤

目前我們有兩類發文標題，分別放在兩個串列中，首先可以為這些資料增加標籤，然後放入同一個串列中，打亂順序後按比例切分成資料集和測試集。增加標籤併合並兩個串列的程式如下。

```
all_data = []    # 定義新的串列用於儲存全部資料
categories= [「考研考博」,「應徵資訊」]  # 定義兩個類別，下標 0 代表「考研考博」，1 代表「應徵資訊」
for l in academy_titles:              # 把「考研考博」的發文標題加入到
all_data 中，並增加標籤為 0
    all_data.append((title_to_tensor(l), torch.tensor([0], dtype=torch.long)))
for l in job_titles:  # 把「應徵資訊」的發文標題加入到 all_data 中，並增加標籤為 1
    all_data.append((title_to_tensor(l), torch.tensor([1], dtype=torch.long)))
```

注意：這裡在合併資料的同時把發文標題轉換成 ID 張量，而且標籤也是張量，這樣的好處是在後續的訓練、評估過程中無須再進行轉換為張量的操作。

5.4.2 劃分訓練集和資料集

可以使用 Python 的 random 函式庫中的 shuffle 函式將 all_data 打亂順序，並按比例劃分訓練集和測試集。這裡將 70%的資料作為訓練集，30%的資料作為測試集。sklearn 函式庫中有函式可以實作打亂資料順序並切分陣列的功能，但這裡我們仍使用簡單的程式實作這個過程。

```
import random
random.shuffle(all_data)   # 打亂陣列元素順序
data_len = len(all_data)   # 資料筆數
split_ratio = 0.7   # 訓練集資料占比
train_data = all_data[:int(data_len*split_ratio)]   #切分陣列
test_data = all_data[int(data_len*split_ratio):]
print("Train data size: ", len(train_data))   # 列印訓練集和測試集長度
print("Test data size: ", len(test_data))
```

程式的輸出如下。

```
Train data size:  4975
Test data size:  2133
```

訓練集中有 4975 筆資料，測試集中則有 2133 筆資料。可以透過修改上面的 split_ratio 變數改變訓練集資料的占比。

5.5 訓練與評估

模型訓練是根據訓練資料和標籤不斷調整模型參數的過程；模型評估則是使用模型預測測試集結果，並與真實標籤比對的過程。

5.5.1 訓練

模型訓練中，首先需要一個損失函式，用於評估模型輸出與實際的標籤之間的差距，然後以這個差距為基礎來決定如何更新模型中每個參數。其次需要學習率，用於控制每次更新參數的速度。這裡使用 NLLLoss 函式，它可以方便地處理多分類問題。雖然在下面的案例中只有兩個類別，但如果後續需收集更多板塊的發文，可以透過簡單地修改模型參數實現更

多的分類。模型訓練部分程式如下。

```
def train(rnn, criterion, input_tensor, category_tensor):
  rnn.zero_grad()   # 重置梯度
  output = run_rnn(rnn, input_tensor)   # 執行模型，並獲取輸出
  loss = criterion(output, category_tensor)   # 計算損失
  loss.backward()   # 反向傳播

  # 根據梯度更新模型的參數
  for p in rnn.parameters():
    p.data.add_(p.grad.data, alpha=-learning_rate)

  return output, loss.item()
```

train 函式的第一個參數 rnn 是模型物件；第二個參數 criterion 是損失函式，可直接使用我們上面提到的 NLLLoss 函式；第三個參數 input_tensor 是輸入的標題對應的張量；第四個參數 category_tensor 則是這個標題對應的分類，也是張量。

5.5.2 評估

模型評估是非常重要的，可了解模型的效果。有很多指標可以衡量模型的效果，比如訓練過程中的損失，模型在一個資料集上的損失越小，說明模型對這個資料集的擬合程度越好；準確率（accuracy），表示在測試模型的過程中，模型正確分類的資料占全部測試資料的比例。這裡採用準確率來評估模型，模型評估的程式如下。

```
def evaluate(rnn, input_tensor):
  with torch.no_grad():
    hidden = rnn.initHidden()
```

```
output = run_rnn(rnn, input_tensor)
return output
```

這裡使用 torch.no_grad 函式，對於該函式中的內容 PyTorch 不會執行梯度計算，所以計算速度會更快。

5.5.3 訓練模型

本小節仍在之前程式的基礎上工作，前面已經定義過的變數這裡不再重複，本書線上資源中包含了本章程式的完整程式，訓練模型的程式如下。

```
from tqdm import tqdm
epoch = 1   # 訓練輪數
learning_rate = 0.005   # 學習率
criterion = nn.NLLLoss()   # 損失函式
loss_sum = 0   # 當前損失累加
all_losses = []   # 記錄訓練過程中的損失變化，用於繪製損失變化圖
plot_every = 100   # 每多少個資料記錄一次平均損失
for e in range(epoch):   # 進行 epoch 輪訓練（這裡只有一輪）
    for ind, (title_tensor, label) in enumerate(tqdm(train_data)):   #
遍歷訓練集中每個資料
        output, loss = train(rnn, criterion, title_tensor, label)
        loss_sum += loss
        if ind % plot_every == 0:
            all_losses.append(loss_sum / plot_every)
            loss_sum = 0
    c = 0
    for title, category in tqdm(test_data):
        output = evaluate(rnn, title)
        topn, topi = output.topk(1)
```

```
    if topi.item() == category[0].item():
        c += 1
print('accuracy', c / len(test_data))
```

　　首先我們引入 tqdm 函式庫，這個函式庫用來顯示模型訓練的進度。它能夠自動計算並顯示當前進度百分比、已消耗時間、預估剩餘時間、每次迴圈使用的時間等資訊，非常方便，可直接使用 pip install tqdm 命令安裝。

　　第二行程式定義訓練輪數，因為模型比較簡單，實驗中發現僅訓練一輪就能達到良好效果，所以這裡設為 1。很多時候可能要較多的輪數才能得到效果良好的模型。

　　然後定義學習率、損失函式還有用於記錄訓練過程中的損失的變數，訓練完成後可以用這些資料繪製損失變化的折線圖。

　　接下來的外層迴圈代表訓練輪次，每輪訓練會先遍歷資料集，更新模型參數，緊接著遍歷測試集，並計算 Accuracy。

　　在使用 Intel Celeron G4900（英特爾賽揚 G4900）CPU 的電腦上執行該程式，訓練過程耗時 124 秒，評估過程耗時 4 秒。準確率為 99.25%，即測試集中的 2000 多個標題，有 99.25%的標題該模型能夠給出正確的分類。訓練過程中的損失下降示意圖如圖 5.4 所示。

　　繪圖程式如下。

```
import matplotlib.pyplot as plt

plt.figure(figsize=(10,7))
plt.ylabel('Average Loss')
plt.plot(all_losses[1:])
```

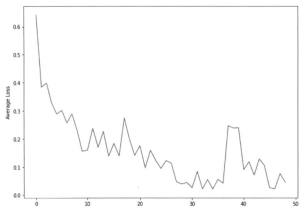

▲ 圖 5.4　模型訓練過程中的損失下降示意圖

5.6　儲存和載入模型

　　訓練模型往往需要耗費較多的時間並使用大量資料，完成模型的訓練和評估之後，我們可以把模型儲存為檔案，並在需要時再次載入模型。

5.6.1　僅儲存模型參數

　　使用 torch.save 函式儲存模型參數，即透過模型的 state_dict 函式獲取模型參數，載入模型時需要先建立該模型的類別，然後使用新建立的類別載入之前儲存的參數，程式如下。

```
# 儲存模型
torch.save(rnn.state_dict(), 'rnn_parameter.pkl')

# 載入模型
```

```
embedding_size = 200
n_hidden = 128
n_categories = 2
rnn = RNN(n_chars, embedding_size, n_hidden, n_categories)
rnn.load_state_dict(torch.load('rnn_parameter.pkl'))
```

5.6.2 儲存模型與參數

使用 torch.save 函式直接儲存模型物件，載入時使用 torch.load 函式直接得到模型物件，不需要重新定義模型，程式如下。

```
#儲存模型
torch.save(rnn, 'rnn_model.pkl')

# 載入模型
rnn = torch.load('rnn_model.pkl')
```

5.6.3 儲存詞表

儲存模型時需要儲存詞表，詞表實際上是字元與 ID 的對應關係，可以使用 json 套件把詞表串列存為 json 檔案，程式如下。

```
import json

# 儲存詞表
with open('char_list.json', 'w') as f:
    json.dump(char_list, f)

# 載入詞表
with open('char_list.json', 'r') as f:
    char_list = json.load(f)
```

5.7 開發應用

5.7.1 給出任意標題的建議分類

輸出分類結果的程式的主全部分與 5.5.2 小節中的評估函式類似，或者直接呼叫評估函式，只是需要傳回值為類別的名稱，程式如下。

```
def get_category(title):
  title = title_to_tensor(title)
  output = evaluate(rnn, title)
  topn, topi = output.topk(1)
  print(categories[topi.item()])
```

進行如下測試。

```
def print_test(title):
  print('%s\t%s' % (title, get_category(title)))

print_test('考研心得')
print_test('北大實驗室博士')
print_test('考外校博士')
print_test('北大實驗室招博士')
print_test('工作 or 考研?')
print_test('急求自然語言處理工程師')
print_test('校招 offer 比較')
```

模型輸出的結果如下。

考研心得	考研考博
北大實驗室博士	考研考博
考外校博士	考研考博

北大實驗室招博士	應徵資訊
工作 or 考研?	應徵資訊
急求自然語言處理工程師	應徵資訊
校招 offer 比較	應徵資訊

注意：有的結果是合理的，有的可能未必合理。而且使用相同的程式訓練的模型對同樣的標題的分類可能不同。

5.7.2 獲取使用者輸入並傳回結果

在 Python 3 中使用 input 函式即可接收使用者的輸入，類型為字串。我們可以把預先訓練好的模型儲存為檔案，如儲存模型和參數，檔案名稱為 title_rnn_model.pkl。然後新建一個 Python 檔案 test_input.py，檔案內容如下。

```
import json
import torch
import torch.nn as nn

class RNN(nn.Module):
    def __init__(self, word_count, embedding_size, hidden_size, output_size):
        super(RNN, self).__init__()

        self.hidden_size = hidden_size
        self.embedding = torch.nn.Embedding(word_count, embedding_size)
        self.i2h = nn.Linear(embedding_size + hidden_size, hidden_size)
        self.i2o = nn.Linear(embedding_size + hidden_size, output_size)
```

```python
        self.softmax = nn.LogSoftmax(dim=1)

    def forward(self, input_tensor, hidden):
        word_vector = self.embedding(input_tensor)
        combined = torch.cat((word_vector, hidden), 1)
        hidden = self.i2h(combined)
        output = self.i2o(combined)
        output = self.softmax(output)
        return output, hidden

    def initHidden(self):
        return torch.zeros(1, self.hidden_size)

rnn = torch.load('title_rnn_model.pkl')
categories = ["考研考博", "應徵資訊"]
with open('char_list.json', 'r') as f:
    char_list = json.load(f)
n_chars = len(char_list) + 1 # 加一個 UNK

def title_to_tensor(title):
    tensor = torch.zeros(len(title), dtype=torch.long)
    for li, ch in enumerate(title):
        try:
            ind = char_list.index(ch)
        except ValueError:
            ind = n_chars - 1
        tensor[li] = ind
    return tensor

def run_rnn(rnn, input_tensor):
    hidden = rnn.initHidden()
    for i in range(input_tensor.size()[0]):
```

```
        output, hidden = rnn(input_tensor[i].unsqueeze(dim=0),
hidden)
    return output

def evaluate(rnn, input_tensor):
    with torch.no_grad():
        hidden = rnn.initHidden()
        output = run_rnn(rnn, input_tensor)
        return output

def get_category(title):
    title = title_to_tensor(title)
    output = evaluate(rnn, title)
    topn, topi = output.topk(1)
        return categories[topi.item()]

if __name__ == '__main__':
    while True:
        title = input()
        if not title:
            break
        print(get_category(title))
```

　　執行該檔案將載入之前儲存的模型、詞表，並開始等候使用者輸入，
使用者每輸入一行文字，模型將傳回對這行文字的分類結果。如果輸入空
行則退出該檔案。

5.7.3 開發 Web API 和 Web 介面

在 Python 中可以很容易地使用 Web 框架（如 Flask 框架）快速開發一個 Web 介面或者 Web API，Web 介面可提供給使用者服務，API 則可以被其他程式呼叫。

此處僅修改第 5.7.2 小節程式倒數第六行，也就是「if __name__ == '__main__':」及之後的內容，把這個命令列程式改造成一個同時支援 Web API 和 Web 介面的程式。

用到的 Flask 函式庫可以透過 pip install flask 命令安裝。

把 5.7.2 小節程式的倒數第六行及之後的程式替換成以下程式即可實作以 Flask 為基礎的 Web 程式。

```python
if __name__ == '__main__':
    import flask
    app = flask.Flask(__name__)  # 建立 Flask 應用物件
    @app.route('/')  # 綁定 Web 服務的「/」路徑
    def index():
        title = flask.request.values.get('title')  # 從 HTTP 請求
的 GET 參數中獲取 key 為
「title」的參數
        if title:  # 獲取到正確的參數則呼叫模型進行分類
            return get_category(title)
        else:  # 如果沒有獲取到參數或者參數為空
            return "<form><input name='title' type='text'><input type
='submit'></form>"
    app.run(host='0.0.0.0', port=12345)
```

啟動程式後該程式將監聽本機的 12345 通訊埠，在瀏覽器造訪網址 http://127.0.0.1:12345/，將看到圖 5.5 所示的介面效果。

▲ 圖 5.5 介面效果

點擊「Submit」（提交）按鈕即可得到所查詢的標題的預測結果，模型對「碩博連讀」的預測結果如圖 5.6 所示。

▲ 圖 5.6 預測結果

5.8 小結

本章展示了一個非常簡單的模型，以及使用模型實作的簡單應用。應用介面比較簡陋，因為應用程式開發並不是本書的重點，僅用作演示。該模型雖然有 99%以上的準確率，但是實際應用中的效果並不理想。首先受到模型結構影響，其次訓練資料十分有限，模型不能接觸到足夠多的資訊。

之所以這裡的模型能有較高的準確率，是因為我們選擇的兩個主題在用詞上的差異比較明顯，即使使用規則匹配的方法也能取得不錯的效果。

本章的目的是讓讀者能對自然語言處理有一個整體性的認識，從資料、模型、訓練、評估到最終的部署和應用。

第 3 篇

用 PyTorch 完成自然語言處理任務篇

分詞問題

中文分詞與英文分詞的一個顯著區別是中文的詞之間缺乏明確的分隔符號。分詞是中文自然語言處理中的一個重要問題，但是分詞本身是困難的，自然語言處理也面臨著同樣的基本問題，如歧義、未辨識詞等。

本章主要涉及的基礎知識如下。

- 中文分詞概述。
- 分詞原理。
- 使用協力廠商工具分詞。

6.1 中文分詞

　　中文分詞的困難主要在於自然語言的多樣性。首先，分詞可能沒有標準答案，對於某些句子，不同的人可能會有不同的分詞方法，且都有合理性。其次，合理地分詞可能需要一些額外的知識，如常識或者專業知識。最後，句子可能本身有歧義，不同的分詞方法會使其表示不同的意義。

6.1.1 中文的語言結構

　　中文的語言結構可大致分為字、語素、詞、句子、篇章這幾個層次。如果再細究，字還可以劃分為部首、筆劃或者讀音方面的音節。我們主要看字、語素和詞。

　　語素是有具體意義的最小的語言單位，很多中文字都有自身的意義，它們本身就是語素。例如「自然」是一個語素，不能拆分，「自」和「然」分開就不再具有原來的意義了；還有很多由一個字組成的語素，如「家」、「人」本身就有明確意義。

　　可以把語素組合起來組成詞語，如上面提到的「家」和「人」組成「家人」，這是兩個語素的意義的融合。透過一些規則來組合語素可以組成大量詞。中文有多種多樣的構詞法，這實際上給按照詞表分詞的方法帶來了困難，因為難以用一個詞表包含可能出現的所有詞語。

6.1.2 未收錄詞

　　用詞表匹配的方式分詞簡單且高效，但問題是無法構造一個包含所有可能出現的詞語的詞表。詞的總量始終在增加，總有新的概念和詞語出現，比如新的流行用法，以及人名、地名和其他的實體名稱（如新成立的公司的名字）等。

　　自然語言中還有一些習慣用法，如表達「吃飯」，我們可以說「我現在去吃飯」，也可以說「我現在去吃個飯」，還可以說「我這就去吃個飯」。在問句裡可以說「你去不去吃飯？」，或者「你吃不吃飯？」。「吃個飯」、「跑個步」、「打個球」這類詞語都是從習慣用法變化而來的。

6.1.3 歧義

　　即使有比較完整的詞表，分詞也會受到歧義問題的影響，同一個位置可能匹配多個詞。

　　中國古文中原本沒有標點符號。文言文中常會看到一些沒有意義的語氣詞，它們可以用於幫助斷句，但是實際上有很多古文的斷句至今仍有爭議。比如對於「下雨天留客天留我不留」這句話，使用不同的分詞方法就會表示不同的意義。如：下雨天/留客/天留/我不留，意思就是「下雨天要留下客人，天想留客，但我不要留」；下雨天/留客天/留我不/留，意思就變成了「下雨的天也是留客人的天，要留我嗎？留啊！」這個例子比較誇張，透過特地挑選的詞語構造出一個有明顯歧義的句子，類似的例子還有很多，實際上我們生活中遇到的很多句子在分詞時都可能產生歧義。歧義可以透過經驗來解決，有一些歧義雖然從語義上能講通，但是可能不合邏輯或者與事實不符，又或者和上下文語境衝突，所以人可以排除這些歧義。這就說明了想要排除歧義，僅僅透過句子本身是不夠的，往往需要上下文、生活常識等。

6.2 分詞原理

中文分詞很困難，但是其對自然語言處理的研究有很大意義。一般來說，如果採用合適的分詞方法，可以在自然語言處理任務上取得很好的效果。

6.2.1 以詞典匹配為基礎的分詞

這個方法比較簡單，執行效率高。具體的方法就是按一定順序掃描語料，同時在詞典中查詢當前的文字是否組成一個詞語，如果組成詞語則把這個詞語切分出來。顯然，該方法有兩個關鍵點：詞典，匹配規則。

詞典容易理解，就是把可能出現的詞語放到一個資料結構中，等待和語料的比較。例如，可以定義如下詞表：{「今天」，「學習」，「天天」，「天氣」，「鋼鐵」，「鋼鐵廠」，「我們」，「塑鋼」}。詞表可能需要手動標注給出。

按照匹配規則可分為以下 4 種具體的方法。

1. 最大正向匹配

從開頭掃描語料，並匹配詞典，遇到詞典中出現的詞語，並確認這個詞語是可在詞典中匹配到的最長的詞，就成功匹配到這個詞，比如「我」和「我們」都是詞典中的詞，「我們走」，會匹配到更長的「我們」而非「我」。例如採用上面定義的詞表，使用最大正向匹配給「今天我們參觀鋼鐵廠的廠房」這句話分詞，得到的結果是：今天/我們/參觀/鋼鐵廠/的/廠/房。

這裡先匹配到了「鋼鐵」，然後嘗試匹配「鋼鐵廠」，發現鋼鐵廠也在詞表中。然後繼續匹配「鋼鐵廠的」，發現這個詞不在詞表中，於是把找到的最長結果「鋼鐵廠」而非最早匹配到的「鋼鐵」切分出來。

如果不用最大正向匹配而使用最小正向匹配，即一發現這個詞就立刻切分，則這個詞表中的「鋼鐵廠」永遠都不會被匹配到。

另外，這個例子中「廠房」也是一個詞語，但是詞表中沒有收錄，所以無法正確地切分出來。切分的效果跟詞表有很大關係。

同樣地，要給句子「今天天氣很好」分詞，結果為：今天/天氣/很/好。雖然「天天」也在詞表中，但是不會被匹配，因為匹配到「今天」之後，就從「天氣」開始繼續匹配了，不會查詢「天天」是否在詞表中。

2. 最大逆向匹配

與最大正向匹配類似，只是它的掃描的方向是從後向前，在某些情況下會給出與最大正向匹配不同的結果，如「台塑鋼鐵廠」，台塑是鋼鐵廠的名稱。還是用最初的詞表，最大正向匹配的結果為：台/塑鋼/鐵/廠；使用最大逆向匹配則得到一個更合理的結果：台/塑/鋼鐵廠。

3. 雙向最大匹配

結合前面兩種方法進行匹配。這樣可以透過兩種匹配方法得到不同的結果，進而發現使用不同分詞方法產生的歧義。

4. 最小切分法

這種方法要求句子切分的結果是「按照詞典匹配後切分次數最少」的情況。這樣可保證儘量多地匹配詞典中的詞彙。因為無論是正向匹配還是逆向匹配，都有可能把正常的詞切分開從而導致一些詞語無法被匹配到。

6.2.2　以機率為基礎進行分詞

　　這種方法不依賴於詞典，但是需要從給定的語料中學習詞語的統計關係。這種方法的思想是比較不同分詞方法出現的機率。這個機率根據最初給定的語料來計算，目標是找到一種機率最大的分法，並認為這種分法是最佳的分詞方法。這種方法的好處是可以使用整個句子的字元共同計算機率。

　　例如，有一個包含很多文字、經過人工分詞的語料，可以先統計採用不同分詞方分詞法後，詞語共同出現的頻率，如果某些詞語出現在一個句子中的頻率很高，說明這種詞語的劃分方法更加常見。再給定待分詞的語料，列舉可能的分詞結果，根據之前統計的頻率來估算這種分詞結果出現的機率，並選擇出現機率最大的分詞結果作為最終結果。

　　例如，句子「並廣泛動員社會各方面的力量」，可以先根據一個詞表找出如下幾種可能的分詞方法。

　　['並', '廣泛', '動員', '社會', '各', '方面', '的', '力量']

　　['並', '廣泛', '動員', '社會', '各方', '面', '的', '力量']

　　['並', '廣泛', '動員', '社會', '各方', '面的', '力量']

　　然後可以根據這些詞語共同出現的頻率找到最可能的情況，選擇一個最終結果。

　　利用該方法分詞的範例程式如下。

```
#!/usr/bin/env python3
import sys
import os
import time
```

```
class TextSpliter(object):
    def __init__(self, corpus_path, encoding='utf8', max_load_word_l
ength=4):
        self.dict = {}
        self.dict2 = {}
        self.max_word_length = 1
        begin_time = time.time()
        print('start load corpus from %s' % corpus_path)
        # 載入語料
        with open(corpus_path, 'r', encoding=encoding) as f:
            for l in f:
                l.replace('[', '')
                l.replace(']', '')
                wds = l.strip().split('  ')

                last_wd = ''
                for i in range(1, len(wds)): # 下標從 1 開始，因為每行第一個
詞是標籤
                    try:
                        wd, wtype = wds[i].split('/')
                    except:
                        continue
                    if len(wd) == 0 or len(wd) > max_load_word_length or no
t wd.isalpha():
                        continue
                    if wd not in self.dict:
                        self.dict[wd] = 0
                        if len(wd) > self.max_word_length:
                            # 更新最大詞長度
                            self.max_word_length = len(wd)
                            print('max_word_length=%d, word is %s' %(self.
```

```
max_word_length, wd))
                self.dict[wd] += 1
                if last_wd:
                    if last_wd+':'+wd not in self.dict2:
                        self.dict2[last_wd+':'+wd] = 0
                    self.dict2[last_wd+':'+wd] += 1
                last_wd = wd
        self.words_cnt = 0
        max_c = 0
        for wd in self.dict:
            self.words_cnt += self.dict[wd]
            if self.dict[wd] > max_c:
                max_c = self.dict[wd]
        self.words2_cnt = sum(self.dict2.values())
        print('load corpus finished, %d words in dict and frequency
is %d, %d words in
dict2 frequency is %d' % (len(self.dict),len(self.dict2), self.
words_cnt, self.words2_cnt), 'msg')
        print('%f seconds elapsed' % (time.time()-begin_time), 'msg')


    def split(self, text):
        sentence = ''
        result = ''
        for ch in text:
            if not ch.isalpha():
                result += self.__split_sentence__(sentence) + ' ' + ch
+ ' '
                sentence = ''
            else:
                sentence += ch
        return result.strip(' ')
```

```
def __get_a_split__(self, cur_split, i):
  if i >= len(self.cur_sentence):
    self.split_set.append(cur_split)
    return
  j = min(self.max_word_length, len(self.cur_sentence) - i + 1)
  while j > 0:
    if j == 1 or self.cur_sentence[i:i+j] in self.dict:
        self.__get_a_split__(cur_split + [self.cur_sentence
[i:i+j]], i+j)
        if j == 2:
            break
    j -= 1


def __get_cnt__(self, dictx, key):
  # 獲取出現次數
  try:
    return dictx[key] + 1
  except KeyError:
    return 1


def __get_word_probablity__(self, wd, pioneer=''):
  if pioneer == '':
    return self.__get_cnt__(self.dict, wd) / self.words_cnt
  return self.__get_cnt__(self.dict2, pioneer + ':' + wd) /
self.__get_cnt__(self.dict, pioneer)


def __calc_probability__(self, sequence):
  probability = 1
  pioneer = ''
  for wd in sequence:
    probability *= self.__get_word_probablity__(wd, pioneer)
    pioneer = wd
```

```
        return probability

    def __split_sentence__(self, sentence):
        if len(sentence) == 0:
            return ''
        self.cur_sentence = sentence.strip()
        self.split_set = []
        self.__get_a_split__([], 0)
        print(sentence + str(len(self.split_set)))
        max_probability = 0
        for splitx in self.split_set:
            probability = self.__calc_probability__(splitx)   # 計算機率
            print(str(splitx)+ ' - ' +str(probability))
            if probability > max_probability:   # 測試是否超過目前記錄的
最高機率
                max_probability = probability
                best_split = splitx
        return ' '.join(best_split)   # 把串列拼接為字串


if __name__ == '__main__':
    btime = time.time()
    base_path = os.path.dirname(os.path.realpath(__file__))
    spliter = TextSpliter(os.path.join(base_path, '199801.txt'))
    with open(os.path.join(base_path, 'test.txt'), 'r',
encoding='utf8') as f:
        with open(os.path.join(base_path, 'result.txt',), 'w',
encoding='utf8') as fr:
            for l in f:
                fr.write(spliter.split(l))
    print ('time elapsed %f' % (time.time() - btime))
```

6.2.3 以機器學習為基礎的分詞

這種方法的缺點是需要用標注好的語料做訓練資料來訓練分詞模型。模型可以對每個字元輸出標注，表示這個字元是否是新的詞語的開始。例如後文介紹到的結巴分詞工具就使用了雙向 GRU 模型進行分詞。

6.3 使用協力廠商工具分詞

第 6.2 節給出了分詞的基本方法，這些基本方法在實際應用中往往不能取得很好的效果，可以簡單地借助一些協力廠商工具完成分詞任務。

6.3.1 S-MSRSeg

S-MSRSeg 是微軟亞洲研究院自然語言計算小組（Natural Language Computing Group）開發並於 2004 年發佈的中文分詞工具，是 MSRSeg 的簡化版本，S-MSRSeg 沒有提供新詞辨識等功能。

S-MSRSeg 不是開放原始碼工具，但是可免費下載。

下載並解壓後需要建立一個 data 資料夾，把「lexicon.txt」、「ln.bbo」、「neaffix.txt」、「neitem.txt」、「on.bbo」、「peinfo.txt」、「pn.bbo」、「proto.tbo」、「table.bin」檔案放入該資料夾中。然後把要分詞的檔案放入一個文字檔中，比如新建一個「test.txt」檔案，但是這個檔案需要使用中文字國標擴充碼（Chinese character GB extended code,GBK）編碼，如果使用 UTF-8 編碼則會導致無法辨識。比如寫入以下幾個句子(編按：本例為簡體中文)。

并广泛动员社会各方面的力量
今天我们参观台塑钢铁厂的车间
今天天气很好
我这会儿先去吃个饭

然後在當前資料夾下開啟命令提示視窗，輸入命令「s-msrseg.exe test.txt」開始分詞，結果如圖 6.1 所示。

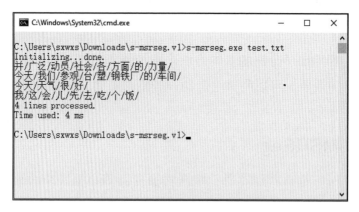

▲ 圖 6.1 S-MSRSeg 輸出的結果

壓縮檔內的「msr.gold.1k.txt」檔案包含 1000 句已經手動分詞的中文句子，而「msr.raw.1k.txt」檔案則包含沒有分詞的句子。

「cl-05.gao.pdf」檔案是詳細介紹該工具原理的論文 Chinese Word Segmentation and Named Entity Recognition: A Pragmatic Approach。

注意：儲存文字檔時需要手動選擇編碼為 GBK 或 ANSI，否則 S-MSRSeg 無法正常辨識文字，可能會出現亂碼。

6.3.2 ICTCLAS

ICTCLAS 是中科院開發的開放原始碼的中文分詞系統。該工具使用 Java 開發，可以直接下載打包好的 jar 檔案。原始程式倉庫中有該工具的使用說明和程式範例。

6.3.3 結巴分詞

這是使用 Python 開發的開放原始碼中文分詞工具。可使用 pip 命令安裝：pip install jieba。

結巴分詞支援 4 種模式：精確模式，可以實現較高精度地分詞，有解決歧義的功能；全模式，可以把句子中所有詞語都掃描出來，但是不解決歧義，這種模式的優點是速度快；搜尋引擎模式，可以在精確模式的基礎上對長詞再切分，有利於搜尋引擎的匹配；paddle 模式，使用百度公司的飛槳框架實作的以機器學習為基礎的分詞，並可以標注詞語的詞性。

基本的使用方法如下。

```
import jieba
print('/'.join(list(jieba.cut("並廣泛動員社會各方面的力量"))))
```

jieba.cut 是用於分詞的函式，傳回的是一個生成器，可以使用串列建構元把生成器轉換為串列，然後使用 join 方法合成一個字串便於展示，上面程式執行的結果如下。

```
Building prefix dict from the default dictionary ...
Dumping model to file cache C:\Users\sxwxs\AppData\Local\Temp\jieba
.cache
Loading model cost 0.969 seconds.
```

```
Prefix dict has been built successfully.
'並/廣泛/動員/社會/各/方面/的/力量'
```

6.3.4 pkuseg

使用 pkuseg 預設設定進行分詞的程式如下。

```
import pkuseg
seg = pkuseg.pkuseg()              # 以預設設定載入模型
text = seg.cut('並廣泛動員社會各方面的力量')   # 進行分詞
print(text)
```

輸出的結果如下。

```
['並', '廣泛', '動員', '社會', '各', '方面', '的', '力量']
```

可以開啟詞性標注模式。

```
import pkuseg

seg = pkuseg.pkuseg(postag=True)   # 開啟詞性標注功能
text = seg.cut('並廣泛動員社會各方面的力量')   # 進行分詞和詞性標注
print(text)
```

輸出的結果如下。

```
[('並', 'c'), ('廣泛', 'ad'), ('動員', 'v'), ('社會', 'n'), ('各
', 'r'), ('方面', 'n'),
('的', 'u'), ('力量', 'n')]
```

pkuseg 詞性符號對照如表 6.1 所示。

▼ 表 6.1 pkuseg 詞性符號對照[1]

符號	含義	符號	含義	符號	含義	符號	含義
n	名詞	v	動詞	e	嘆詞	x	非語素字
t	時間詞	a	形容詞	o	擬聲詞	w	標點符號
s	處所詞	z	狀態詞	i	成語	nr	人名
f	方位詞	d	副詞	l	習慣用語	ns	地名
m	數詞	p	介詞	j	簡稱	nt	機構名稱
q	量詞	c	連詞	h	前接成分	nx	外文字元
b	區別詞	u	助詞	k	後接成分	nz	其他專名
r	代詞	y	語氣詞	g	語素	vd	副動詞

可以透過 pkuseg 方法的 model_name 參數指定特定領域的模型。pkuseg 的可選參數如表 6.2 所示。

▼ 表 6.2 pkuseg 的可選參數[2]

參數	預設	含義	可選值
model_name	default	使用的模型名稱	"news", 使用新聞領域模型； "web", 使用網路領域模型； "medicine", 使用醫藥領域模型； "tourism", 使用旅遊領域模型； 或者使用路徑指定使用者自訂模型
user_dict	default	使用者詞典	None，不使用詞典；

---

[1] 引用自開放原始碼專案 pkuseg-python 中提供的「tags.txt」檔案。詳情連結見本書線上資源。
[2] 引用自開放原始碼專案 pkuseg-python。

參數	預設	含義	可選值
			或者透過路徑指定詞典，詞典格式為一行一個詞（如果選擇進行詞性標注並且已知該詞的詞性，則在該行寫下詞和詞性，中間用 tab 字元隔開）
postag	False	是否進行詞性分析	True / False

使用詞性分析或者其他一些參數可能需要額外下載模型，模型會在需要時自動下載。或者可以到專案的 Release 頁面手動下載。

6.4 實踐

本節我們將繼續第 5 章的場景，使用結巴分詞工具對發文標題資料進行分詞，並把字元級 RNN 改為詞語級 RNN。

6.4.1 對標題分詞

仍使用第 5 章資料，首先修改載入資料程式，之前直接把去除白空格後的標題插入陣列，現在則再使用 jieba.cut 做分詞處理並轉為串列。

```
# 定義兩個串列分別存放兩個板塊的發文資料
import jieba
academy_titles = []
job_titles = []
with open('academy_titles.txt', encoding='utf8') as f:
    for l in f:        # 按行讀取檔案
        academy_titles.append(list(jieba.cut(l.strip( ))))
```

```
# strip 方法用於去掉行尾空格
with open('job_titles.txt', encoding='utf8') as f:
    for l in f:         # 按行讀取檔案
        job_titles.append(list(jieba.cut(l.strip( ))))
# strip 方法用於去掉行尾空格
```

分詞的結果是一個陣列,如圖 6.2 所示。

```
1  # 定义两个list分别存放两个板块的帖子数据
2  import jieba
3  academy_titles = []
4  job_titles = []
5  with open('academy_titles.txt', encoding='utf8') as f:
6      for l in f:  # 按行读取文件
7          academy_titles.append(list(jieba.cut(l.strip( ))))  # strip 方法用于去掉行尾空格
8  with open('job_titles.txt', encoding='utf8') as f:
9      for l in f:  # 按行读取文件
10         job_titles.append(list(jieba.cut(l.strip( ))))  # strip 方法用于去掉行尾空格
executed in 2.32s, finished 18:34:25 2020-09-08

Building prefix dict from the default dictionary ...
Loading model from cache C:\Users\sxwxs\AppData\Local\Temp\jieba.cache
Loading model cost 0.787 seconds.
Prefix dict has been built successfully.
```

```
1  academy_titles[2]
executed in 7ms, finished 18:34:52 2020-09-08
```

['出售', '新闻', '学院', '2015', '年', '考研', '资料']

▲ 圖 6.2 分詞結果(編按:本圖例為簡體中文介面)

6.4.2 統計詞語數量與模型訓練

下面的程式實際與第 5 章的一致,僅把 char 或 ch 修改為 word。

```
word_set = set()
for title in academy_titles:
    for word in title:
        word_set.add(word)
for title in job_titles:
```

```
    for word in title:
        word_set.add(word)
print(len(word_set))
```

程式輸出的結果是 4085，即一共出現了 4085 個不同的詞，而在之前的字元統計中，不同的字元數量是 1570。至此我們已經建立了詞語到 ID 的映射，可以把資料中出現過的詞轉換為整數。

後面的訓練和評估部分程式無須修改。訓練 1 輪後準確率達到 99.02%。

6.4.3 處理使用者輸入

需要先對使用者輸入分詞，然後轉換為串列，再使用 title_to_tensor 函式轉換為 tensor。

```
title = input()
title = list(jieba.cut(l.strip()))
print(get_category(title))
```

6.5 小結

分詞對於中文自然語言處理是很重要的，但不是必須的。如第 5 章使用字元級 RNN 分類發文標題，字元級 RNN 直接處理字元，所以無須分詞。但是一般來説，分詞可以提高模型效果。

RNN 可以用來處理不定長度的序列資料，但是它本身的參數規模是固定的。RNN 每次處理序列中的一個資料，但是它的輸入除了當前元素外，還包括網路對上一個元素的輸出。RNN 模型的輸出可以是與輸入等長的序列或者是單一向量。

本章主要涉及的基礎知識如下。

- RNN 模型的結構與工作方法。
- 原始 RNN。
- 原始 RNN 的問題。
- LSTM。
- GRU。
- PyTorch 中的 RNN 類別模型。
- RNN 可以完成的任務。

7.1 RNN 的原理

RNN 是一類用於處理序列資料的神經網路，其特點是可以處理不定長度的資料序列。RNN 有記憶能力，可以解決需要依賴序列中不同位置資料共同得出結論的問題。

7.1.1 原始 RNN

第 5 章中實作了一個結構非常簡單的 RNN，也簡單介紹了其工作原理。這裡我們進一步講解其原理。圖 7.1 所示是一種常見的 RNN 示意圖。

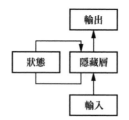

▲ 圖 7.1 一種常見的 RNN 示意圖

還有另外一種表示方法，如圖 7.2 所示，可以看到輸入是一個序列。

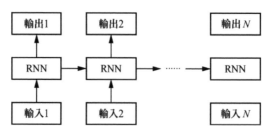

▲ 圖 7.2 輸入為序列的 RNN 示意圖

實際上圖 7.2 和圖 7.1 表示的意思完全相同。圖 7.1 反映 RNN 的內部結構；圖 7.2 則展示 RNN 工作時的狀態，其中雖然有多個 RNN 但表示的是同一個模型（工作中不同時刻的同一個模型）。

這裡的輸入序列可能是自然語言中的一句話。例如「我愛學習」這句話，如果按字分割作為輸入，那麼輸入序列有 4 個元素，分別是「我」、「愛」、「學」、「習」。如果模型是一個句子成分標記模型，那麼輸出可能是：輸出 1「主語」，對應輸入 1「我」，輸出 2「謂語」，對應輸入 2「愛」，依此類推。

結合第 5 章的內容，我們可以補充這兩幅示意圖相差的細節，如下。

（1）圖 7.2 中雖然有 N 個 RNN，但實際上模型中只有一份參數，所以是同一個模型執行了 N 次，而非有 N 個模型或 RNN 單元。每一次執行的參數也都是一樣的，只有輸入輸出不同。

（2）圖 7.1 中的狀態並不是 RNN 的一部分（從第 5 章的模型實作中可以看出）。比如，第二次執行 RNN 的狀態實際上是第一次執行的隱藏層的輸出，第三次的狀態是第二次的輸出，而第一次的狀態則是初始狀態。RNN 的狀態是透過上一次的隱藏層輸出保持的。

所以我們可以給出這個模型的執行狀態。圖 7.3 表示的是 RNN 處理輸入序列中的第一個元素。

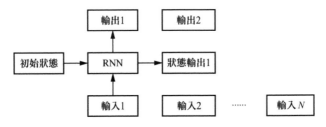

▲ 圖 7.3 RNN 處理輸入序列中第一個元素

處理完第一個元素後我們除了得到輸出 1 以外，還得到隱藏層輸出 1；處理第二個元素的時候就把隱藏層輸出 1 作為隱藏層的輸入，實際上這就是 RNN 可以記憶之前元素的原因。處理輸入 2 時使用輸入 1 的隱藏層輸出作為隱藏層輸入，如圖 7.4 所示。

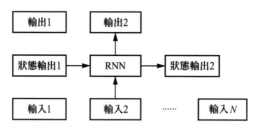

▲ 圖 7.4 RNN 處理輸入序列中第二個元素

RNN 的公式可以用下面的方法表示。

$$狀態輸出 i = I2S（輸入 i, 狀態輸出 i-1）$$
$$模型輸出 i = I2O（輸入 i, 狀態輸出 i-1）$$

這裡的 I2S 表示輸入到狀態的轉換，I2O 表示輸入到輸出的轉換。可參考第 5 章中實作的簡單 RNN 的程式。

```python
class RNN(nn.Module):
    def __init__(self, word_count, embedding_size, hidden_size, output_size):
        super(RNN, self).__init__()

        self.hidden_size = hidden_size
        self.embedding = torch.nn.Embedding(word_count, embedding_size)
        # 輸入到隱藏層（狀態）的轉換
        self.i2s = nn.Linear(embedding_size + hidden_size, hidden_size)
        # 輸入到輸出的轉換
```

```
    self.i2o = nn.Linear(embedding_size + hidden_size, output_size)
    self.softmax = nn.LogSoftmax(dim=1)

def forward(self, input_tensor, hidden):
  word_vector = self.embedding(input_tensor)
  combined = torch.cat((word_vector, hidden), 1)
  hidden = self.i2s(combined)
  output = self.i2o(combined)
  output = self.softmax(output)
  return output, hidden

def initHidden(self):
  return torch.zeros(1, self.hidden_size)
```

forward 函式的兩個參數「input_tensor」和「hidden」分別是「輸入
i」「狀態輸出 i-1」。forward 函式內部的 combined = torch.cat ((word_
vector, hidden), 1)把這二者拼接到一起,而 hidden = self.i2s (combined)
實作從輸入到狀態輸出的轉換,output = self.i2o(combined)實作從輸入到
輸出的轉換。

因為模型對上文的記憶是透過隱藏層輸出不斷向後傳遞的,所以這樣
的 RNN 只能允許後面的輸入結合前面的輸入資訊。使用兩個方向相反的
RNN 組成雙向 RNN,則可以同時兼顧上下文資訊。

7.1.2 LSTM

LSTM 是對 RNN 的一種改進,於 1997 年被提出,主要用於解決序列
中長距離依賴的問題。普通的 RNN 模型僅透過一個隱藏層輸出傳遞所有
上文的資訊,由於梯度消失問題,反向傳播過程中到達序列尾部時梯度會
變得非常小,導致更新速度變慢。

LSTM 把狀態輸出分為兩個部分：c 和 h，其結構示意圖如圖 7.5 所示。

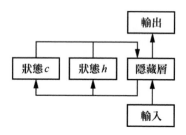

▲ 圖 7.5 LSTM 結構示意圖

其中，狀態 c 主要反映上一個單元的狀態，h 則反映一個長期的狀態。在相鄰單元之間，c 變化比較快，而 h 變化相對較慢，或者說 h 的值更穩定。為了實現 c 變化快，而 h 相對穩定，LSTM 引入了閘結構。

LSTM 可用如下公式表示。

$$狀態 c_i = z^f \odot c_{i-1} + z^i \odot z$$
$$狀態 h_i = z^{fo} \odot \tan h(c_{i-1})$$
$$輸出_i = 120(狀態 c_i, 狀態 b_i)$$

其中的 z^i、z^f 和 z^{fo} 分別是輸入閘、遺忘閘和輸出閘，用於控制輸入、遺忘和輸出，它們的計算公式如下。

$$z^i = \sigma(輸入_i \times W_i + h_{i-1} \times W_{hi})$$
$$z^f = \sigma(輸入_i \times W_f + h_{i-1} \times W_{hf})$$
$$z^o = \sigma(輸入_i \times W_o + h_{i-1} \times W_{ho})$$
$$z = \tan h(輸入_i \times W_z + h_{i-1} \times W_{hz})$$

其中代表 Sigmoid 函式，W 代表模型的權重參數，z 代表更新閘
LSTM 的內部結構示意圖如圖 7.6 所示。

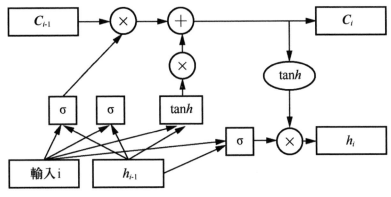

▲ 圖 7.6 LSTM 內部結構示意圖

LSTM 可以達到良好的效果，但是從公式可以看出它引入了很多的參
數，且計算過程複雜。

7.1.3 GRU

GRU 與 LSTM 類似，也使用閘結構，但是 GRU 結構更簡單。GRU
只有兩個閘，且只有一個狀態輸出。

GRU 的公式如下。

$$h_i = (1-z) \odot h_{i-1} + h_i$$
$$輸出 = 120(h_i)$$

還有重置閘，表示為 $r \circ z \cdot r \cdot h_i$ 的計算公式如下。

$$z = \sigma(\text{輸入}_i \times W_z + h_{i-1} \times W_{hz})$$
$$r = \sigma(\text{輸入}_i \times W_r + h_{i-1} \times W_{hz})$$
$$h_i = \tan h(\text{輸入}_i \times W_h + (r \odot h_{i-1}) \times W_h)$$

GRU 內部結構如圖 7.7 所示。

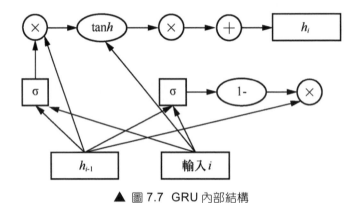

▲ 圖 7.7 GRU 內部結構

7.2 PyTorch 中的 RNN

PyTorch 提供 RNN、LSTM 和 GRU 3 種模型，在之前章節我們已經介紹過它們的構造參數，本節將介紹具體的使用方法。

7.2.1 使用 RNN

第 4 章介紹過 torch.nn.RNN 的參數。下面使用 torch.nn.RNN 實作第 5 章中的模型，程式如下。

```
import torch.nn as nn
class RNN(nn.Module):
```

```
    def __init__(self, word_count, embedding_size, hidden_size, outp
ut_size):
        super(RNN, self).__init__()
        self.hidden_size = hidden_size
        self.embedding = torch.nn.Embedding(word_count, embedding_size)
        self.rnn = nn.RNN(embedding_size, hidden_size, num_layers=1, b
idirectional=False,
batch_first=True)   # 使用 torch.nn.RNN 類別
        self.cls = nn.Linear(hidden_size, output_size)
        self.softmax = nn.LogSoftmax(dim=0)

    def forward(self, input_tensor):
        word_vector = self.embedding(input_tensor)
        output = self.rnn(word_vector)[0][0][len(input_tensor)-1]
        output = self.cls(output)
        output = self.softmax(output)
        return output
```

與第 7.1.1 小節的程式（就是引用的第 5 章模型定義部分程式）對比，RNN 中去掉了 initHidden 方法，因為使用 nn.RNN 類別之後無須手動傳入 hidden 層輸入，也就是 RNN 的狀態。我們也不再需要使用迴圈來處理標題中的每個字，而是可以一次傳入整個標題，所以沒有了 I2S 和 I2O 兩個 Linear 層，但是新增一個把輸出維度轉換為種類數的 Linear 層 cls。

同時 run_rnn 函式可以變得很簡單。

```
def run_rnn(rnn, input_tensor):
    output = rnn(input_tensor.unsqueeze(dim=0))
    return output
```

根據 run_rnn 的變化，對 train 函式和 evaluate 函式也做對應調整。

```
def train(rnn, criterion, input_tensor, category_tensor):
    rnn.zero_grad()
    output = run_rnn(rnn, input_tensor)
    loss = criterion(output.unsqueeze(dim=0), category_tensor)
    loss.backward()
    # 根據梯度更新模型參數
    for p in rnn.parameters():
        p.data.add_(p.grad.data, alpha=-learning_rate)
    return output, loss.item()
def evaluate(rnn, input_tensor):
    with torch.no_grad():
        output = run_rnn(rnn, input_tensor)
        return output
```

其他部分程式無須調整。

7.2.2 使用 LSTM 和 GRU

只需要簡單地用 nn.LSTM 和 nn.GRU 替換 nn.RNN 就可以了，因為他們的參數和用法基本一致，如更換成 LSTM 的程式如下。

```
import torch.nn as nn
class RNN(nn.Module):
    def __init__(self, word_count, embedding_size, hidden_size,
output_size):
        super(RNN, self).__init__()
        self.hidden_size = hidden_size
        self.embedding = torch.nn.Embedding(word_count, embedding_size)
        self.rnn = nn.LSTM(embedding_size, hidden_size, num_layers=1,
bidirectional=False, batch_first=True)
```

```
    self.cls = nn.Linear(hidden_size, output_size)
    self.softmax = nn.LogSoftmax(dim=0)

def forward(self, input_tensor):
    word_vector = self.embedding(input_tensor)
    output = self.rnn(word_vector)[0][0][len(input_tensor)-1]
    output = self.cls(output)
    output = self.softmax(output)
    return output
```

7.2.3 雙向 RNN 和多層 RNN

雙向 RNN 就是兩個不同方向的 RNN 疊加在一起，這樣的模型可以同時結合上下文的資訊。而多層 RNN 則是使用多個 RNN 疊加起來，第一層的輸入是原始輸入，第二層則以第一次的輸出為輸入。多層 RNN 示意圖如圖 7.8 所示。

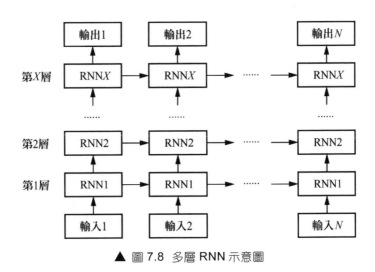

▲ 圖 7.8 多層 RNN 示意圖

使用雙向 RNN 只需要把 nn.RNN 或 nn.LSTM 或 nn.GRU 的 bidirectional 參數設為 True 即可。而修改參數 num_layers 可以指定 RNN 的層數。

> **注意：** 這裡所說的 RNN 包括原始 RNN、LSTM 和 GRU，因為 LSTM 和 GRU 都是原始 RNN 的改進版本，它們都可以構造雙向或多層模型。

7.3 RNN 可以完成的任務

RNN 模型可以用於處理包含不定長度的輸入或不定長度的輸出的任務。

7.3.1 輸入不定長，輸出與輸入長度相同

這就是第 7.1 節中介紹的 RNN 最基本的使用方法。因為對於輸入序列的每個元素，RNN 都會給出一個模型輸出和隱藏層輸出。把每個元素的輸出合起來就是一個與輸入資料長度相等的輸出序列。

自然語言處理中的文字標記任務可以這樣實作。如之前提到過的中文分詞任務可以看成文字標記任務，即模型要給句子中每個詞一個標籤，比如詞語開頭、詞語結尾或者詞語中間的字，以及詞性標注、文件關鍵字標記、語言錯誤標記等。

7.3.2 輸入不定長，輸出定長

第 5 章的序列分類問題就是此類任務。輸入是長度不固定的句子，如發文標題，輸出則是一個選擇，即多個類別中的一個。

第 9 章將要介紹的 Seq2seq 中的編碼器也是此類任務，該任務中接受一個序列輸入，得到一個定長向量，該向量包含整個輸入序列的資訊。

7.3.3 輸入定長，輸出不定長

例如生成任務，輸入一個定長的內容，模型給出一個自動生成的序列，如 Seq2seq 的編碼器就是以定長向量為輸入，生成不定長的序列輸出。

7.4 實踐：使用 PyTorch 附帶的 RNN 完成發文分類

本節將使用 PyTorch 附帶的 RNN 模型實作第 5 章的發文標題分類任務。第 5 章使用兩個 Linear 層實作了原始 RNN 網路，這裡僅需要一行程式即可定義 RNN。

7.4.1 載入資料

載入資料的程式與第 5 章的相同，都是從之前透過爬蟲抓取並儲存為 txt 格式的資料中載入發文標題。

```
# 定義兩個串列分別存放兩個板塊的發文資料
academy_titles = []
job_titles = []
with open('academy_titles.txt', encoding='utf8') as f:
    for l in f:   # 按行讀取檔案
        academy_titles.append(l.strip( ))   # strip 方法用於去掉行尾空格
with open('job_titles.txt', encoding='utf8') as f:
    for l in f:   # 按行讀取檔案
        job_titles.append(l.strip())   # strip 方法用於去掉行尾空格
```

仍然統計資料中出現的所有字元，並給字元編號，額外增加一個編號對應特殊字元<unk>，即未知字元。

```
char_set = set()
for title in academy_titles:
    for ch in title:
        char_set.add(ch)
for title in job_titles:
    for ch in title:
        char_set.add(ch)
print(len(char_set))
char_list = list(char_set)
n_chars = len(char_list) + 1
```

定義字元到 ID 的轉換函式，透過 try-except 敘述在遇到不存在的字元時把結果設為<unk>的 ID，即 n_chars − 1，因為 ID 從 0 開始。

```
import torch


def title_to_tensor(title):
    tensor = torch.zeros(len(title), dtype=torch.long)
    for li, ch in enumerate(title):
```

```
    try:
        ind = char_list.index(ch)
    except ValueError:  # 不存在的字元就使用 <unk> 代表
        ind = n_chars - 1
    tensor[li] = ind
return tensor
```

7.4.2 定義模型

使用第 7.2.1 小節中定義的 RNN 二元分類模型。該模型中使用
nn.RNN(embedding_size, hidden_size, num_layers=1, bidirectional=False,
batch_first=True)透過 PyTorch 內建的 RNN 實作了 RNN 層。另外還包含
一個 Embedding 層，用於把字元 ID 映射為定長向量，Linear 層用於把
RNN 輸出轉換為二元分類結果。

```
import torch.nn as nn
class RNN(nn.Module):
    def __init__(self, word_count, embedding_size, hidden_size, outp
ut_size):
        super(RNN, self).__init__()
        self.hidden_size = hidden_size
        self.embedding = torch.nn.Embedding(word_count, embedding_size
)
        self.rnn = nn.RNN(embedding_size, hidden_size, num_layers=1,
bidirectional=False,
batch_first=True)
        self.cls = nn.Linear(hidden_size, output_size)
        self.softmax = nn.LogSoftmax(dim=0)

    def forward(self, input_tensor):
        word_vector = self.embedding(input_tensor)
```

```
    output = self.rnn(word_vector)[0][0][len(input_tensor)-1]
    output = self.cls(output)
    output = self.softmax(output)
    return output
```

7.4.3 訓練模型

　　定義執行 RNN 的函式 run_rnn 時，函式參數是模型物件和輸入向量，傳回的是模型執行的結果。這裡的 run_rnn 函式比第 5 章的更簡潔，因為無須再透過迴圈獲取 RNN 輸出結果。

```
def run_rnn(rnn, input_tensor):
    output = rnn(input_tensor.unsqueeze(dim=0))
    return output
```

　　定義模型的訓練函式 train 和評估函式 evaluate，train 函式接收模型物件、損失函式物件、輸入向量、結果向量並傳回模型輸出和模型損失。evaluate 函式接收模型物件和輸入向量並傳回模型執行結果。

```
def train(rnn, criterion, input_tensor, category_tensor):
    rnn.zero_grad()
    output = run_rnn(rnn, input_tensor)
    loss = criterion(output.unsqueeze(dim=0), category_tensor)
    loss.backward()
    # 根據梯度更新模型的參數
    for p in rnn.parameters():
        p.data.add_(p.grad.data, alpha=-learning_rate)
    return output, loss.item()
def evaluate(rnn, input_tensor):
    with torch.no_grad():
        output = run_rnn(rnn, input_tensor)
```

```
        return output
```

　　建構資料集，給兩個檔案的內容增加標籤並將它們放入一個串列，打亂順序後，按照比例切分為訓練集和測試集。

```
all_data = []
categories = ["考研考博", "應徵資訊"]

for l in academy_titles:
    all_data.append((title_to_tensor(l), torch.tensor([0], dtype=torch.long)))
for l in job_titles:
    all_data.append((title_to_tensor(l), torch.tensor([1], dtype=torch.long)))

import random
random.shuffle(all_data)
data_len = len(all_data)
split_ratio = 0.7
train_data = all_data[:int(data_len*split_ratio)]
test_data = all_data[int(data_len*split_ratio):]
print("Train data size: ", len(train_data))
print("Test data size: ", len(test_data))
```

　　訓練模型的程式如下。

```
from tqdm import tqdm
epoch = 1
embedding_size = 200
n_hidden = 10
n_categories = 2
learning_rate = 0.005
```

```
rnn = RNN(n_chars, embedding_size, n_hidden, n_categories)
criterion = nn.NLLLoss()
loss_sum = 0
all_losses = []
plot_every = 100
for e in range(epoch):
    for ind, (title_tensor, label) in enumerate(tqdm(train_data)):
        output, loss = train(rnn, criterion, title_tensor, label)
        loss_sum += loss
        if ind % plot_every == 0:
            all_losses.append(loss_sum / plot_every)
            loss_sum = 0
    c = 0
    for title, category in tqdm(test_data):
        output = evaluate(rnn, title)
        topn, topi = output.topk(1)
        if topi.item() == category[0].item():
            c += 1
    print('accuracy', c / len(test_data))
```

7.5 小結

RNN 是自然語言處理領域最重要的模型之一，因為它可以靈活處理不定長的輸入或輸出。第 9 章將介紹的 Seq2seq 也可以使用 RNN 實作，並且最初的版本就是使用 RNN 實作的。

RNN 以及它的一些變形可以極佳地解決自然語言處理中的絕大多數問題。

Chapter

08

詞嵌入

第 6 章介紹了分詞問題，但是要使用電腦處理詞語，還需要用統一的符號表示每個詞語。詞嵌入就是用向量表示詞的方法。本章將介紹多種表示詞的方法，並說明如何在 PyTorch 中使用詞嵌入。

本章主要涉及的基礎知識如下。

- 詞嵌入的概念：為什麼要使用詞嵌入，如何實作詞嵌入。
- One-Hot 標記法：最容易實作的詞標記法之一。
- Word2vec：2013 年出現的詞嵌入，包含兩種基本訓練方法。
- GloVe：2014 年出現的詞嵌入，能夠更好地利用全域資訊。

8.1 概述

詞表示是自然語言處理的基礎，不僅會影響演算法的效率，還會影響演算法的效果。

8.1.1 詞表示

自然語言處理中的詞表示即用電腦能處理的方式表示自然語言中的詞。

最簡單的詞表示方法之一就是給詞編號。假如能夠列出可能遇到的所有詞，然後從 1 開始，給每個詞指定一個編號，這樣就能夠完成簡單的詞表示。例如一個詞表中共有 10 個詞，按照拼音字首排序如下。

愛好　　1
保護　　2
處理　　3
實踐　　4
學術　　5
學習　　6
語言　　7
在　　　8
中　　　9
自然　　10

那麼「在實踐中學習自然語言處理」這句話分詞後變成「在」、「實踐」、「中」、「學習」、「自然」、「語言」、「處理」。

　　使用上文提到的編號表示就是：8，4，9，5，10，7，2。就是對切分出來的每一個詞都去詞表裡查詢，並轉換成對應的數字。實際上電腦的文字處理系統就是這樣做的，例如 ASCII 或者 Unicode 等編碼系統，就是每個字元對應一個唯一的數字（這裡不同的是一個詞語對應一個數字）。

　　但是在使用機器學習演算法進行自然語言處理的時候，我們希望能用定長的向量作為輸入，所以我們把數字編號轉換成向量。這裡最簡單的方法之一就是 One-Hot 標記法。One-Hot 標記法就是使用與詞表長度相等的向量，如上面提到的有 10 個詞語的詞表，就使用長度為 10 的向量。向量中的元素都是 0 或 1。每個詞的向量只有它編號對應的位是 1，其餘位都是 0。對於剛才的詞表，對應的向量如下。

愛好	1	[1, 0, 0, 0, 0, 0, 0, 0, 0, 0]
保護	2	[0, 1, 0, 0, 0, 0, 0, 0, 0, 0]
處理	3	[0, 0, 1, 0, 0, 0, 0, 0, 0, 0]
實踐	4	[0, 0, 0, 1, 0, 0, 0, 0, 0, 0]
學術	5	[0, 0, 0, 0, 1, 0, 0, 0, 0, 0]
學習	6	[0, 0, 0, 0, 0, 1, 0, 0, 0, 0]
語言	7	[0, 0, 0, 0, 0, 0, 1, 0, 0, 0]
在	8	[0, 0, 0, 0, 0, 0, 0, 1, 0, 0]
中	9	[0, 0, 0, 0, 0, 0, 0, 0, 1, 0]
自然	10	[0, 0, 0, 0, 0, 0, 0, 0, 0, 1]

　　這樣的表示簡單明瞭，但是有兩個問題：

　　（1）向量維度可能很高，因為自然語言中的詞彙量可能非常大，例如中文中常用字有幾千個，常用詞上萬個，其他語言也類似。當詞表很大時，One-Hot 標記法使用的向量長度很大，計算時不僅會消耗很多記憶體，計算量也大。

（2）詞向量無法反映詞之間的關係，自然語言的詞彙之間存在一定的關係。例如同義字，「大海」和「海洋」兩個詞的詞義是接近的，而它們與「沙漠」這個詞的含義差別相對很大。我們希望對應的詞向量也有某種特徵能反映出這種關係，比如向量間的夾角，「海洋」和「大海」的詞向量間夾角可能應該小，而「沙漠」與它們的詞向量間夾角更大。

後來出現了詞嵌入方法。詞嵌入方法以一個長度較小的向量表示詞，向量中每個數字都是浮點數。具體的數值透過某種演算法計算出來，並可以在某種程度上表現詞語之間的語義關係。詞嵌入對 One-Hot 標記法實現了維度的壓縮和詞語間關係的表示。

> **注意：** 我們無法表示詞表裡沒有的詞，實際使用中可以使用隨機向量表示詞表裡沒有的詞，也可以定義一個特殊向量用來表示未知詞。

8.1.2 PyTorch 中的詞嵌入

Pytorch 中有 torch.nn.Embedding 類別實作詞嵌入功能，可以把詞的 ID 轉換為向量。用以下程式定義一個 Embedding 層。

```
import torch
embedding = torch.nn.Embedding(num_embeddings=1000, embedding_dim=5
)
```

參數 num_embeddings 指詞表中一共有多少個詞，embedding_dim 指詞向量的維度。上面的程式定義了一個有 1000 個詞，每個詞用長度為 5 的向量表示的詞嵌入。

嘗試使用剛剛定義的 Embedding 層把詞語從編號轉換為向量。

```
sentences = torch.tensor([1,2,3,99])      # 這裡定義了一個張量,代表一句
包含 4 個詞的話
print(embedding(sentences))               # 輸出這句話經過 embedding 之
後得到的張量
print(embedding(sentences).shape)         # 輸出經過 embedding 之後的得
到的張量的維度
```

首先定義一個張量代表一句話,這句話有 4 個詞,分別是詞表中編號為 1 的詞、詞表中編號為 2 的詞、詞表中編號為 3 的詞和詞表中編號為 99 的詞。經過 Embedding 層以後,每個詞被轉換成了一個長度為 5 的向量,所以輸出的張量的維度是(4, 5),即 4 個詞向量,每個詞向量的長度是 5。上面程式的輸出如下。

```
tensor([[ 4.4311e-01, -1.1994e+00,  4.4145e-01, -
1.1538e+00,  4.1559e-01],
     [-4.5813e-01, -9.4146e-01,  1.7419e+00,  9.8050e-02, -
1.5754e+00],
     [-2.6274e-01, -5.0031e-01, -1.2622e+00,  5.7970e-01, -9.3780e-
04],
     [-1.1569e+00, -1.9376e+00,  3.6645e-01, -1.7575e+00, -4.0849e-
01]],
     grad_fn=<EmbeddingBackward>)
torch.Size([4, 5])
```

注意:torch.nn.Embedding 物件會自動使用隨機值進行初始化。

8.2 Word2vec

Word2vec 即 word to vector，顧名思義，就是把詞轉換成向量，該方法在 2013 年由 Google 公司提出並實作。該方法使在深度學習中使用很大的詞表成為可能。

8.2.1 Word2vec 簡介

Word2vec 可以解決 One-Hot 標記法的詞向量維度高且無法表現詞語意義的問題，也就是說 One-Hot 標記法的 0 和 1 是無規律的，而 Word2vec 產生的詞向量能表現詞語間的關係。2013 年 Tomas Mikolov 等人在論文 *Efficient Estimation of Word Representations in Vector Space* 中提出了該方法，同年 Google 公司發佈了該方法的 C 語言實作。

該方法有以下特點：第一，演算法效率高，可以在百萬數量級的詞典和上億規模的資料上訓練；第二，得到的詞向量可以較好地反映詞間的語義關係。Word2vec 提出兩種基本模型：CBOW（連續詞袋模型）、SG（跳詞模型）。

籠統地說，Word2vec 的原理是根據詞語上下文來提取一個詞的語義，在統計上，詞義相同的詞的上下文也應該比較類似。例如「貓」和「狗」都是人類的寵物，可能會和「餵」、「可愛」、「黏人」、「鏟屎官」之類的詞一起出現，透過這樣的規律，我們可以得出「貓」和「狗」這兩個詞的相似性。

8.2.2 CBOW

CBOW 即 Continuous Bag-of-Words，是透過一個詞的上下文來預測這個詞的語義。假設詞表中共有 V 個詞語（這裡設為 6），隱藏層輸出為 N 維，隱藏層的維度同時也是詞嵌入的維度，即生成的詞向量的長度，每個詞向量的長度是 N，CBOW 模型的示意圖如圖 8.1 所示。

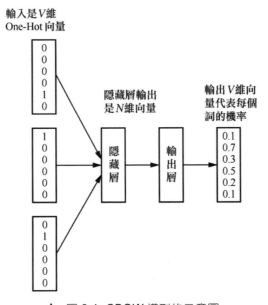

▲ 圖 8.1 CBOW 模型的示意圖

輸入的詞向量會有多個，不一定是圖 8.1 中所畫的 3 個；輸出是一個長度等於詞表大小的向量，每個元素的值表示預測結果是這個詞的機率。透過訓練這個模型可以得到隱藏層和輸出層的權重。

Word2vec 生成的詞向量實際上就是隱藏層的輸出。具體看隱藏層的結構，仍延續上面的假設 $V = 6$（也就是說詞表中有 6 個詞），並進一步設隱藏層輸出長度 $N = 3$，那麼隱藏層的參數示意圖如圖 8.2 所示（具體參數沒有意義，僅作為一個例子）。

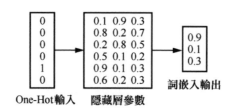

▲ 圖 8.2 隱藏層的參數示意圖

可以看到輸入為一個 One-Hot 詞向量，長度是 6（即詞表長度），經過隱藏層後長度變為 3（即隱藏層輸出長度），而且從原來的 0、1 取值變為了浮點數取值。中間的二維矩陣就是隱藏層的參數，輸入經過隱藏層實際上可以看作輸入的向量與隱藏層參數相乘。

8.2.3 SG

SG 即 Skip-Gram，是透過一個詞語來預測上下文詞語。SG 模型的方法與 CBOW 模型的剛好相反，其模型示意圖如圖 8.3 所示。

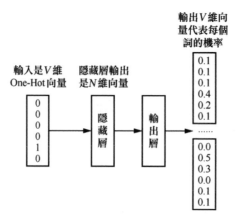

▲ 圖 8.3 SG 模型示意圖

8.2.4 在 PyTorch 中使用 Word2vec

可以使用 PyTorch 實作 Word2vec 的兩種模型並訓練詞向量。事實上，Word2vec 也有很多開放原始碼的實作，有 Google 公司公佈的 C 語言版本，也有其他人或機構開發的版本，其中包括不少 PyTorch 的實作。但實際上我們一般不會直接使用這個模型，而只是把詞嵌入作為詞表示的方法，並根據實際情況使用不同的模型。一般來説，直接把預訓練權重載入到 PyTorch 的 Embedding 層就可以了。

獲取預訓練權重有以下兩種方式。

（1）下載並使用別人訓練的權重，載入到自己的模型中。

（2）使用自訂語料做預訓練，並在模型中載入預訓練權重。

使用別人訓練好的權重的好處是可以找到一些使用大規模語料訓練的權重，例如騰訊 AI 實驗室發佈的中文詞嵌入的預訓練權重：https://ai.tencent.com/ailab/nlp/en/download.html。其詞表有超過 800 萬詞，每個詞向量維度為 200。

如果要使用預訓練詞向量，首先要下載詞表和權重，然後把詞向量載入 tensor 中，再透過 torch.nn.Embedding 物件的 from_pretrained 方法載入權重。假設下載好的詞彙檔案名稱為 vocab. txt，權重檔案名稱為 vectors.txt。

首先載入詞表。

```
word2id = {}   # 用於把詞語轉換為編號
id2word = []   # 用於把編號轉換為詞語
with open('vocab.txt') as f:
for cur_id, word in enumerate(f): # 逐行遍歷詞表檔案，word 是當前詞，
cur_id 是詞語的編號
```

```
word = word.strip()    # 去除行尾分行符號
word2id[word] = cur_id
id2word.append(word)
```

這裡的 word2id 是一個 dict 物件，可以實作把詞彙轉換為 ID，也就是詞彙在詞表中的編號，編號是從 0 開始到 $n-1$（n 就是詞表中詞語總數）的連續的正整數。id2word 是串列物件，作用與串列正好相反，是把編號轉換為詞語。

訓練大規模語料是比較困難的，因為需要獲取足夠多的語料，調整模型參數，並投入運算資源和時間做訓練。

雖然有多種預訓練權重的版本能盡可能地滿足我們的需求，但是有時候還是需要自己訓練權重。如在某些比賽中，只給出處理過的資料和進行過相同前置處理的語料，此時就不可能使用公開的預訓練權重；或者在某些特定的場景下，我們希望使用這個場景下真實的語料訓練權重，以達到更好的效果。

一般可以使用開放原始碼工具處理我們自己的語料，得到權重，然後載入模型中。

8.3 GloVe

全域詞向量表示（Global Vectors for Word Representation，GloVe）是 2014 年 Jeffrey Pennington 等人提出的，該方法的優點是可以以全域詞彙共現統計資訊為基礎學習詞向量。

8.3.1 GloVe 的原理

GloVe 和 Word2vec 都可以根據詞語的上下文得到詞向量，但是原理不同。Word2vec 是透過上下文預測一個單字，或根據一個單字預測上下文；GloVe 則是透過「共現矩陣」計算詞向量。

8.3.2 在 PyTorch 中使用 GloVe 預訓練詞向量

GloVe 官網提供了用英文維基百科和 Gigaword 語料庫訓練的權重，訓練使用的語料長度有 60 億 token，40 萬詞，提供 50 維、100 維、200 維、300 維 4 個版本。還有使用 Twitter 資料訓練的權重，語料規模為 270 億 token，120 萬詞，提供 25 維、50 維、100 維、200 維 4 個版本。

具體的使用方法也包括下載詞表檔案和詞向量檔案，使用方法與 Word2vec 的相同。

如果希望使用自訂語料訓練 GloVe 詞向量，可以下載官方程式並編譯安裝 GloVe。具體步驟如下。

```
$ git clone http://github.com/stanfordnlp/glove
$ cd glove && make
```

編譯後將在 build 資料夾裡得到 4 個可執行檔，分別是 vocab_count、cooccur、shuffle 和 glove。

需要準備原始語料。語料需要使用空格分詞，一個檔案中的多個語料用分行符號分割。

一個實例的程式如下。

```
./vocab_count -min-count 5 —verbose2 < input.txt > vocab.txt
./cooccur -memory 4 -vocab-file vocab.txt -verbose 2 -window-
size 15 < input.txt >
cooccurrence.bin
./shuffle -memory 4 -
verbose 2 < cooccurrence.bin > cooccurrence.shuf.bin
./glove -save-file vectors -threads 6 -input-
file cooccurrence.shuf.bin -x-max 10
-iter 10 -vector-size 50 -binary 2 -vocab-file vocab.txt -verbose 2
```

該例子中依次使用上述 4 個可執行檔，透過一個輸入檔案 input.txt 最終得到詞表檔案 vocab.txt 和詞向量檔案 vectors.txt。

8.4 實踐：使用預訓練詞向量完成發文標題分類

本節將在第 6 章分詞的基礎上載入預訓練的詞向量，並展示兩種可能的使用方法：不使用模型 Embedding 層，直接採用預訓練詞向量；把詞向量載入到 Embedding 層中。

8.4.1 獲取預訓練詞向量

這裡選擇騰訊 AI 實驗室的中文詞向量，之前提到過。檔案大小為 6.3GB，解壓後得到的詞向量檔案 Tencent_AILab_ChineseEmbedding.txt 超過 15GB。

8.4.2 載入詞向量

本章僅說明詞向量的使用方法，沒有使用全部的詞向量。我們先使用第 6 章的方法對資料進行分詞，並統計出現的所有詞語，然後遍歷詞向量檔案，僅把出現過的詞向量載入到記憶體。

該詞向量中所有英文字母都是小寫，在統計詞的時候需要把資料中的字母都轉換為小寫，才能正確匹配，所以統計的程式需要修改如下。

```
word_set = set()
for title in academy_titles:
    for word in title:
        word_set.add(word.lower())          # 轉為小寫後加入集合中
for title in job_titles:
    for word in title:
        word_set.add(word.lower())
print(len(word_set))
```

遍歷詞向量檔案，並把出現過的詞向量載入到記憶體。

```
from tqdm import tqdm
f = open('Tencent_AILab_ChineseEmbedding.txt', encoding='utf8')
# 開啟詞向量檔案
word2v = {}
wl = []
for l in tqdm(f):
    l = l.strip().split(' ')          # 去除行尾按 Enter 鍵後再 split
    wl.append(l[0])
    if l[0] in word_set:
        word2v[l[0]] = list(map(float, l[1:]))
```

因為詞向量檔案較大，這裡使用 tqdm 函式顯示進度，該檔案包含約 800 萬個詞，在作者的電腦上耗時 3 到 5 分鐘遍歷詞向量檔案。得到的詞向量有 3924 個，比我們切分出的詞的數量少 161 個，也就是説這些詞沒有對應的詞向量。

統計後發現缺少詞向量的詞多是一些機構名稱、符號或者無意義的文字，這是因為原始資料沒有被較好地清洗，另一方面是分詞時沒有參考詞向量的詞表。一些典型的無詞向量的詞語如下。

```
'omnet', '央企校', '超推客', '怡安翰', '高德校', '投邀', '愛雲校',
'最幕', '思塾','atee', 'shantie', '有意者', '社招校', '～', '強央企',
'創鑫者', '肆閱', '郭桃梅', '部牛海晶', '屆秋招'
```

可以看到最主要的問題是分詞的錯誤，還有少量未收錄詞和特殊符號。簡單起見，這裡可以乾脆地忽略這些詞彙。

8.4.3 方法一：直接使用預訓練詞向量

首先定義從標題獲取 tensor 的函式如下。這裡對不在詞表中的詞直接忽略，或者可以使用未知詞的記號表示這些詞。

```python
import torch

def title_to_tensor(title):
    words_vectors = []
    for word in title:
        if word in word2v:
            words_vectors.append(word2v[word])
    tensor = torch.tensor(words_vectors, dtype=torch.float)
    return tensor
```

傳回值就是「標題長度×詞嵌入維度」的張量，不需要模型中的 Embedding 層，所以再修改模型程式如下。

```python
import torch.nn as nn

class RNN(nn.Module):
    def __init__(self, embedding_size, hidden_size, output_size):
        super(RNN, self).__init__()
        self.hidden_size = hidden_size
        self.i2h = nn.Linear(embedding_size + hidden_size, hidden_size)
        self.i2o = nn.Linear(embedding_size + hidden_size, output_size)
        self.softmax = nn.LogSoftmax(dim=1)

    def forward(self, input_tensor, hidden):
        word_vector = input_tensor
        combined = torch.cat((word_vector, hidden), 1)
        hidden = self.i2h(combined)
        output = self.i2o(combined)
        output = self.softmax(output)
        return output, hidden

    def initHidden(self):
        return torch.zeros(1, self.hidden_size)
```

這樣每個詞的向量都是始終不變的。好處是模型很簡單，壞處是無法在訓練中根據具體訓練資料調整每個詞的向量。

8.4.4 方法二：在 Embedding 層中載入預訓練詞向量

採用本方法，直到獲取 word2vec 詞表都與方法一完全相同，這裡不再重複介紹。不同的是這裡需要建構 word_list，且需要先從標題生成包含標題 ID 的張量，而非直接透過 word2vec 生成詞向量，程式如下。

```
word_list = list(word2v.keys())
n_chars = len(word_list)
import torch

def title_to_tensor(title):
    tensor = torch.zeros(len(title), dtype=torch.long)
    for li, word in enumerate(title):
        try:
            ind = word_list.index(word)
        except ValueError:
            ind = n_chars - 1
        tensor[li] = ind
    return tensor
```

模型定義可參考第 5 章。

```
import torch.nn as nn

class RNN(nn.Module):
    def __init__(self, word_count, embedding_size, hidden_size, output_size):
        super(RNN, self).__init__()

        self.hidden_size = hidden_size
        self.embedding = torch.nn.Embedding(word_count, embedding_size)
        self.i2h = nn.Linear(embedding_size + hidden_size, hidden_size)
        self.i2o = nn.Linear(embedding_size + hidden_size, output_size)
        self.softmax = nn.LogSoftmax(dim=1)

    def forward(self, input_tensor, hidden):
```

```
    word_vector = self.embedding(input_tensor)
    combined = torch.cat((word_vector, hidden), 1)
    hidden = self.i2h(combined)
    output = self.i2o(combined)
    output = self.softmax(output)
    return output, hidden

def initHidden(self):
    return torch.zeros(1, self.hidden_size)
```

然後使用詞向量初始化 Embedding 層，首先把所有詞的向量按順序取出，並構造一個 Numpy 陣列。

```
import numpy as np
weight = []
for l in word_list:
    weight.append(word2v[word])
pretrained_weight = np.array(weight)
```

再定義模型，從 Numpy 陣列載入權重。

```
embedding_size = 200
n_hidden = 10
n_categories = 2
learning_rate = 0.005
rnn = RNN(n_chars, embedding_size, n_hidden, n_categories)
rnn.embedding.weight.data.copy_(torch.from_numpy(pretrained_weight))
```

8.5 小結

使用詞向量並在訓練過程中根據實際資料對詞嵌入進行調整是實際中常用的方法。因為實際訓練資料中包含更多與任務相關的資訊,但是實際資料數量往往較少,可能不足以提供詞之間關係的完整的資訊,所以使用預訓練資料初始化 Embedding 層並使用訓練資料繼續訓練是較好的方法。

但是本章使用的例子並不能極佳地表現這一點,這是因為我們選取的任務十分簡單,模型並不需要很多詞間關係的資訊,而是僅僅根據哪些詞跟應徵關係更大、哪些詞跟考研關係更大來得到很好的效果。

Seq2seq

Seq2seq 是一類輸入和輸出都是序列的模型，最初用於處理機器翻譯任務，特點是模型的輸入和輸出長度可以不一致。

本章主要涉及的基礎知識如下。

- Seq2seq 要解決的問題。
- Seq2seq 的原理和結構。
- 使用 PyTorch 實作 Seq2seq。

9.1 概述

本節介紹 Seq2seq 提出的背景和其主要原理。

9.1.1 背景

深度神經網路可以在有充足訓練資料的情況下取得良好效果,但是初期的深度學習模型不能處理輸入和輸出都是不定長度序列的問題。例如機器翻譯,一句話從一種語言翻譯成另一種語言的時候,句子的長度可能會有變化,而且不同語言的字、詞可能不是一一對應的,詞語的順序和關係也未必相同。

第 7 章介紹的 RNN 可以處理不定長度的輸入或不定長度的輸出。Seq2seq 則使用兩個 RNN,第一個 RNN 用於處理不定長度的輸入,並生成一個定長向量,第二個 RNN 則根據第一個 RNN 輸出的向量生成不定長度的序列輸出。

早在 2013 年,論文 Generating Sequences With Recurrent Neural Networks 就提出可以僅透過一個向量生成長的序列。同年的另一篇論文 Recurrent Continuous Translation Models 在機器翻譯問題中第一次把全部輸入映射為一個向量。

論文 Learning Phrase Representations using RNN Encoder-Decoder for Statistical Machine Translation 提出了 Encoder-Decoder(編碼器-解碼器)的結構,論文 Sequence to Sequence Learning with Neural Networks 提出了 Seq2seq。

9.1.2 模型結構

Seq2seq 是用於處理輸入和輸出都是不定長度序列的問題的通用模型。Seq2seq 由兩個 RNN 組成,第一個 RNN 稱為編碼器,第二個 RNN 稱為解碼器。第一個 RNN 處理輸入序列後得到一個固定長度的輸出,也就是序列最後一個元素對應的輸出。

解碼器以編碼器的輸出為輸入,不同的是解碼器的第一個輸入是編碼器的輸出,後續輸入則是自身的前一個輸出,即第二個輸入是上一次的輸出。這樣模型可以一直執行下去,所以會定義一個終止記號,如果模型的輸出是這個終止記號,模型就停止執行,且捨棄這個終止記號。Seq2seq 模型示意圖如圖 9.1 所示。

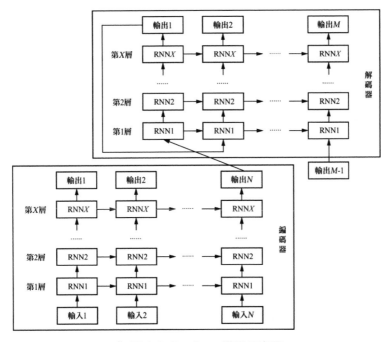

▲ 圖 9.1 Seq2seq 模型示意圖

Seq2seq 模型中的 RNN 一般可以使用 LSTM 或 GRU，且一般有多層。圖 9.1 中展示的模型的編碼器和解碼器都有 X 層 RNN，輸入序列的長度為 N，輸出序列的長度為 M，其中最後一個輸出為終止記號。

實際使用中對於解碼器 RNN 的輸入還有其他不同的用法，例如所有輸入都使用編碼器的輸出（即圖 9.1 中的編碼器輸出 N）。

9.1.3 訓練技巧

Teacher Forcing 是在訓練中常用的方法。如果使用圖 9.1 中的編碼器，可能出現誤差累積問題，即如果前面的單元出現了誤差，這個誤差會隨著輸出影響下一個單元，可能導致誤差越來越大。Teacher Forcing 方法則在訓練階段執行，使用實際要預測的資料作為解碼器輸入。

例如訓練一個英譯中模型，訓練集中有資料的輸入為「How are you」，輸出為「你好嗎」。先用編碼器對輸入「How are you」編碼，解碼器的第一個輸入是開始標記，第二個輸入不再使用第一個輸出，而是使用第一個訓練資料，即標準答案——「你」。

但是該方法只能在訓練中使用，因為預測時並沒有標準答案。

9.1.4 預測技巧

預測中不能使用 Teacher Forcing 方法，但可以使用 Beam Search 方法改善預測效果。假設從英文翻譯到中文，如果編碼器是字等級的，即每次預測一個字，且模型中一共定義了 1000 個字，那編碼器每次輸出的是一個 1000 維的向量，我們找到這個向量中 1000 個元素的值裡最大的一個，對應的字元就是模型輸出的字。

　　這樣做的問題同樣在於模型後面的輸出都是依賴當前的輸出，雖然這個字對應的元素的值在當前的值中是最大的，但是實際上可能導致下文出問題，所以這種做法得到的結果未必是全域最優。Beam Search 方法就是透過遍歷可能的字元組合，找出更優的預測。

　　使用 Beam Search 方法可能產生較大的計算量，所以一般不會搜索全部可能的字元組合。

9.2　使用 PyTorch 實作 Seq2seq[1]

　　本節介紹使用 PyTorch 實作 Seq2seq，將使用 PyTorch 內建的 LSTM 分別實作編碼器、解碼器、Seq2seq，以及 Teacher Forcing 方法和 Beam Search 方法。這裡編碼器和解碼器都使用 RNN，但實際上還可以使用其他模型作編碼器和解碼器。

9.2.1　編碼器

　　編碼器用於處理輸入序列，並輸出一個向量（或者輸出與輸入序列長度相等的向量序列）。編碼器的主體是 RNN，一般會使用 LSTM 或 GRU。編碼器的一種實作方法如下。

```
import torch.nn as nn

class Encoder(nn.Module):
```

---

[1] 本節程式參考開放原始碼專案 PyTorch-Seq2seq。

```
    def __init__(self, input_dim, emb_dim, hid_dim, n_layers,
dropout):
        super().__init__()
        self.hid_dim = hid_dim
        self.n_layers = n_layers
        self.embedding = nn.Embedding(input_dim, emb_dim)
        self.rnn = nn.LSTM(emb_dim, hid_dim, n_layers, dropout =
dropout)
        self.dropout = nn.Dropout(dropout)

    def forward(self, src):
        # src 是 n×b 的張量，n 是序列長度，b 是 batch size，每個位置都是一
個 ID
        # embedding 之後輸入維度 m 變為 embedding_dim
embedded = self.dropout(self.embedding(src))
        outputs, (hidden, cell) = self.rnn(embedded) # 輸入通過 RNN
        return hidden, cell
```

參數有輸入維度、Embedding 層維度、隱藏層維度、RNN 層數和 dropout 比例。在英譯中模型中，輸入維度就是來源語言（即英文）的詞表長度；Embedding 層維度表示詞透過 Embedding 層轉換為多少維的向量；隱藏層維度指 RNN 的隱藏層維度；RNN 層數就是 RNN 堆疊的層數，多層 RNN 在第 7 章介紹過，使用多層 RNN 可以改善模型效果；dropout 層則用來隨機捨棄參數，用於防止過擬合，dropout 比例指每次隨機捨棄的比例。

9.2.2 解碼器

解碼器接收編碼器的輸出後，負責產生輸出的序列。解碼器可以產生不定長度的序列，每次生成一個詞，直到遇到結束字元號。

```python
class Decoder(nn.Module):
    def __init__(self, output_dim, emb_dim, hid_dim, n_layers,
dropout):
        super().__init__()
        self.output_dim = output_dim
        self.hid_dim = hid_dim
        self.n_layers = n_layers
        self.embedding = nn.Embedding(output_dim, emb_dim)
        self.rnn = nn.LSTM(emb_dim, hid_dim, n_layers, dropout =
dropout)
        self.fc_out = nn.Linear(hid_dim, output_dim)
        self.dropout = nn.Dropout(dropout)

    def forward(self, input, hidden, cell):
        # input 維度為 batch_size
        # hidden 維度為 RNN 層數 × batch size × 隱藏層維度
        # cell 維度為 RNN 層數 × batch size × 隱藏層維度
        input = input.unsqueeze(0) # 把 input 的維度變為 1 × batch size
        # 把 input 的維度變為 1 × batch size× embedding 維度
        embedded = self.dropout(self.embedding(input))

        output, (hidden, cell) = self.rnn(embedded, (hidden, cell))
        prediction = self.fc_out(output.squeeze(0))
        return prediction, hidden, cell
```

　　與編碼器的實作不同，這裡定義的 forward 函式每次接收一個輸入並輸出一個預測，所以在 Seq2seq 中需要多次呼叫解碼器中的 forward 函式以生成輸出序列。

9.2.3 Seq2seq

第 9.2.1 和第 9.2.2 小節給出了編碼器和解碼器的定義，Seq2seq 就是由一個編碼器和一個解碼器組成的。

在 forward 方法中先使用編碼器處理輸入序列，得到輸出，再把輸出傳入編碼器。在訓練任務中，使用編碼器生成與目標序列等長的輸出後停止；預測任務中無法知道目標序列的長度，直到預測結果為結束字元號時結束。

這裡我們在輸入語言和輸出語言中都需要額外定義 3 種記號：<sos>代表句子開始、<eos>代表句子結束（也就是上文提到的終止記號）、<pad>代表填補字元。所有訓練資料和預測的輸入中的句子傳入模型之前都要在句子開頭插入<sos>，結尾插入<eos>。解碼器的第一個輸入就是<sos>，代表句子開始。在預測任務中編碼器預測結果如果為<eos>則代表預測的序列結束。

<pad>用於 batch size 大於 1 時填充同一個 batch 中較短的句子。

```
class Seq2seq(nn.Module):
    def __init__(self,
    input_word_count,      # 輸入的詞彙數量
    output_word_count,     # 輸出的詞彙數量
    encode_dim,            # 編碼器維度
    decode_dim,            # 解碼器維度
    hidden_dim,            # 隱藏層維度
    n_layers,              # 層數
    encode_dropout,        # 編碼器 dropout 比例
    decode_dropout,        # 解碼器 dropout 比例
    device):
        super().__init__()
```

```python
    self.encoder = Encoder(input_word_count, encode_dim,
                            hidden_dim, n_layers, encode_dropout)
    self.decoder = Decoder(output_word_count, decode_dim,
                            hidden_dim, n_layers, decode_dropout)
    self.device = device

def forward(self, src, trg):
    #src 的維度是: 輸入序列長度 × batch size
    #trg 的維度是: 輸出序列長度 × batch size
    if trg is not None:    # 訓練任務
        batch_size = trg.shape[1]
        trg_len = trg.shape[0]
        trg_vocab_size = self.decoder.output_dim
        outputs = torch.zeros(trg_len, batch_size, trg_vocab_size).
to(self.device)
        hidden, cell = self.encoder(src)
        input = trg[0,:]                        # 第一個元素是開始標記 <sos>
        for t in range(1, trg_len):             # 生成與輸出序列長度相等的序列
            output, hidden, cell = self.decoder(input, hidden, cell)
            outputs[t] = output
            top1 = output.argmax(1)    # 值最大的一個元素的 ID 作為當前位置
的預測
            input = top1
    else:                            # 預測任務
        batch_size = src.shape[1]
        trg_vocab_size = self.decoder.output_dim
        l = []
        hidden, cell = self.encoder(src)
        input = src[0,:]     # 第一個輸入為 <sos>，這裡是需要輸入和輸出的
<sos>ID 相同
        while True:          # 預測任務無法預知輸出序列長度，所以直到預測值為
<eos>才停止
```

```
            output, hidden, cell = self.decoder(input, hidden, cell)
            l.append(output)
            top1 = output.argmax(1)
            if top1 == 1:
                return l
            input = top1
        return outputs
```

9.2.4 Teacher Forcing

如果要實作 Teacher Forcing，只需要修改 Seq2seq 的 forward 函式即可。具體的修改就是把 input = top1 替換為 input = trg[t]。

```
def forward(self, src, trg):
  #src 的維度是：輸入序列長度 × batch size
  #trg 的維度是：輸出序列長度 × batch size
  if trg is not None:                      # 訓練任務
      batch_size = trg.shape[1]
      trg_len = trg.shape[0]
      trg_vocab_size = self.decoder.output_dim
      outputs = torch.zeros(trg_len, batch_size, trg_vocab_size).
to(self.device)
      hidden, cell = self.encoder(src)
      input = trg[0,:]                     # 第一個元素是開始標記 <sos>
      for t in range(1, trg_len):          # 生成與輸出序列長度相等的序列
          output, hidden, cell = self.decoder(input, hidden, cell)
          outputs[t] = output
          top1 = output.argmax(1)     # 值最大的一個元素的 ID 作為當前位置
的預測
          input = trg[t]
  else:     # 預測任務
      batch_size = src.shape[1]
```

```
    trg_vocab_size = self.decoder.output_dim
    l = []
    hidden, cell = self.encoder(src)
    input = src[0,:]   # 第一個輸入為 <sos>，這裡是需要輸入和輸出的
<sos>ID 相同
    while True:          # 預測任務無法預知輸出序列長度，所以直到預測值為
<eos>才停止
        output, hidden, cell = self.decoder(input, hidden, cell)
        l.append(output)
        top1 = output.argmax(1)
        if top1 == 1:
            return l
        input = top1
    return outputs
```

top1 是模型預測出來的最佳答案，而 trg[t]則是這個位置上的標準答案，這樣序列後續的預測使用的都是標準答案，就可以消除累積的誤差。

> **注意：**前文提到的預測任務中無法使用 Teacher Forcing，因為預測時無法獲取 trg，即標準答案。評估模型效果時可用 trg，但是仍不應該使用 Teacher Forcing，否則將導致資料洩露，無法反映模型真實的效果。

9.2.5 Beam Search

Beam Search 是在預測時避免因為每次只選取當前位置最高分的結果而遺失一些從全域上看得分更高的結果的方法。但是如果搜索全部可能的結果計算量很大，使用 Beam Search 時往往會做出一些限制。

讀者可以參考一些開放原始碼的 Beam Search 實作。

9.3 實踐：使用 Seq2seq 完成機器翻譯任務

本節將使用第 9.2 節實作的 Seq2seq 完成一個英譯中的機器翻譯任務，使用真實資料訓練，並在任意的輸入上查看模型的效果。

9.3.1 資料集

本小節將使用 IWSLT 2015 資料集，該資料集發佈在 Web Inventory of Transcribed and Translated Talks 網站，提供一些 TED（Technology, Entertainment, Design，技術、娛樂、設計）演講的多種語言和英文之間的翻譯。在這裡可以免費下載多種語言和英文之間的翻譯資料集。圖 9.2 所示是該資料集支援的語言，格子中的資料說明有對應語言的翻譯語料。

	捷克 cs	德 de	英 en	法 fr	泰 th	越 vl	中 zh
捷克cs			1.78				
德語de			3.36				
英語en	1.47	3.12		3.78	1.65	2.92	0.51
法語 fr			3.61				
泰國th			1.42				
越南 vl			2.24				
中文zh			3.64				

▲ 圖 9.2 IWSLT 2015 資料集支援的語言

點擊最後一行的「3.64」即可下載中譯英的資料集，點擊最右側的「0.51」則可以下載英譯中的資料集。

9.3.2 資料前置處理

下載的資料集是 tgz 壓縮檔，解壓後得到多個檔案。以中譯英為例（即來源語言為中文，目的語言為英文），我們用到的是「train.tags.zh-en.en」檔案和「train.tags.zh-en.zh」檔案，第一個檔案包含了每個演講的資訊以及演講稿的英文內容，第二個檔案則包含了演講稿的中文內容。

演講資訊包括演講的網站位址、演講關鍵字、演講人姓名、演講的ID、演講的題目和演講描述。這些內容都是雙語對照的，但是這裡為了簡便起見，僅僅使用演講內容，而直接捨棄其他資訊。

第一步需要讀取這兩個檔案中的內容並把對應的英文、中文放在一起。實作的程式如下。

```
fen = open('train.tags.zh-en.en', encoding='utf8')
fzh = open('train.tags.zh-en.zh', encoding='utf8')
en_zh = []
while True:
    lz = fzh.readline()  # 讀取中文檔案中的一行
     le = fen.readline()  # 讀取英文檔案中的一行
     # 判斷是否讀完檔案
    if not lz:
        assert not le # 如果讀完，兩個檔案的結果都應該是空行
        break
    lz, le = lz.strip(), le.strip()  # 去行尾按 Enter 鍵空格

     # 分別解析檔案的各個部分
    if lz.startswith('<url>'):
        assert le.startswith('<url>')
        lz = fzh.readline()
        le = fen.readline()
        # 關鍵字
```

```
        assert lz.startswith('<keywords>')
        assert le.startswith('<keywords>')
        lz = fzh.readline()
        le = fen.readline()
        # 演講人
        assert lz.startswith('<speaker>')
        assert le.startswith('<speaker>')
        lz = fzh.readline()
        le = fen.readline()
        # 演講 ID
        assert lz.startswith('<talkid>')
        assert le.startswith('<talkid>')
        lz = fzh.readline()
        le = fen.readline()
        # 標題
        assert lz.startswith('<title>')
        assert le.startswith('<title>')
        lz = fzh.readline()
        le = fen.readline()
        # 描述
        assert lz.startswith('<description>')
        assert le.startswith('<description>')
    else:
        if not lz:
            assert not le
            break
        lee = []
        for w in le.split(' '):
            w = w.replace('.', '').replace(',', '').lower()
            if w:
                lee.append(w)
        en_zh.append([lee, list(lz)])
```

> **注意：**對英文的處理與中文有許多區別，按照空格分詞後，可以去掉跟單字連著的標點符號，否則帶有標點符號和不帶標點符號的詞就會被區分成不同的詞語，還有比較重要的一點是統一單字大小寫，這裡是把所有單字轉換為小寫形式。除了這裡實作的功能以外還可以處理縮寫，比如統一「I'm」和「I am」等。

　　程式中使用了很多 assert 用於保證兩種語言的檔案行數一一對應。我們跳過了所有的演講資訊的內容，包括'<keywords>'、'<speaker>'、'<talkid>'、'<title>'、'<description>'。

　　執行這段程式後，我們已經把兩個檔案中的正文內容一句一句地讀取en_zh 串列內，該串列的每個元素是長度為 2 的串列，其中的第一個元素是英文句子，第二個元素為對應的中文句子。

　　之後我們可以再統計全部資料中出現的詞的數量，要分開統計英文和中文，且對於英文統計的是單字數量，對於中文統計的是字的數量。程式如下。

```
from tqdm import tqdm
en_words = set()
zh_words = set()
for s in tqdm(en_zh):
    for w in s[0]:
        en_words.add(w)
    for w in s[1]:
        if w:
            zh_words.add(w)
```

　　這段程式與之前使用的方法一致，把切分出的字或者詞放到集合中，而集合中不會有重複元素（即重複元素只保留一個）。

　　完成對出現的詞語的統計後可以繼續生成詞與 ID 的對應表，建立 ID 和詞的唯一映射只需要把集合轉換為有順序的串列即可。但為了方便詞到 ID 的轉換，可以再生成一個額外的字典。

```
en_wl = ['<sos>', '<eos>', '<pad>'] + list(en_words)
zh_wl = ['<sos>', '<eos>', '<pad>'] + list(zh_words)
pad_id = 2
en2id = {}
zh2id = {}
for i, w in enumerate(en_wl):
    en2id[w] = i
for i, w in enumerate(zh_wl):
      zh2id[w] = i
```

> **注意**：除了把集合轉換為串列外，這裡在新的串列的開頭額外增加了 3 個特殊的「詞」：<sos>、<eos>、<pad>。它們的含義在前面已提到過。

9.3.3 建構訓練集和測試集

　　隨機劃分訓練集和資料集，這裡使用 80%的資料作為訓練集，剩餘 20%的資料作為測試集。可以先使用 random.shuffle 打亂全部資料，然後把資料按比例分為 2 份。

```
import random
random.shuffle(en_zh)
dl = len(en_zh)
```

```
train_set = en_zh[:int(dl*0.8)]
dev_set = en_zh[int(dl*0.8):]
```

定義 Dataset 類別和 collate_fn。因為 PyTorch 中的 RNN 輸入預設第一維是長度，第二維是 batch_size，需要在 collate_fn 中處理。設定兩個參數 batch_size 和 data_workers。

```
import torch
batch_size = 16
data_workers = 8
```

在 Dataset 中儲存資料集，可以按下標傳回資料，除資料外還可一併傳回資料長度和當前資料下標。

```
class MyDataSet(torch.utils.data.Dataset):
    def __init__(self, examples):
        self.examples = examples

    def __len__(self):
        return len(self.examples)

    def __getitem__(self, index):
        example = self.examples[index]
        s1 = example[0]
        s2 = example[1]
        # 分別獲取兩個句子長度
        l1 = len(s1)
        l2 = len(s2)
        return s1, l1, s2, l2, index
```

collate_fn 輸入樣本的個數由參數 batch_size 決定。需要把這些樣本組合成一個向量，由於模型使用 RNN，所以需要把 batch_size 放到第二個維度。

```python
def the_collate_fn(batch):
  batch_size = len(batch)
  src = [[0]*batch_size]
  tar = [[0]*batch_size]
    src_max_l = 0
    # 求最大長度，用於填充
  for b in batch:
    src_max_l = max(src_max_l, b[1])
  tar_max_l = 0
  for b in batch:
    tar_max_l = max(tar_max_l, b[3])
  for i in range(src_max_l):
    l = []
    for x in batch:
      if i < x[1]:
          l.append(en2id[x[0][i]])
      else:
          l.append(pad_id)
    src.append(l)

  for i in range(tar_max_l):
    l = []
    for x in batch:
      if i < x[3]:
          l.append(zh2id[x[2][i]])
      else:
                # 長度不夠時進行填充
          l.append(pad_id)
```

```
  tar.append(1)
indexs = [b[4] for b in batch]
src.append([1] * batch_size)
tar.append([1] * batch_size)
s1 = torch.LongTensor(src)
s2 = torch.LongTensor(tar)
return s1, s2, indexs
```

最後，使用訓練集和測試集的串列建構 Dataset 和 DataLoader。

```
train_dataset = MyDataSet(train_set)
train_data_loader = torch.utils.data.DataLoader(
    train_dataset,
    batch_size=batch_size,
    shuffle = True,
    num_workers=data_workers,
    collate_fn=the_collate_fn,
)
dev_dataset = MyDataSet(dev_set)
dev_data_loader = torch.utils.data.DataLoader(
    dev_dataset,
    batch_size=batch_size,
    shuffle = True,
    num_workers=data_workers,
    collate_fn=the_collate_fn,
)
```

9.3.4 定義模型

Seq2seq 由編碼器和解碼器組成，編碼器和解碼器都是一個 RNN。這裡選擇 LSTM 而非 RNN，可以得到更好的效果。

```
import torch.nn as nn

class Encoder(nn.Module):
    def __init__(self, input_dim, emb_dim, hid_dim, n_layers,
dropout):
        super().__init__()
        self.hid_dim = hid_dim
        self.n_layers = n_layers
        self.embedding = nn.Embedding(input_dim, emb_dim)
        self.rnn = nn.LSTM(emb_dim, hid_dim, n_layers, dropout =
dropout)
        self.dropout = nn.Dropout(dropout)

    def forward(self, src):
        # src = [src len, batch size]
        embedded = self.dropout(self.embedding(src))
        # embedded = [src len, batch size, emb dim]
        outputs, (hidden, cell) = self.rnn(embedded)
        # outputs = [src len, batch size, hid dim * n directions]
        # hidden = [n layers * n directions, batch size, hid dim]
        # cell = [n layers * n directions, batch size, hid dim]
        # outputs are always from the top hidden layer
        return hidden, cell
```

解碼器程式如下。

```
class Decoder(nn.Module):
    def __init__(self, output_dim, emb_dim, hid_dim, n_layers,
dropout):
        super().__init__()
        self.output_dim = output_dim
        self.hid_dim = hid_dim
```

```python
        self.n_layers = n_layers
        self.embedding = nn.Embedding(output_dim, emb_dim)
        self.rnn = nn.LSTM(emb_dim, hid_dim, n_layers, dropout =
dropout)
        self.fc_out = nn.Linear(hid_dim, output_dim)
        self.dropout = nn.Dropout(dropout)

    def forward(self, input, hidden, cell):
        # input = [batch size]
        # hidden = [n layers * n directions, batch size, hid dim]
        # cell = [n layers * n directions, batch size, hid dim]
        # LSTM 是單向的
        # hidden = [n layers, batch size, hid dim]
        # context = [n layers, batch size, hid dim]
        input = input.unsqueeze(0)
        # input = [1, batch size]
        embedded = self.dropout(self.embedding(input))
        # embedded = [1, batch size, emb dim]
        output, (hidden, cell) = self.rnn(embedded, (hidden, cell))
        # output = [seq len, batch size, hid dim * n directions]
        # hidden = [n layers * n directions, batch size, hid dim]
        # cell = [n layers * n directions, batch size, hid dim]
        # 解碼器中的序列長度為 1，而且 LSTM 也是單向的
        # output = [1, batch size, hid dim]
        # hidden = [n layers, batch size, hid dim]
        # cell = [n layers, batch size, hid dim]
        prediction = self.fc_out(output.squeeze(0))
        # prediction = [batch size, output dim]
        return prediction, hidden, cell
```

Seq2seq 的程式如下。

```python
class Seq2seq(nn.Module):
```

```python
    def __init__ (self,
                input_word_count, output_word_count, encode_dim,
                decode_dim, hidden_dim, n_layers, encode_dropout, deco
de_dropout, device):
        super().__init__ ()
        self.encoder = Encoder(input_word_count, encode_dim,
                                hidden_dim, n_layers, encode_dropout)
        self.decoder = Decoder(output_word_count, decode_dim,
                                hidden_dim, n_layers, decode_dropout)
        self.device = device

    def forward(self, src, trg, teacher_forcing_ratio = 0.5):
        # src = [src len, batch size]
        # trg = [trg len, batch size]
        #teacher_forcing_ratio 是使用 Teacher Forcing 的比例
        if trg is not None:
            batch_size = trg.shape[1]
            trg_len = trg.shape[0]
            trg_vocab_size = self.decoder.output_dim
            # 用於儲存 Decoder 結果的張量
            outputs = torch.zeros(trg_len, batch_size, trg_vocab_size)
.to(self.device)
            # 編碼器的隱藏層輸出將作為解碼器的第一個隱藏層輸入
            hidden, cell = self.encoder(src)
            # 第一個輸入是 <sos>
            input = trg[0,:]
            for t in range(1, trg_len):
                output, hidden, cell = self.decoder(input, hidden, cell)
                # 把解碼器輸出放入 output
                outputs[t] = output
                # 隨機決定是否使用 Teacher Force
                teacher_force = random.random() < teacher_forcing_ratio
                # 找出最大機率輸出
```

```
            top1 = output.argmax(1)
            # 如果使用 Teacher Force 則以真實值作為下一個輸入
            # 否則，使用預測值作為下一個輸入
            input = trg[t] if teacher_force else top1
    else:
        batch_size = src.shape[1]
        trg_vocab_size = self.decoder.output_dim
        #儲存解碼器結果的串列
        l = []
        # outputs = torch.zeros(trg_len, batch_size, trg_vocab_size
).to(self.device)
        hidden, cell = self.encoder(src)
        # 第一個輸入是 <sos>
        input = src[0,:]
        while True:
            output, hidden, cell = self.decoder(input, hidden, cell
)

            #把解碼器輸出放入 l
            l.append(output)
            top1 = output.argmax(1)
            if top1 == 1:
                return l
            input = top1
    return outputs
```

9.3.5 初始化模型

　　首先定義模型的參數，有詞表大小、編碼器、解碼器維度、Dropout
比例和層數等，定義模型後使用 init_weights 函式初始化模型參數。

```
source_word_count = len(en_wl)    # 來源語言的詞語數量
target_word_count = len(zh_wl)    # 目的語言的詞語數量
encode_dim = 256
decode_dim = 256
hidden_dim = 512
n_layers = 2
encode_dropout = 0.5
decode_dropout = 0.5
device = torch.device('cuda')
model = Seq2seq(source_word_count, target_word_count, encode_dim,
decode_dim, hidden_
dim, n_layers, encode_dropout, decode_dropout, device).to(device)
def init_weights(m):
  for name, param in m.named_parameters():
    nn.init.uniform_(param.data, -0.08, 0.08)
    model.apply(init_weights)
```

9.3.6 定義最佳化器和損失函式

使用 optim.Adam 最佳化器和 nn.CrossEntropyLoss 損失函式。Adam 最佳化器和 CrossEntropyLoss 在第 4 章介紹過。

```
import torch.optim as optim
optimizer = optim.Adam(model.parameters())
criterion = nn.CrossEntropyLoss(ignore_index = pad_id)
```

9.3.7 訓練函式和評估函式

把訓練和評估程式封裝在函式中，每次訓練都遍歷整個訓練集的 DataLoader。計算每個 batch 的損失，並透過反向傳播更新模型參數。

```
def train(model, iterator, optimizer, criterion, clip):
  model.train()   # 訓練模型前需要執行模型的 train 方法
  epoch_loss = 0
  for i, batch in enumerate(tqdm(iterator)):
     src = batch[0].to(device)
     trg = batch[1].to(device)
     optimizer.zero_grad()
     output = model(src, trg)
     #trg = [trg len, batch size]
     #output = [trg len, batch size, output dim]
     output_dim = output.shape[-1]
     output = output[1:].view(-1, output_dim)
     trg = trg[1:].view(-1)
     #trg = [(trg len - 1) * batch size]
     #output = [(trg len - 1) * batch size, output dim]
     loss = criterion(output, trg)
     loss.backward()   # 透過反向傳播更新參數
     torch.nn.utils.clip_grad_norm_(model.parameters(), clip)
     optimizer.step()
     epoch_loss += loss.item()
   return epoch_loss / len(iterator)
```

　　評估函式程式如下。評估模型時需要使用 torch.no_grad 函式，這時
torch 不會自動計算梯度，且評估時不應該使用 Teacher Forcing。

```
def evaluate(model, iterator, criterion):
  model.eval()
  epoch_loss = 0
  for i, batch in enumerate(tqdm(iterator)):
     src = batch[0].to(device)
     trg = batch[1].to(device)
     with torch.no_grad():
```

```
        output = model(src, trg, 0)   # 不使用 Teacher Forcing
    #trg = [trg len, batch size]
    #output = [trg len, batch size, output dim]
    output_dim = output.shape[-1]
    output = output[1:].view(-1, output_dim)
    trg = trg[1:].view(-1)
    #trg = [(trg len - 1) * batch size]
    #output = [(trg len - 1) * batch size, output dim]
    loss = criterion(output, trg)
    epoch_loss += loss.item()
  return epoch_loss / len(iterator)
```

9.3.8 訓練模型

N_EPOCHS 代表最大訓練輪次，CLIP 是 clip_grad_norm 的參數。匯入 time 模組用於計時。

```
import math
import time
N_EPOCHS = 10   # 訓練輪次
CLIP = 1
best_valid_loss = float('inf')   # 把初始的最好損失設為無限大
for epoch in range(N_EPOCHS):
  train_loss = train(model, train_data_loader, optimizer, criterion
, CLIP)
  valid_loss = evaluate(model, dev_data_loader, criterion)
  if valid_loss < best_valid_loss:
      best_valid_loss = valid_loss
      torch.save(model.state_dict(), 'tut1-model.pt')
  print(f'\tTrain Loss: {train_loss:.3f} | Train PPL: {math.exp(tr
ain_loss):7.3f}')
```

```
print(f'\t Val. Loss: {valid_loss:.3f} |  Val. PPL: {math.exp(
valid_loss):7.3f}')
```

為避免訓練該模型時耗時較多，這裡只訓練 10 輪。如果繼續增加訓練的輪次，損失會降低。

9.3.9 測試模型

撰寫測試函式，接收一個字串為要翻譯的英文句子，傳回翻譯好的中文句子。由於前面的英文詞表中沒有考慮未收錄詞的問題，解析待翻譯句子時可能遇到詞表中沒有的詞進而引發錯誤。

```
def translate(en_sentence):
    words = []
    for word in en_sentence.strip().split(' '):
        # 去掉詞語中的句點和逗點，轉換為小寫
        words.append(word.replace('.', '').replace(',', '').lower())
    ids = [[0]]
    for w in words:
        ids.append([en2id[w]]) # 把詞轉換為 ID
    ids.append([1])
    src = torch.tensor(ids)
    src = src.to(device)
    model.eval()
    with torch.no_grad():
        output = model(src, None, 0)
    trg = []
    for x in output:
        trg.append(zh_wl[x.argmax(1).cpu().item()])
    return ''.join(trg)
```

　　使用幾個簡單的句子測試模型的效果。輸入句子「What is your name」，翻譯為中文應該是「你叫什麼名字」。

```
result = translate('what is your name')
print(result)
```

　　模型給出的結果如下。

```
'你的麼?????"?"?"?"<eos>'
```

　　再測試更複雜的句子，如提出了 Seq2seq 模型的論文的題目 *Sequence to Sequence Learning with Neural Networks*，意思是「使用神經網路進行序列到序列的（任務的）學習」。

```
result = translate('Sequence to Sequence Learning with Neural Netwo
rks')
print(result)
```

　　模型給出的結果如下。

```
'學習的學習　的的的的的的的。。。。。。。。。<eos>'
```

　　可以看到這個模型僅能給出原句子中個別詞語的正確意思，無法完整給出合理的句子。導致這個結果的原因有很多，如模型比較簡單、資料量少、沒有足夠的前置處理且訓練次數不夠。

　　實際的商用機器翻譯模型已經能達到甚至超過一般非母語語言使用者的翻譯水準，但模型的複雜程度和使用的資料的數量遠遠超過上述的例子。

9.4 小結

對於 Seq2seq 需要注意的有以下 4 點。

第一，需要先執行編碼器，等編碼器處理完輸入序列中的全部元素，得到上下文向量後，解碼器才能開始工作。解碼器根據上下文向量，每次生成一個輸出元素。

第二，編碼器-解碼器結構中編碼器和解碼器不一定要使用 RNN，Seq2seq 是一類模型的統稱，後續章節還會進一步介紹，如使用 CNN 的 Seq2seq、Transformer 的編碼器和解碼器僅使用注意力機制。其中 CNN 是卷積神經網路，是一種常用於處理影像等資料的神經網路。

第三，除了編碼器和解碼器執行的先後順序外，如果採用了 RNN，編碼器和解碼器中的每一步都需要等上一步執行完才能進行，即每個時間步只能處理一個輸入或輸出，這限制了模型的並行能力。

第四，本章的 Seq2seq 實作中，解碼器僅使用編碼器的最後一個位置的隱藏層輸出作為上下文向量（也就是解碼器的輸入），雖然這個向量中包含了輸入序列的全部資訊，但是這迫使模型把整個輸入序列的內容壓縮到這個向量中，如果輸入序列很長，那麼這個向量可能沒有足夠的空間存下整個序列的內容，第 10 章將給出這個問題的解決方案。

09 Seq2seq

Chapter

10

注意力機制

根據我們閱讀文字的經驗，句子中不同的詞對於理解句子含義的重要性不同。大腦往往會抓住句子的關鍵字，快速得出句子的意思。另外我們可以聯繫上下文得出詞之間的關係，如遇到代詞，可以自然地聯繫到它指代的具體名詞，這個名詞往往是上下文出現過或隱含著的。我們可以允許自然語言模型也有對不同詞指定不同權重的能力。

本章主要涉及的基礎知識如下。

- 注意力機制的起源。
- 電腦視覺中的注意力機制。
- Seq2seq 中的注意力機制。
- 其他注意力機制。

10.1 注意力機制的起源

Ilya Sutskever[1] 在 2016 年的一次採訪中曾評論注意力機制是（深度學習領域）最令人激動的進展之一，並會持續發揮作用[2]。本節我們將介紹注意力機制的起源、發展以及它在自然語言處理中的應用。

10.1.1 在電腦視覺中的應用

注意力機制很早就被應用於影像和電腦視覺領域，而且很多論文指出在電腦視覺中應用注意力機制的一個主要目的是提高效率。

1998 年的論文 *A model of saliency-based visual attention for rapid scene analysis* 指出，受到早期靈長類動物視覺神經系統的啟發（「inspired by the behavior and the neuronal architecture of the early primate visual system」），可以將影像的多個尺度的特徵組合起來，並且不同部分有不同的權重。

2014 年的論文 *Recurrent Models of Visual Attention* 也指出，使用傳統的方法處理圖片，即使使用 GPU，對於一張圖片的處理也需要數以秒計的時間。

---

[1] 著名人工智慧學者，也是上一章開頭提到的論文 Sequence to Sequence Learning with Neural Networks 的作者之一。

[2] 引用自文章 Attention and Memory in Deep Learning and NLP。

大腦處理視覺訊號時對視野中所有的區域往往不是同等關注的。我們會快速搜索並鎖定視野中最關鍵的區域,而忽略那些相對不太重要的部分。*Recurrent Models of Visual Attention* 論文中使用 RNN,在圖片中選擇一些關鍵區域輸入 RNN,從而避免在不重要的區域消耗計算時間。

10.1.2 在自然語言處理中的應用

與電腦視覺領域一樣,自然語言中句子裡不同詞語的重要程度有差別,如「今天天氣很好啊」裡的「啊」只是加強了語氣,去掉「啊」不影響句子的本意,但「好」、「天氣」都是關鍵的詞語,句子缺少它們則無法表達原有的含義。

另外自然語言的句子中,不同詞之間也有聯繫,典型的例子是代詞,理解句子的時候我們往往需要知道代詞到底對應哪個「實體」。

10.2 使用注意力機制的視覺循環模型

本節簡介論文 *Recurrent Models of Visual Attention* 中使用的方法。該方法模仿人類視覺系統處理視覺資訊的方法,雖然使用了循環模型,但與自然語言處理中的注意力機制的實作方法有較大區別。

10.2.1 背景

該論文提出的模型是從圖片中提取資訊。如第 10.1 節所說,使用注意力機制的出發點是降低計算複雜度。如果採用卷積神經網路處理圖片,計算複雜度和圖片包含的像素數量至少是線性的關係。

人類處理視覺輸入時,每次會注意視野中的一個區域,並快速搜索,再按順序關注其他關鍵區域,並結合這幾個區域,快速地反映出整個視野的資訊,而被注意的區域之外的視野被相對忽略。相比同等地處理所有的區域,這個策略更節省時間。

10.2.2 實作方法

使用一個 RNN 負責依次處理連續的影像的不同區域(位置),並且可以在每一步處理影像的同時選擇下一步要處理的區域。

該模型每步僅能獲取一個區域的資訊,並且透過移動觀察區域,逐漸獲得並累積全域資訊。舉一個簡單的例子,假設要辨識一個影像中的三角形,那麼模型可能要依次觀察圖 10.1 所示的 1、2、3、4、5 這 5 個區域並最終「發現」圖中的三角形。

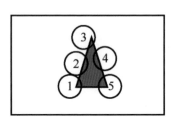

▲ 圖 10.1 論文中模型的工作方式的示意圖

> **注意:**圖 10.1 僅是論文中模型的工作方式的示意圖,實際論文所描述的原理和效果請參考原論文。

10.3 Seq2seq 中的注意力機制

10.3.1 背景

正如第 9 章所述，論文 *Learning Phrase Representations using RNN Encoder-Decoder for Statistical Machine Translation* 提出了 Encoder-Decoder（編碼器-解碼器）的結構。如果輸入的句子被編碼器編碼為一個向量，解碼器僅僅透過這個向量來生成輸出的句子，那麼這個向量就需要包含輸入句子的全部資訊。而有時候輸入的句子可能很長，就可能導致這個向量不一定能包含足夠的資訊。

2013 年的論文 *Generating Sequences With Recurrent Neural Networks* 提出了一種注意力機制，允許 RNN 在生成序列的不同時刻聚焦於輸入的不同部分。這篇文章是為了解決使用 RNN 生成序列的問題，比如自動生成文章或者手寫字型的文字。如果僅僅使用 RNN，每次的輸出都依賴上次的輸出，可能導致誤差累積。

2014 年的論文 *Neural Machine Translation by Jointly Learning to Align and Translate* 在分析上述問題後提出了應用在 Encoder-Decoder 模型上也就是 Seq2seq 上的注意力方案。之前的模型僅保留編碼器的最後一個輸出，而捨棄前面的其他輸出。這篇論文卻提出可以保留編碼器的 N 個輸出，並透過這 N 個輸出得到上下文向量，將其作為解碼器的輸入，而且可以根據解碼器當前輸出的位置從編碼器的輸出中獲得不同的上下文向量。採用該方法的模型的示意圖如圖 10.2 所示。

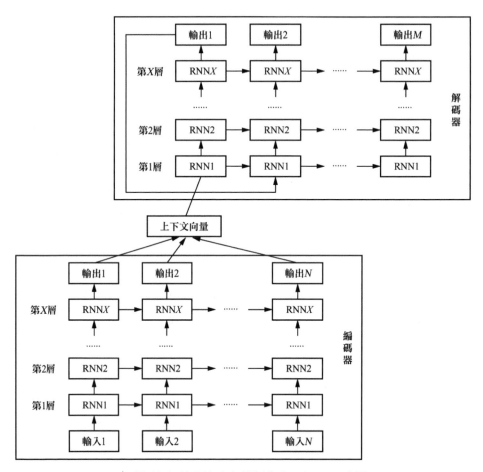

▲ 圖 10.2 使用注意力機制的 Seq2seq 示意圖

　　第 9 章圖 9.1 中的編碼器僅獲得了輸出 N。而這裡的編碼器每次都可以獲得透過輸出 1 到輸出 N 得到的向量。

> **注意**：圖 10.2 中的上下文向量對於解碼器中的不同位置是不同的，雖然上下文向量都來自編碼器的 N 個輸出，但應用的權重不同。

10.3.2 實作方法

設輸出序列長度為 M，輸入序列長度為 N。上下文向量為 C_i，i 的取值是 1 到 M，也就是每個輸出均對應上下文向量。編碼器的輸出長度為 N。那麼計算 C_i 的公式如下。

$$C_i = \sum_{j=1}^{N} a_{ij} h_j$$

公式裡的 h_j 代表編碼器的輸出，a_{ij} 代表參數。第 9 章中的 Seq2seq 模型，相當於 $C_i = h_N$，也就是無論是解碼器的哪個位置，使用的都是編碼器的最後一個輸出。而上面公式的含義是，在編碼器的不同位置，會根據參數 a_{ij} 和 h_j 相乘並累加，計算出可能各不相同的上下文向量。

a_{ij} 的計算公式如下。

$$a_{ij} = \frac{\exp(e_{ij})}{\sum_{k=1}^{N} \exp(e_{kj})}$$

其中 e_{ij} 的計算公式如下。

$$e_{ij} = a(s_{i-1}, h_j)$$

e_{ij} 用於計算解碼器在 i 位置的輸出與編碼器在 j 位置的輸出的匹配程度。前面提到 h_j 代表的是編碼器的輸出。s_{i-1} 代表解碼器在 $i-1$ 位置的隱藏層輸出。也就是說這裡使用解碼器前一步的隱藏層輸出，加上編碼器輸出計算注意力機制的參數。

10.3.3 工作原理

圖 10.3 給出了一個簡單的例子，説明 Seq2seq 模型使用注意力機制的好處，即解碼器的每個輸出都有機會結合整個輸入序列中的資訊。例子是英文到中文的翻譯。輸入是由 3 個單字組成的句子「How are you」，輸出是「你好嗎」，這裡恰好中英文的長度都是 3。

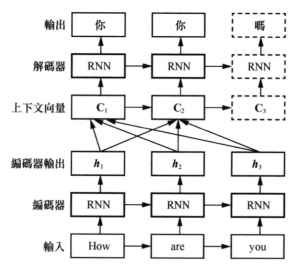

▲ 圖 10.3 使用注意力機制的 Seq2seq 模型示意圖

如果沒有使用注意力機制，解碼器只能得到編碼器最後一個輸出，即圖中的 h_3。雖然 h_3 也包含了輸入的 3 個單字的資訊，但是 h_3 是混合了這 3 個單字資訊的向量。

如果使用注意力機制，在解碼器輸出第一個中文字即「你」的時候，實際上「你」字對應輸入敘述中的「you」，透過 h_1、h_2、h_3 合成上下文向量 C_1 的時候，h_3 的權重可能會更大，解碼器就得到更多關於「you」的資訊，從而能更好地生成輸出。

解碼器輸出第二個中文字時，雖然也是根據 h_1、h_2、h_3 合成上下文向量 C_2，但是權重跟剛才的不同，所以這時候 C_2 反映出來的語義資訊又與 C_1 有所不同，偏重於當前輸出的上下文環境。這個過程就相當於，解碼器可以在輸出不同位置單字的時候「注意」或「聚焦到」輸入中不同的位置。模型結構示意圖如圖 10.3 所示。

10.4 自注意力機制

Seq2seq 模型中的注意力機制是兩個句子中的「注意力」，例如在翻譯任務中，翻譯目的語言的不同位置，可以注意到來源語言的不同位置。本節介紹的自注意力（Self Attention）機制則是一個句子中的注意力，反映了一個句子內詞語間的關係。

10.4.1 背景

處理自然語言需要理解上下文。原始 RNN 可以記憶上文的內容，使用雙向 RNN 則可以同時獲得上下文的資訊。再加上 LSTM，RNN 可以更好地記憶長距離的資訊。而自注意力機制則允許模型在一個句子內部對上下文分配注意力，就像 Seq2seq 中解碼器對編碼器輸出的注意力一樣。

RNN 中對上下文的記憶儲存在隱藏層的輸出中，是一個狀態變數，但句子中的有些詞往往跟某些上下文的關係更加密切，在自注意力機制中，可以讓每個詞語更多地注意到與它密切相關的上下文。圖 10.4 所示為自然語言處理中一種可能的句子內注意力分配的示意圖。

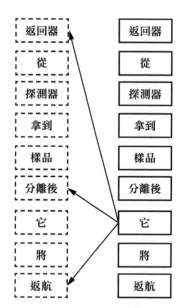

▲ 圖 10.4　一種可能的自注意力的分配的示意圖

　　圖 10.4 中的句子是「返回器從探測器拿到樣品，分離後它將返航」。句子中出現了「返回器」、「探測器」、「樣品」3 個名詞，而後面的代詞「它」指代的應該是距離最遠的也就是句子開頭的「返回器」，理想的情況下，詞語「它」的注意力應該給「返回器」較高權重，這正反映了句子中的指代關係。

　　圖中僅展示了「它」的注意力分配，而句子中每個詞都有自己的注意力分配權重。

10.4.2　自注意力機制相關的工作

　　發表在 EMNLP 2016 的論文 *Long Short-Term Memory-Networks for Machine Reading*，在 LSTM 模型中記錄了每一步的隱藏層狀態，並在後續步驟中實作了注意力機制。

發表在 ICLR 2017 的論文 *A Structured Self-Attentive Sentence Embedding* 提出了句子內注意力的實作方法。該文章中使用二維矩陣而非向量來表示嵌入。

論文 *A Deep Reinforced Model for Abstractive Summarization* 完成的工作是文字摘要，也使用 Seq2seq。與第 10.3 節介紹的 Seq2seq 模型中的注意力機制不同的是，該論文給解碼器輸出的詞也增加了注意力，即生成摘要時不僅關注編碼器的輸出來獲取文章內容，還關注之前已經輸出的摘要，用於避免產生重複的內容。

10.4.3 實作方法與應用

自注意力機制的實作方法與注意力機制類似，但不僅可以在 Seq2seq 上，在單獨的 RNN 上也可以使用自注意力機制。自注意力機制可以用於之前提到的文字分類等問題，也可以用於改善 Seq2seq 的效果。

10.5 其他注意力機制

除了之前介紹的注意力機制，還有其他注意力機制。

1. Multi-head Attention

Multi-head Attention 即多頭注意力機制，允許同時有多種不同的注意力分配方式。Multi-head Attention 在論文 *Attention Is All You Need* 中被提出，被使用於 Transformer 中，該模型將在第 11 章詳細介紹。

Multi-head Attention 就是同時訓練多個注意力空間,從而使模型擁有關注語言不同方面的能力。每個注意力頭的參數都是隨機初始化的,並會在訓練過程中學習到不同的資訊。

2. Multi-hop Attention

Multi-hop Attention 可以視為多層注意力機制。論文 *Memory Networks* 還有之後的 *End-To-End Memory Networks* 提出了 Multi-hop Attention 機制。

3. Soft Attention 和 Hard Attention

論文 *Show, Attend and Tell: Neural Image Caption Generation with Visual Attention* 完成了生成圖片描述的任務,並提出了 Hard Attention。

Soft Attention 就是本章之前提到的注意力機制,直接作為模型參數的一部分,隨著模型一起訓練。Hard Attention 是隨機過程,無法透過反向傳播訓練。

4. Full Attention 和 Sparse Attention

上文提到的自注意力機制會計算序列中每個元素和所有元素之間的注意力,如果序列長度為 n,則需要計算的注意力數量為 n^2。當序列較長時可能計算量很大,而且考慮到序列中實際上不一定任何兩個位置之間都有較強的連結,所以可以設法避免計算所有元素之間的注意力。

2019 年的論文 *Generating Long Sequences with Sparse Transformers* 中提出的 Sparse Transfomer 實作了 Sparse Attention。

10.6 小結

注意力機制大大改善了多種模型在原有任務上的效果，第 11 章將介紹的僅採用注意力機制實作的 Transformer 不僅擁有良好的效果，而且相比以 RNN 結構為基礎的模型有更好的並行效率。

Transformer 也是一種 Seq2seq，卻完全不含 RNN 結構，RNN 雖然能夠靈活地處理不定長度序列輸入和輸出，且應用注意力機制後有很好的效果，但仍有並行效率差的問題。因為序列模型在計算時後一個時間的輸入中需要前一個時間的隱藏層輸出。Transformer 同樣使用注意力機制，去掉了序列依賴，可以大大提高並行能力，並取得良好效果。

本章主要涉及的基礎知識如下。

- 提出 Transformer 的背景。
- 其他不含 RNN 的 Seq2seq。
- Transformer 的結構。
- 使用 PyTorch 實作 Transformer。

11.1 Transformer 的背景

Transformer 也是使用注意力機制，但它不依賴 RNN，而是僅僅採用注意力機制，同時採用 Positional Encoding、Multi-head Attention 等方法。

11.1.1 概述

論文 *Attention Is All You Need* 提出了 Transformer，該論文題目的意思是注意力機制可以滿足所有的需求。該論文摘要中指出，Transformer 之前，序列變換模型的主流是使用注意力機制的 RNN，而 Transformer 沒有 RNN 或卷積神經網路結構，效率更高，且可以在相關問題上取得更好效果。

Transformer 也使用 Encoder-Decoder（編碼器-解碼器）結構，可以分為編碼器和解碼器械兩個部分。不過其中的編碼器和解碼器都沒有使用 RNN 結構。

11.1.2 主要技術

Transformer 的主體使用自注意力機制，即在序列內部分配注意力，另外還採用 Multi-head Attention，允許同一個位置有多個不同的注意力權重。

在 Transformer 被提出之前，論文 *Convolutional Sequence to Sequence Learning* 提出了使用卷積神經網路的 Seq2seq，該模型可以在機器翻譯上實作比以 RNN 為基礎的 Seq2seq 更好的效果和更快的速度。

11.1.3　優勢和缺點

Transformer 相比以 RNN 為基礎的 Seq2seq 能更有效地處理結構化資訊，且執行速度更快。

相比以 RNN 為基礎的模型，Transformer 可能需要更多的訓練資料，所以在僅有較少訓練資料的情況下，可能以 RNN 為基礎的模型表現更好。

> **注意：** 第 14 章中我們將分別使用以 RNN 為基礎的模型和 Transoformer 模型實作對詩模型，可以看到兩者在訓練耗時上的差別。

11.2　以卷積網路為基礎的 Seq2seq

2014 年已經有使用 CNN 做特徵提取器完成自然語言處理任務（句子分類）的研究，如論文 *Convolutional Neural Networks for Sentence Classification*。該論文的方法是把句子看成 $N×k$ 的二維矩陣，N 是詞語數量，k 是詞向量的維度，然後使用單層 CNN 提取特徵。

CNN 處理序列特徵的一個問題是難以捕捉長距離依賴，但是可以透過使用更多層的 CNN 提高模型捕捉長距離依賴的能力。

該方法的實作可見開放原始碼專案 Pytorch-Seq2seq。

11.3 Transformer 的結構

Transformer 同樣用於處理不定長的序列輸入並生成不定長的輸出，卻不包含 RNN。僅使用注意力機制的 Transformer 不僅有良好的效果，其並行能力也比 RNN 大大提高。

11.3.1 概述

Transformer 也是一種 Seq2seq，它的編碼器和解碼器的主體結構採用自注意力機制。其編碼器和解碼器都由多個編碼器層和解碼器層組成。編碼器層又包含兩個子層，分別是自注意力子層和 Feed Forward 子層。Feed Forward 就是前饋神經網路。解碼器的子層多了一個編碼器到解碼器的注意力的層。

圖 11.1 是 Transformer 結構示意圖。

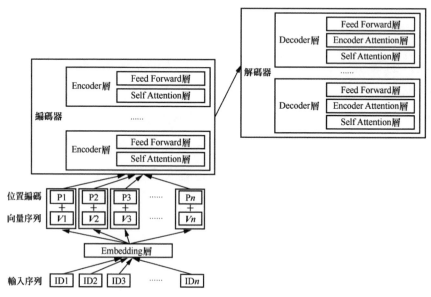

▲ 圖 11.1 Transformer 結構示意圖

輸入序列要經過 Embedding 層得到詞向量，然後詞向量會疊加代表序列位置資訊的位置編碼序列，相加後的序列作為編碼器的輸入。

11.3.2 Transformer 中的自注意力機制

Transformer 中的自注意力機制是透過 3 組參數實現的。第 10 章簡單介紹過自注意力機制，如果句子有 n 個元素，那麼第一個元素會對所有元素的注意力分配 n 個權重，第二個元素也一樣分配 n 個權重。

具體的做法是對每個元素透過 3 組參數生成 3 組向量：一個是 Q 向量，代表 Query；一個是 K 向量，代表 Key；一個是 V 向量，代表 Value，如圖 11.2 所示。

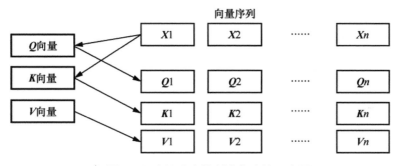

▲ 圖 11.2 自注意力機制實作方法示意圖

獲得了各元素對應的 Q、K、V 向量後就可以直接透過向量運算得出注意力權重。先求 Score，i 位置的向量對 j 位置向量的 Score 就是 $Q_i \times K_j$，即用 i 位置的 Q 乘以 j 位置的 K。求出每個位置的 Score 向量，再求 Softmax，然後與 V 向量相乘，接著求和就可以得到當前位置的輸出。

11.3.3 Multi-head Attention

Multi-head Attention 就是多頭注意力機制。實作方法是定義多個 Q、K、V 參數矩陣，並將其初始化為不同的值，在訓練過程中可以得到多個不同的參數矩陣，從而得出不同的自注意力參數的結果。Multi-head Attention 可以改善模型的效果，因為不同的注意力參數可能會給出不同角度的權重，綜合起來可能會得到更合理的結果。

MultiHeadAttentionLayer 包含 4 個 Linear 層，一個 Dropout 層。forward 方法的參數有 query、key、value 和 mask。

```python
class MultiHeadAttentionLayer(nn.Module):
    def __init__ (self, hid_dim, n_heads, dropout, device):
        super().__init__ ()
        assert hid_dim % n_heads == 0
        self.hid_dim = hid_dim
        self.n_heads = n_heads
        self.head_dim = hid_dim // n_heads
        self.fc_q = nn.Linear(hid_dim, hid_dim)
        self.fc_k = nn.Linear(hid_dim, hid_dim)
        self.fc_v = nn.Linear(hid_dim, hid_dim)
        self.fc_o = nn.Linear(hid_dim, hid_dim)
        self.dropout = nn.Dropout(dropout)
        self.scale = torch.sqrt(torch.FloatTensor([self.head_dim])).
to(device)
    def forward(self, query, key, value, mask = None):
        batch_size = query.shape[0]
        # query = [batch size, query len, hid dim]
        # key = [batch size, key len, hid dim]
        # value = [batch size, value len, hid dim]
        Q = self.fc_q(query)
        K = self.fc_k(key)
```

```
    V = self.fc_v(value)
    # Q = [batch size, query len, hid dim]
    # K = [batch size, key len, hid dim]
    # V = [batch size, value len, hid dim]
    Q = Q.view(batch_size, -1, self.n_heads, self.head_dim).
permute(0, 2, 1, 3)
    K = K.view(batch_size, -1, self.n_heads, self.head_dim).
permute(0, 2, 1, 3)
    V = V.view(batch_size, -1, self.n_heads, self.head_dim).
permute(0, 2, 1, 3)
    # Q = [batch size, n heads, query len, head dim]
    # K = [batch size, n heads, key len, head dim]
    # V = [batch size, n heads, value len, head dim]
    energy = torch.matmul(Q, K.permute(0, 1, 3, 2)) / self.scale
    # energy = [batch size, n heads, query len, key len]
    if mask is not None:
        energy = energy.masked_fill(mask == 0, -1e10)
    attention = torch.softmax(energy, dim = -1)
    # attention = [batch size, n heads, query len, key len]
    x = torch.matmul(self.dropout(attention), V)
    # x = [batch size, n heads, query len, head dim]
    x = x.permute(0, 2, 1, 3).contiguous()
    # x = [batch size, query len, n heads, head dim]
    x = x.view(batch_size, -1, self.hid_dim)
    # x = [batch size, query len, hid dim]
    x = self.fc_o(x)
    # x = [batch size, query len, hid dim]
    return x, attention
```

11.3.4 使用 Positional Encoding

這個問題是以 RNN 為基礎的 Encoder-Decoder 所不需要考慮的問題，因為序列輸入 RNN 的順序，也就是它們進入 RNN 的先後順序已經隱含了位置資訊。但是 Transformer 中沒有位置資訊。

結合第 11.3.2 小節所描述的計算注意力的過程可以得出，在模型參數相同的情況下，同樣的詞在不同的位置，或者同一個序列以不同順序輸入，對應的詞間都會得到相同的注意力權重和輸出。但在自然語言中，詞的順序會影響句子的含義。

Transformer 對該問題的解決方法是詞向量在輸入模型之前會疊加一個位置向量，兩個向量維度相同，所以可以直接相加，位置向量透過函式計算得出，只與當前的位置有關。

Positional Encoding 在不同的 Transformer 版本中有不同的實作方法，一個開放原始碼的實作方法如下。

```python
import numpy as np
import matplotlib.pyplot as plt
def get_angles(pos, i, d_model):
 angle_rates = 1 / np.power(10000, (2 * (i//2)) / np.float32(d_model))
 return pos * angle_rates
def positional_encoding(position, d_model):
 angle_rads = get_angles(np.arange(position)[:, np.newaxis],
              np.arange(d_model)[np.newaxis, :],
              d_model)
 # 對於處在 2i 位置上的元素（即偶數位置）使用 sin 函式
 angle_rads[:, 0::2] = np.sin(angle_rads[:, 0::2])
 # 對於處在 (2i+1) 位置上的元素（即奇數位置）使用 cos 函式
 angle_rads[:, 1::2] = np.cos(angle_rads[:, 1::2])
```

```
pos_encoding = angle_rads[np.newaxis, ...]
return pos_encoding
```

用該方法得到的位置向量的視覺化效果如圖 11.3 所示。

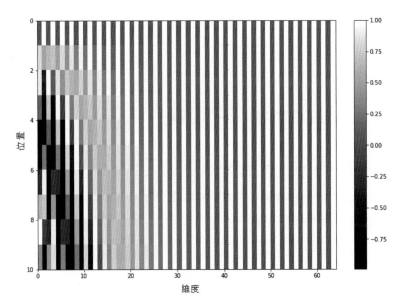

▲ 圖 11.3 一種 Positional Encoding 方法的視覺化效果

生成該影像的程式如下。

```
tokens = 10
dimensions = 64
pos_encoding = positional_encoding(tokens, dimensions)
print (pos_encoding.shape)
plt.figure(figsize=(12,8))
plt.pcolormesh(pos_encoding[0], cmap='gray')
plt.xlabel('維度')
plt.xlim((0, dimensions))
plt.ylim((tokens,0))
```

```
plt.ylabel('位置向量')
plt.colorbar()
plt.show()
```

> **注意：** Positional Encoding 有多種實作方法，這裡僅介紹了其中一種。

11.4 Transformer 的改進

第 10 章提到過 2019 年的論文 *Generating Long Sequences with Sparse Transformers* 提出的 Sparse Transfomer 實作了 Sparse Attention 避免在長的文字生成時消耗太多記憶體。

2020 年 的 論 文 *Local Self-Attention over Long Text for Efficient Document Retrieval* 提出的一種透過視窗大小限制的 Local Attention 可以在長文字的檢索上更節省記憶體。

11.5 小結

Transformer 相比以 RNN 為基礎的序列模型在並行能力上有顯著提高，而實際應用的效果也有很大提高。Transformer 結構是第 12 章將介紹的 GPT 和 BERT 等模型的基本結構，甚至在影像處理領域，Transformer 結構也取得了優秀的成績。

Chapter

12

預訓練語言模型

　　預訓練語言模型（Pre-trained Language Models，PLMs 或 PTMs）應用廣泛且效果良好。有的文章中把自然語言處理中的預訓練語言模型的發展劃分為 4 個時代：詞嵌入時代，上下文嵌入（Context Word Embedding）時代、預訓練語言模型時代、改進型和領域訂製型時代。第 8 章介紹過詞嵌入，本章將介紹 ELMo、GPT 和 BERT 等預訓練語言模型。

　　本章主要涉及的基礎知識如下。

- 　　預訓練模型的意義、原理。
- 　　ELMo。
- 　　GPT。
- 　　BERT。
- 　　使用 Hugging Face Transformers 中的預訓練模型。

12.1 概述

本節介紹預訓練模型的意義、預訓練模型的工作方法以及預訓練方法在自然語言處理領域的應用。

12.1.1 為什麼需要預訓練

在深度學習中,模型通常需要非常大的參數量,但並不是所有任務都有足夠多的有標記的資料去訓練這樣複雜的模型,訓練資料少可能導致模型出現過擬合,就是模型誤以為少量資料特有的某些不重要的特徵是關鍵的通用的特徵。過擬合會導致模型在實際使用中表現不佳。

可以先使用一些通用的資料對模型進行預訓練,讓模型學習一些這個領域通用的東西,然後使用較少量最終要解決的問題的資料做最終的訓練。

在影像處理領域著名的 ImageNet 資料集,是根據 WordNet 的分類建構的圖片資料集,該資料集的目標是為 WordNet 的每個名詞性的同義字集合(synset)提供 1000 張左右的圖片。據 ImageNet 網站介紹,這樣的名詞性同義字集合大概有 80000 多個,而且 ImageNet 資料集是人工標注的。

ImageNet 資料集包含很多類別,每個類別也有足夠多的圖片,所以電腦視覺模型可以先在 ImageNet 資料集上進行訓練,以學習一些視覺方面的通用的知識。然後可以在預訓練的基礎上再對具體任務進行 Fine-tuning。

在自然語言處理領域也是一樣的,可以先在巨量語料上對模型進行預訓練,常用的語料有維基百科、新聞文章等,而且常常使用無監督學習的方法。因為很多自然語言處理任務的語料人工標注成本很高,但是有大量不帶標注的語料可以用於無監督學習。

在巨量語料上進行模型預訓練的好處有:

(1)可以讓模型學習到這個語言中的通用的知識。

(2)避免訓練資料量過少造成的過擬合。

(3)使用預訓練參數是一種初始化模型參數的方法。

> **注意:**除了使用預訓練參數還可以採用隨機初始化模型參數等方法。但採用預訓練權重初始化模型是更好的選擇。

12.1.2 預訓練模型的工作方式

預訓練模型有兩個步驟,第一是使用巨量的帶有標記的通用資料訓練模型,稱為預訓練;第二則是使用具體任務的資料,在預訓練得到的模型結構和參數的基礎上對模型做進一步的訓練,這個過程中模型可能會學到一些新的參數,也可能會對預訓階段中的參數做一些修改,使模型更適應當前的任務,稱為 Fine-tuning。

對於預訓練模型來説,預訓練階段完成的任務被稱為預訓練任務,而 Fine-tuning 階段完成的任務和實際要做的具體任務被稱為下游任務(downstream tasks)。

> **注意:**Fine-tuning 階段往往會採用較小的學習率。

12.1.3 自然語言處理預訓練的發展

如第 8 章所介紹的詞嵌入的概念在 2003 年就被提出。2013 年 Word2Vec 被提出。但僅靠詞嵌入難以處理多義詞問題，因為每個詞只能被表示成一個向量，但是同一個詞可能有多個相差較大的含義，人在閱讀時，可以根據上下文確定詞義，而詞嵌入沒有結合上下文的機制。

這些方法的特點是本身神經網路層數比較少，而且下游任務一般僅使用詞向量而不會採用預訓練模型本身的網路結構。

論文 *Deep Contextualized Word Representations* 提出 ELMo（Embedding from Language Models）模型，ELMo 不僅是能提供 ID 到詞向量的詞表的模型，而且是由 Embedding 層和一個雙向 LSTM 組成的語言模型。

下游任務使用 ELMo 模型的時候，不僅會使用 Embedding 層的預訓練參數，還會使用 LSTM 模型的結構和參數，這樣當詞序列透過 Embedding 層時得到詞向量，再經過 LSTM 模型則能夠結合上下文資訊。

之後的 GPT 模型和 BERT 模型則使用 Transformer 結構替代 LSTM 作為特徵提取器，獲得更好的效果。

12.2 ELMo

ELMo 模型是一個雙向的語言模型，而且 ELMo 模型透過雙向 LSTM 模型輸出包含上下文資訊的詞向量，可以根據語境自動調整具體詞對應的向量。

12.2.1 特點

ELMo 是來自語言模型的、結合上下文資訊的詞嵌入。

對於多義詞問題，以英文中常見單字 play 為例，它常見的含義有玩遊戲或者參加體育項目，也有演奏樂器，對於 Word2vec 或者 GloVe 這樣的詞嵌入方法，這些含義都包含在這一個向量中，但使用 ELMo 模型可以根據語境區分一個單字的不同含義。

12.2.2 模型結構

如圖 12.1 所示，ELMo 主要是由雙向 LSTM 組成的。下游任務可以使用 ELMo 輸出的詞向量完成。

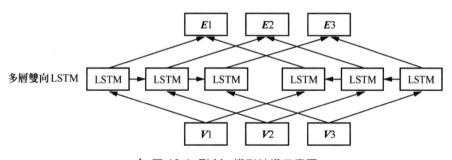

▲ 圖 12.1 ELMo 模型結構示意圖

12.2.3 預訓練過程

論文 *Deep Contextualized Word Representations* 中提到的模型使用了字元等級的輸入（「character- based input representation」），並在包含 10 億個單字的資料集上訓練了 10 個輪次。

12.3 GPT

GPT 即 Generative Pre-Training，意為生成式預訓練，由 OpenAI 的論文 *Improving Language Understanding by Generative Pre-Training* 提出。

12.3.1 特點

GPT 採用 Transformer 結構取代 LSTM，有更高的效率。可以在更大的資料集進行更多訓練。GPT 採用半監督學習的訓練方案，即先進行無監督的預訓練，然後在有標記的資料上進行有監督的 Fine-tuning。

GPT 的目標是得到一個通用的表示（universal representation）並且透過較少地修改適應多種下游任務。

GPT 訓練的前提是擁有一種語言的大量無標記資料和針對幾個任務的、規模相對較小的有標記資料集。

12.3.2 模型結構

圖 12.2 展示 GPT 結構示意圖。模型的主體是 Transformer 結構，需要輸入文字和位置兩個 Embedding 層。GPT 可以用於預測、分類等多種任務。

GPT 使用了 12 層的只包含解碼器的 Transformer 結構，其中注意力機制有 12 個 head，維度為 768。

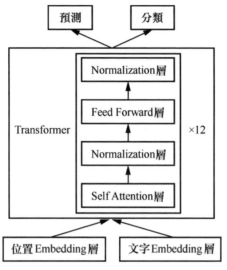

▲ 圖 12.2 GPT 模型結構示意圖

12.3.3 下游任務

　　對於分類任務可以直接在 Transformer 結構後面增加線性層。推理任務可以在前提文字和推斷文字中間增加分隔符號,再按順序輸入模型。文字相似度任務可以在要比較的兩個文字中間增加分隔符號,並按不同順序輸入模型。多選任務則把題目和多個回答分別用分隔符號分開,分多次輸入模型。

12.3.4 預訓練過程

　　預訓練使用 BooksCorpus 語料,包含從網際網路上獲取的 7000 多本書籍資料,這些書涉及多個不同主題。這個資料集已經無法公開獲取,但是可以透過程式自動下載和處理。預訓練過程訓練 100 個輪次。

　　預訓練目標是對於輸入的序列 $S = \{w_1, w_2, ..., w_n\}$,使得機率

$$L_1 = \sum_i \log P(w_i \mid w_{i-k}, ..., w_{i-1})$$

最大化。其中 k 是上下文視窗的大小。

12.3.5 GPT-2 和 GPT-3

GPT-2 來自論文 *Language Models are Unsupervised Multitask Learners*。GPT-2 採用無監督學習，用於訓練的資料集是 WebText，該資料集包含幾百萬網頁資料。GPT-2 的參數量也很大，最大規模的 GPT-2 有超過 15 億個參數。

GPT-3 來自 2020 年 5 月發佈的論文 *Language Models are Few-Shot Learners*。GPT-3 參數量高達 1750 億個。

GPT-3 有強大的能力，而 Openai 沒有公開 GPT-3 的預訓練權重。在文章 *Giving GPT-3 a Turing Test* 中展示了 GPT-3 的對話能力。節選如下。

```
Q: What is your favorite animal?
A: My favorite animal is a dog.

Q: Why?
A: Because dogs are loyal and friendly.

Q: What are two reasons that a dog might be in a bad mood?
A: Two reasons that a dog might be in a bad mood are if it is
hungry or if it is hot.

Q: How many eyes does a giraffe have?
A: A giraffe has two eyes.
```

```
Q: How many legs does a frog have?
A: A frog has four legs.

Q: Are there any animals with three legs?
A: No, there are no animals with three legs.

Q: Why don't animals have three legs?
A: Animals don't have three legs because they would fall over.
```

　　第一個問題是「你最喜歡的動物是什麼」，模型回答「我最喜歡的動物是狗」；又問「為什麼」，模型回答「因為狗是忠誠而友善的」；又問「請說兩個可能使狗心情不好的原因」，模型回答「兩個可能使狗心情不好的原因是餓了或者太熱」；又問「長頸鹿有幾顆眼睛」，模型回答「長頸鹿有兩顆眼睛」；又問「青蛙有幾條腿」，模型回答「青蛙有四條腿」；又問「有沒有三條腿的動物」，模型回答「沒有三條腿的動物」；又問「為什麼沒有三條腿的動物」，模型回答「因為三條腿的動物會摔倒（站不穩）」。

　　對於這些問題，模型的回答非常自然和合理，模型甚至知道很多常識。但是 GPT-3 面對一些問題時也會犯錯誤，如下。

```
Q: How many eyes does a giraffe have?
A: A giraffe has two eyes.

Q: How many eyes does my foot have?
A: Your foot has two eyes.

Q: How many eyes does a spider have?
A: A spider has eight eyes.
```

```
Q: How many eyes does the sun have?
A: The sun has one eye.

Q: How many eyes does a blade of grass have?
A: A blade of grass has one eye.
```

上面 5 個問題是「長頸鹿有幾顆眼睛？」、「我的腳有幾顆眼睛？」、「蜘蛛有幾顆眼睛？」、「太陽有幾顆眼睛？」、「一根草有幾顆眼睛？」。

模型的回答是「兩顆」、「兩顆」、「八顆」、「一顆」、「一顆」。對於長頸鹿和蜘蛛有幾顆眼睛這種有意義的問題模型都給出了準確的答案（99%的蜘蛛都有八顆眼睛）。但是對於如「我的腳有幾顆眼睛？」這樣的本身就沒有意義的問題，模型不能給出自然的符合人們預期的回答。

12.4 BERT

BERT 即 Bidirectional Encoder Representations from Transformers，意為使用 Transformer 結構的雙向編碼器表示，它來自 Google 的 2018 年的論文 *BERT: Pre-training of Deep Bidirectional Transformers for Language Understanding*。

12.4.1 背景

Google 的 BERT 程式倉庫位址可以在本書線上資源中找到。

有 BERT 的 TensorFlow 實作、預訓練權重下載網址以及一些介紹。
BERT 的 PyTorch 實作可以參考 Hugging Face Transformers 的原始程式。

12.4.2 模型結構

BERT 模型與 GPT 模型一樣都使用 Transformer 結構，但 BERT 使用
的是雙向 Transformer 結構，可以同時結合上下文的資訊，另外，
GPT 是 Transformer Decoder 模型，BERT 則是 Transformer Encoder。

12.4.3 預訓練

BERT 有兩個預訓練任務。第一個是 Masked Language Model
（Masked LM），來自 1953 年的論文 *Cloze procedure: A new tool for
measuring readability*。該任務是一個 Cloze（完形填空任務），就是把語
料中的一些詞語隨機「遮蓋」起來，讓模型根據上下文預測這些詞語。

第二個訓練任務是 Next Sentence Prediction（NSP），即下一個句子
預測。該任務的目標是判斷一個句子是不是另一個句子的下一句。

12.4.4 RoBERTa 和 ALBERT

2019 年 7 月的論文 *RoBERTa: A Robustly Optimized BERT Pretraining
Approach* 提出了 RoBERTa，對 BERT 模型做了一些修改，並使用更多訓
練資料、更大的 Batch 和更長的訓練時間。

2019 年 9 月的論文 *ALBERT: A Lite BERT for Self-supervised Learning
of Language Representation* 提出了 ALBERT，改進了 BERT 的結構，減
少了參數數量並改善了模型效果。

12.5 Hugging Face Transformers

Hugging Face Transformers 是 Hugging Face 開發的自然語言處理演算法函式庫，包含多種先進的使用 Transformer 結構的自然語言處理模型，並提供預訓練權重。

12.5.1 概述

Hugging Face Transformers 最早名為 pytorch-transformers 和 pytorch-pretrained-bert，是 Hugging Face 開發的開放原始碼自然語言處理演算法函式庫，最開始只有 PyTorch 版模型，現在已經支援 TensorFlow 版模型，並且可以自動轉換兩者的權重。

Hugging Face Transformers 如今包含 1000 多種模型，涉及 100 多種自然語言。而且它程式開放原始碼，預訓練權重也都可以免費下載，甚至可以在使用過程中自動下載。

Hugging Face Transformers 把它包含的模型分為自回歸模型（autoregressive model, AR model）、自編碼模型（Autoencoding model）、Seq2seq 模型、多模態模型（Multimodal model）和 Retrieval-based model。

自回歸模型包括前面介紹的 GPT 和 GPT-2 模型等。自回歸模型透過上文預測下一個單字，所以它是單向的語言模型。自回歸模型的公式是

$$X_t = c + \sum_{i=1}^{p} \varphi_i X_{t-i} + \varepsilon_t$$

就是透過 $X_{t-1}, X_{t-2}, \cdots, X_{t-p}$ 一共 p 個元素預測 X_t。

自編碼模型包括前面介紹的 BERT、ALBERT、RoBERTa 等模型。自編碼器模型的訓練目標是忽略輸入的雜訊從而還原原始輸入。如 BERT 預訓練時遮蓋原始資料中的部分詞語，並要求模型還原這些詞語。自編碼模型把輸入的一個序列轉化為另一個序列。

Seq2seq 模型在第 9 章介紹過。Hugging Face Transformers 中包括 BART、Pegasus 等使用 Transformer 結構的 Seq2seq 模型。

多模態模型指融合多種資訊形式的模型，比如視覺和自然語言，第 1 章有對多模態模型的簡單介紹。Hugging Face Transformers 中包括的多模態模型是 MMBT。

Retrieval-based model 指一些在預訓練過程中使用 retrieval 的模型。retrieval 指根據給定的條件搜索並找到一些目標資訊。Hugging Face Transformers 中的這類模型有 DPR、RAG 等。

12.5.2 使用 Transformers

安裝方法在第 3 章介紹過。這裡先繼續介紹一些全域的設定問題。

模型的快取路徑可以在需要下載模型的時候透過 cache_dir 參數指定，如果沒有指定該參數則會把模型下載到預設的路徑。預設路徑透過環境變數 TRANSFORMERS_CACHE 設定。目前新版本的 Transformers 的預設預訓練模型的儲存位置是「~/.cache/huggingface/transformers」，一些舊版本 Transformers 會把預訓練模型儲存在「~/.cache/torch/transformers」，可以把舊路徑中的模型移動到新路徑以防止下載之前下載過的模型。

> **注意**：路徑中的「~」指當前使用者家目錄。

使用 Hugging Face Transformers 解決自然語言處理問題主要分為以下幾個步驟：前置處理資料、定義模型、載入預訓練模型、模型最佳化。模型最佳化有時可以省略。

12.5.3 下載預訓練模型

呼叫 Tokenizer 或者模型的 from_pretrained 方法時可以自動下載模型。程式如下。採用 from_pretrained 方法也可以透過指定本機路徑從檔案載入模型。

```
from transformers import AutoTokenizer
tokenizer = AutoTokenizer.from_pretrained('bert-base-chinese')
```

建立中文 BERT 的 Tokenizer 時，首先會檢查本機快取中是否有之前下載好的預訓練模型，如果沒有則自動根據 URL 下載。

採用 from_pretrained 方法可以直接從指定路徑載入符合要求的預訓練模型而不用透過網路下載。

模型的名稱以及模型和設定檔的下載路徑可以在原始程式中找到。如 BERT 模型的設定檔在「transformers/models/bert/configuration_bert.py」中。

12.5.4 Tokenizer

Tokenizer 用於把輸入的句子分解為模型詞表中的 token。可透過 AutoTokenizer 建立對應模型的 Tokenizer，不同模型的 Tokenizer 是不同的。如下程式可以建立 bert-base-chinese 的 Tokenizer。

```
from transformers import AutoTokenizer
tokenizer = AutoTokenizer.from_pretrained('bert-base-chinese')
```

這時 tokenizer 實際的類型是：transformers.models.bert.tokenization_bert_fast.BertTokenizerFast。

可使用這個 tokenizer 對中文輸入做 Tokenize。

```
result = tokenizer("並廣泛動員社會各方面的力量")
print(result)
```

輸出結果如下。

```
{
        'input_ids': [101, 2400, 2408, 3793, 1220, 1447, 4852, 833
, 1392, 3175, 7481, 4638, 1213, 7030, 102],
        'token_type_ids': [0, 0, 0, 0, 0, 0, 0, 0, 0, 0, 0, 0, 0, 0
, 0],
        'attention_mask': [1, 1, 1, 1, 1, 1, 1, 1, 1, 1, 1, 1, 1, 1
, 1]
}
```

原輸入有 13 個字，但得到的 input_ids 有 15 個 ID，這是因為 tokenizer 預設自動增加了特殊符號。不同預訓練模型的特殊字元的 ID 可能不同。

可透過 all_special_ids 方法查看特殊字元 ID。

```
print(tokenizer.all_special_ids)
```

輸出如下。

```
[100, 102, 0, 101, 103]
```

透過 all_special_tokens 方法查看所有特殊字元。

```
print(tokenizer.all_special_tokens)
```

輸出如下。

```
['[UNK]', '[SEP]', '[PAD]', '[CLS]', '[MASK]']
```

除了生成「input_ids」還會產生對應的「token_type_ids」和「attention_mask」。下面是更多用法。

使用具體的類別而非 AutoTokenizer 建構 Tokenizer 效果是一樣的。

```
from transformers import BertTokenizerFast
tokenizer = BertTokenizerFast.from_pretrained('bert-base-chinese')
```

直接呼叫 tokenizer 物件相當於呼叫 tokenizer 的 __call__ 方法。tokenizer 的 __call__ 方法有如表 12.1 所示的參數。

▼ 表 12.1 Tokenizer 的 __call__ 方法常用參數

參數名稱	參數說明
text	輸入序列或者輸入序列的 batch；
text_pair	第二個輸入序列或者第二個輸入序列的 batch（比如比較兩個句子相似度時會有兩個句子）
add_special_tokens	是否增加特殊記號，預設為 True，如果為 False 則不會增加開始和結束記號
padding	字元填充方法，預設為 False，即不填充； 如果設為 True 或者'longest'則把這個 batch（如果是輸入的 batch）的序列都按其中最長的一個序列長度填充； 如果設為'max_length'則填充至 max_length 參數指定的長度

參數名稱	參數說明
truncation	截斷策略，預設為 False，不截斷； 如果設為 True 或者'longest_first'則按 max_length 參數截斷或按當前 batch 中的最大長度截斷； 如果設為'only_first'則對於給出的一對輸入或者一對 batch，只截斷第一個； 如果設為'only_second'則對於給出的一對輸入或者一對 batch，只截斷第二個
max_length	用於截斷和填充的最大長度，如果不設定或設為 None 則使用預訓練模型的最大序列長度
return_tensors	預設為 None，傳回串列物件； 如果設為'tf'則傳回 TensorFlow 的 tf.constant 物件； 如果設為'pt'則傳回 PyTorch 的 torch.Tensor 物件； 如果設為'np'則傳回 NumPy 的 np.ndarray 物件
return_token_type_ids	是否傳回 token_type_ids
return_attention_mask	是否傳回 attention_mask

下面介紹 token_type_ids，如果輸入的是兩個句子。

```
result = tokenizer("第一個句子", "第二個句子")
print(result)
```

輸出如下。

```
{
        'input_ids': [101, 5018, 671, 702, 1368, 2094, 102, 5018,
753, 702, 1368, 2094, 102],
        'token_type_ids': [0, 0, 0, 0, 0, 0, 0, 1, 1, 1, 1, 1, 1],
        'attention_mask': [1, 1, 1, 1, 1, 1, 1, 1, 1, 1, 1, 1, 1]
}
```

input_ids 可以把兩個句子拼接在一起,中間使用 ID 為 102 的 token 隔開。使用 token_type_ ids 標記兩個不同句子的位置。

可以再使用 decode 方法還原這個序列。

```
tokenizer.decode([101, 5018, 671, 702, 1368, 2094, 102, 5018, 753,
702, 1368, 2094, 102])
```

輸出如下。

```
'[CLS] 第 一 個 句 子 [SEP] 第 二 個 句 子 [SEP]'
```

關於 attention_mask,如果輸入是一個 batch(包含多個資料)並且開啟填充,可能有的句子因為不夠長而需要填充特殊字元[PAD]。

```
result = tokenizer(["第一句", "第二個句子"], padding=True)
print(result)
```

輸出如下。

```
{
     'input_ids': [
             [101, 5018, 671, 1368, 102, 0, 0],
             [101, 5018, 753, 702, 1368, 2094, 102]
     ],
     'token_type_ids': [
             [0, 0, 0, 0, 0, 0, 0],
             [0, 0, 0, 0, 0, 0, 0]
     ],
     'attention_mask': [
             [1, 1, 1, 1, 1, 0, 0],
             [1, 1, 1, 1, 1, 1, 1]
```

```
        ]
}
```

attention_mask 可以標記填充的字元。

12.5.5 BERT 的參數

Hugging Face Transformers 中的 BertConfig 類別用於描述 BERT 模型的設定。BertModel 是多種 BERT 模型的基礎類別。

1. BertConfig 類別

用於描述 BERT 模型的設定，BertConfig 類別構造參數如表 12.2 所示。

▼ 表 12.2 BertConfig 類別構造參數

參數名稱	參數說明
vocab_size	詞表大小，預設為 30522
hidden_size	隱藏層大小，預設為 768
num_hidden_layers	隱藏層層數，預設為 12
num_attention_heads	multi-head attention 中的 head 數，多個 head 相當於有多組注意力參數，預設為 12
intermediate_size	intermediate（也叫 feed-forward）的大小，預設為 3072
hidden_act	編碼器中使用的非線性啟動函式，預設為 gelu，還可以選擇 gelu、relu、silu、gelu_new
hidden_dropout_prob	全連接層 dropout 的機率，預設為 0.1
attention_probs_dropout_prob	attention 的 dropout 機率，預設為 0.1
max_position_embeddings	position embedding 的最大值，限制模型的最大輸入序列長度

參數名稱	參數説明
type_vocab_size	token_type_ids 的數量，預設為 2
initializer_range	初始化權重的 truncated_normal_initializer 的標準差，預設為 0.02
layer_norm_eps	normalization 層的 eps 參數，預設為 10^{-12}。歸一化時該參數會加在分母上防止除零
gradient_checkpointing	開啟可以節省記憶體，但會導致反向傳播變慢，預設為 False
position_embedding_type	position embedding 的類型，預設為 absolute，可以選擇 absolute、relative_key、relative_key_query

其中，dropout 代表按照一定比例隨機捨棄的參數。

2. BertModel 類別

BertModel 類別的 forward 方法的常用參數如表 12.3 所示。

▼ 表 12.3 BertModel 類別的 forward 方法的常用參數

參數名稱	參數説明
input_ids	類型是 torch.LongTensor
attention_mask	值是 0 或 1，用於標記填充的字元
token_type_ids	類型是 torch.LongTensor，用於標記兩個句子，值是 0 或 1
position_ids	用於表示輸入的每個元素位置，可選參數，position_ids 值的大小不能超過 config.max_position_embeddings − 1

12.5.6 BERT 的使用

一般可以根據不同的任務選擇具體的模型,如文字分類、下一句預測、文字序列標注等都有對應的類別,它們都繼承於同一個基礎類別,並可以使用相同的預訓練參數,但是輸入和輸出由於任務不同而有所不同。

Hugging Face Transformers 提供針對不同任務的多種模型使建構模型解決具體問題變得很簡單。很多情況下甚至無須自訂模型類別,而可以直接使用 Hugging Face Transformers 提供的類別建立物件。

1. BertForMaskedLM

BertForMaskedLM 是 BERT 的預訓練任務之一,實作了 Masked Language Model。

```
from transformers import BertTokenizer, BertForMaskedLM
import torch
tokenizer = BertTokenizer.from_pretrained('bert-base-chinese')
model = BertForMaskedLM.from_pretrained('bert-base-chinese')

inputs = tokenizer(["並廣泛動員社會[MASK]方面的力量"],
return_tensors="pt")
labels = tokenizer(["並廣泛動員社會各方面的力量"],
return_tensors="pt")["input_ids"]

outputs = model(**inputs, labels=labels)
loss = outputs.loss
logits = outputs.logits
print(loss, logits.shape)
print(inputs['input_ids'])
print(labels)
```

輸出如下。

```
tensor(1.9522, grad_fn=<NllLossBackward>) torch.Size([1, 15, 21128])
tensor([[ 101, 2400, 2408, 3793, 1220, 1447, 4852,  833,  103,
         3175, 7481, 4638, 1213, 7030,  102]])
tensor([[ 101, 2400, 2408, 3793, 1220, 1447, 4852,  833, 1392,
         3175, 7481, 4638, 1213, 7030,  102]])
```

2. BertForNextSentencePrediction

BertForNextSentencePrediction 是用於預測下一個句子的 BERT，預測下一個句子也是 BERT 的預訓練任務之一。

```
from transformers import BertTokenizer,
BertForNextSentencePrediction
import torch

tokenizer = BertTokenizer.from_pretrained('bert-base-chinese')
model = BertForNextSentencePrediction.from_pretrained('bert-base-
chinese')

prompt = "在我的後園，可以看見牆外有兩株樹，"
next_sentence_1 = "一株是棗樹，還有一株也是棗樹"
next_sentence_2 = "一九二四年九月十五日"
encoding = tokenizer(prompt, next_sentence_1, return_tensors='pt')
outputs = model(**encoding, labels=torch.LongTensor([1]))
logits = outputs.logits
print(logits[0, 0], '\n', logits[0, 1], logits.shape)
encoding = tokenizer(prompt, next_sentence_2, return_tensors='pt')
outputs = model(**encoding, labels=torch.LongTensor([1]))
logits = outputs.logits
print(logits[0, 0], '\n', logits[0, 1], logits.shape)
```

輸出如下。

```
tensor(5.9707, grad_fn=<SelectBackward>)
 tensor(-5.8925, grad_fn=<SelectBackward>) torch.Size([1, 2])
tensor(1.3399, grad_fn=<SelectBackward>)
 tensor(2.8432, grad_fn=<SelectBackward>) torch.Size([1, 2])
```

模型判斷 next_sentence_1 更有可能是 prompt 的後一句，而 next_sentence_2 不大可能是 prompt 的後一句。事實上這些句子來自魯迅先生的文章《秋夜》，prompt 是該文章的第一句話，而 next_sentence_1 是 prompt 的下一句，next_sentence_2 則是文章尾端的日期。

3. BertForSequenceClassification

BertForSequenceClassification 是用於句子分類的 BERT，用法如下。

```
from transformers import BertTokenizer,
BertForSequenceClassification
import torch

tokenizer = BertTokenizer.from_pretrained('bert-base-chinese')
model = BertForSequenceClassification.from_pretrained('bert-base-
chinese')

inputs = tokenizer("在我的後園，可以看見牆外有兩株樹", return_tensors=
"pt")
labels = torch.tensor([1])  # labels.shape == torch.Size([1])
labels = labels.unsqueeze(0)  # labels.shape == torch.Size([1, 1])
outputs = model(**inputs, labels=labels)
loss = outputs.loss
logits = outputs.logits
```

4. BertForMultipleChoice

BertForMultipleChoice 是用於完成多選問題的 BERT，用法如下。

```
from transformers import BertTokenizer, BertForMultipleChoice
import torch

tokenizer = BertTokenizer.from_pretrained('bert-base-chinese')
model = BertForMultipleChoice.from_pretrained('bert-base-chinese')
prompt = "在我的後園，可以看見牆外有兩株樹，"
choice1 = "一株是棗樹，還有一株也是棗樹"
choice2 = "一九二四年九月十五日"
labels = torch.tensor(0).unsqueeze(0)  # 正確答案是第一個，所
以 label 是 0
encoding = tokenizer([[prompt, prompt], [choice1, choice2]],
return_tensors='pt', padding=True)
outputs = model(**{k: v.unsqueeze(0) for k,v in encoding.items()},
labels=labels)
# batch size is 1

# the linear classifier still needs to be trained
loss = outputs.loss
logits = outputs.logits
print(logits)
```

5. BertForTokenClassification

BertForTokenClassification 是用於標記序列中的元素的 BERT 模型，會給序列中每個元素輸出一個標籤。

```
from transformers import BertTokenizer, BertForTokenClassification
import torch

tokenizer = BertTokenizer.from_pretrained('bert-base-chinese')
model = BertForTokenClassification.from_pretrained('bert-base-
chinese')

inputs = tokenizer("一九二四年九月十五日", return_tensors="pt")
labels = torch.tensor([0, 1, 1, 1, 1, 0, 1, 0, 1, 1, 0, 0]).
unsqueeze(0)

outputs = model(**inputs, labels=labels)
loss = outputs.loss
logits = outputs.logits
print(logits)
```

輸出如下。

```
tensor([[[ 0.5505, -0.3711],
     [ 0.4178, -0.0748],
     [ 0.6827,  0.3734],
     [ 0.2741,  0.4707],
     [ 0.2232,  0.8676],
     [ 0.2036,  0.8050],
     [ 0.6843, -0.0525],
     [ 0.4384, -0.0374],
     [ 0.6261,  0.0455],
     [ 0.3170,  0.4282],
     [ 0.4232, -0.1772],
     [ 0.2822, -0.3205]]], grad_fn=<AddBackward0>)
```

6. BertForQuestionAnswering

BertForQuestionAnswering 是用於完成問答問題的 BERT 模型。

```
from transformers import BertTokenizer, BertForQuestionAnswering
import torch

tokenizer = BertTokenizer.from_pretrained('bert-base-chinese')
model = BertForQuestionAnswering.from_pretrained('bert-base-
chinese')
question, text = "在我的後園，可以看見牆外有兩株樹，一株是棗樹，另一株是什麼
樹？", "也是棗樹"
inputs = tokenizer(question, text, return_tensors='pt')

outputs = model(**inputs)
loss = outputs.loss
start_scores = outputs.start_logits
end_scores = outputs.end_logits
```

12.5.7 GPT-2 的參數

與 BERT 系列模型類似，Hugging Face Transformers 中的 GPT-2 模型同樣有 GPT-2 Config 類別和 GPT2Model 基礎類別。

1. GPT2Config 類別

用於描述 GPT-2 模型的設定，常用構造參數如表 12.4 所示。

▼ 表 12.4 GPT2Config 類別構造主要參數

參數名稱	參數說明
vocab_size	詞表大小，預設為 50257
n_positions	模型能處理的最大序列長度，預設為 1024
n_ctx	causal mask 層的維度，通常和 n_positions 相同，預設為 1024
n_embd	Embedding 層和隱藏層的維度，預設為 768
n_layer	隱藏層層數，預設為 12
n_head	multi-head attention 中的 head 數，預設為 12
n_inner	inner feed-forward 層維度，預設為 None，為 n_embd 的 4 倍
activation_function	啟動函式，預設為 gelu，可選 gelu、relu、silu、tanh、gelu_new
resid_pdrop	全連接層 dropout 的機率，預設為 0.1
embd_pdrop	Embedding 層 dropout 機率，預設為 0.1
attn_pdrop	attention 的 dropout 機率，預設為 0.1
layer_norm_epsilon	normalization 層的 eps 參數，預設為 1e-5
initializer_range	初始化權重的 truncated_normal_initializer 的標準差，預設為 0.02
summary_type	sequence summary 的參數，預設為"cls_index"。 在 GPT2DoubleHeadsModel 和 TFGPT2DoubleHeadsModel 有效，可選的值如下。 "last": 選取隱藏層狀態的最後一個。 "first": 選取隱藏層狀態的最後一個（類似 BERT）。 "mean": 隱藏層均值。 "cls_index": 選取[CLS]token 位置

2. GPT2Model 基礎類別

GPT2Model 基礎類別的 forward 方法的常用參數如表 12.5 所示。

▼ 表 12.5 GPT2Model 基礎類別的 forward 方法的常用參數

參數名稱	參數說明
input_ids	類型是 torch.LongTensor
attention_mask	attention_mask 的值應該是 0 或者 1，用於標記填充的字元
token_type_ids	類型是 torch.LongTensor，用於標記兩個句子，值為 0 或 1
position_ids	用於表示輸入的每個元素位置，可選參數，position_ids 不能超過 config.max_position_embeddings−1

12.5.8 常見錯誤及其解決方法

1. AttributeError: module 'tensorflow_core.keras.activations' has no attribute 'swish'

因為系統中有舊版本的 tensorflow。可以更新 tensorflow 或者進入虛擬環境安裝 Transformers。

2. In Transformers v4.0.0, the default path to cache downloaded models changed from '~/.cache/torch/transformers' to '~/.cache/huggingface/transformers'

因為新版本的快取路徑發生了改變，已經自動移動快取內容。

3. AttributeError module 'time' has no attribute 'clock'

Python 3.8 的 time 模組不再有 clock 方法，需要更新函式庫的版本或者降低 Python 版本，又或者手動把 clock 方法指向 perf_counter 方法，就是把 time.perf_counter 賦值給 time.clock。

```
import time
time.clock = time.perf_counter
```

這只是一個臨時的解決方案,有助於用較少的改動使程式可以執行,但實際並不推薦使用。

12.6 其他開放原始碼中文預訓練模型

目前 Hugging Face Transformers 只提供 BERT 的中文版本,但該模型只有 base 規模。想使用其他預訓練模型或者想用某些專業領域語料預訓練的模型權重還有一些其他選擇。

12.6.1 TAL-EduBERT

TAL-EduBERT 是好未來集團在 2020 年發佈的預訓練模型權重。TAL-EduBERT 在網路結構上採用與 Google BERT Base 相同的結構,包含 12 層的 Transformer 編碼器、768 隱藏單元以及 12 個 multi-head attention 的 head。之所以使用這樣的網路結構,是因為考慮到實際使用的便捷性和普遍性,方便後續進一步開放原始碼其他教育領域 ASR(Automatic Speech Recognition,自動語音辨識)預訓練語言模型。

可以直接下載 TAL-EduBERT 的預訓練權重並使用 Hugging Face Transformers 載入和使用。

12.6.2 Albert

Hugging Face Transformers 目前還沒有提供 Albert 的中文預訓練權重。但 albert_zh 提供了 Albert 的中文預訓練權重。Albert 可以使用更少的記憶體/顯示記憶體實作更佳的效果。

12.7 實踐：使用 Hugging Face Transformers 中的 BERT 做發文標題分類

本節將再次使用第 5 章使用過的發文標題資料做發文分類，但這次使用 Hugging Face Transformsers 提供的 BERT。

12.7.1 讀取資料

先從檔案把發文標題讀取串列中。如果使用 Windows 作業系統一般需要指定預設編碼，Linux 作業系統預設編碼一般是 UTF-8，所以可以不用指定。注意使用 strip 方法去掉空格和分行符號。

```
# 定義兩個串列分別存放兩個板塊的發文資料
academy_titles = []
job_titles = []
with open('academy_titles.txt', encoding='utf8') as f:
    for l in f:  # 按行讀取檔案
        academy_titles.append(l.strip())  # strip 方法用於去掉行尾空格和
分行符號
with open('job_titles.txt', encoding='utf8') as f:
    for l in f:  # 按行讀取檔案
```

```
    job_titles.append(l.strip())  # strip 方法用於去掉行尾空格和分行
符號
```

合併兩個串列並增加 label。

```
data_list = []
for title in academy_titles:
    data_list.append([title, 0])

for title in job_titles:
    data_list.append([title, 1])
```

可以計算標題的最大長度，但沒必要。

```
max_length = 0
for case in data_list:
    max_length = max(max_length, len(case[0])+2)
print(max_length)
```

切分訓練集和評估集。

```
from sklearn.model_selection import train_test_split
train_list, dev_list = train_test_split(data_list,test_size=0.3,ran
dom_state=15,
shuffle=True)
```

12.7.2 匯入套件和設定參數

這裡匯入 torch、transformers 等需要用到的套件，並定義訓練輪次、
batch_size、data_worker 等參數。

```
import os
import time
import random
import torch
import torch.nn.functional as F
from torch import nn
from tqdm import tqdm
import random

from transformers import get_linear_schedule_with_warmup, AdamW
from transformers import BertTokenizer, BertForSequenceClassification

if torch.cuda.is_available():
    # 如果 GPU 可用則使用 GPU
    device = torch.device("cuda")
else:
    device = torch.device("cpu")
max_train_epochs = 5
warmup_proportion = 0.05
gradient_accumulation_steps = 4
train_batch_size = 8
valid_batch_size = train_batch_size
test_batch_size = train_batch_size
data_workers= 2

learning_rate=2e-5
weight_decay=0.01
max_grad_norm=1.0
cur_time = time.strftime("%Y-%m-%d_%H:%M:%S")    # 當前日期、時間字串
```

12.7.3 定義 Dataset 和 DataLoader

使用 12.5.4 小節中介紹過的 Tokenizer 自動生成 input_ids 和 mask 並按 batch 中最大的資料長度填充。或者也可按所有資料中的最大句子長度填充。

```
tokenizer = BertTokenizer.from_pretrained('bert-base-chinese')
class MyDataSet(torch.utils.data.Dataset):
    def __init__(self, examples):
        self.examples = examples
    def __len__(self):
        return len(self.examples)
    def __getitem__(self, index):
        example = self.examples[index]
        title = example[0]
        label = example[1]
        # 使用 encode_plus 實作轉換 token 和填充等工作
        r = tokenizer.encode_plus(title, max_length=max_length,
padding="max_length")
        return title, label, index


def the_collate_fn(batch):
    r = tokenizer([b[0] for b in batch], padding=True)
    input_ids = torch.LongTensor(r['input_ids'])
    attention_mask = torch.LongTensor(r['attention_mask'])
    label = torch.LongTensor([b[1] for b in batch])
    indexs = [b[2] for b in batch] # 生成式語法建立串列
        return input_ids, attention_mask, label, indexs #,
token_type_ids


train_dataset = MyDataSet(train_list)
train_data_loader = torch.utils.data.DataLoader(
```

```
    train_dataset,
    batch_size=train_batch_size,
    shuffle = True,
    num_workers=data_workers,
    collate_fn=the_collate_fn,
)
dev_dataset = MyDataSet(dev_list)
dev_data_loader = torch.utils.data.DataLoader(
    dev_dataset,
    batch_size=train_batch_size,
    shuffle = False,
    num_workers=data_workers,
    collate_fn=the_collate_fn,
)
```

12.7.4 定義評估函式

　　與之前相同，這裡使用準確率評估模型效果。就是統計分類正確的個數，並求其占全部測試資料個數的比例。

```
def get_score():
    y_true = []
    y_pred = []
    for step, batch in enumerate(tqdm(dev_data_loader)):
        model.eval()
        with torch.no_grad():
            input_ids, attention_mask = (b.to(device) for b in batch
[:2])
        y_true += batch[2].numpy().tolist()
        logist = model(input_ids, attention_mask)[0]
        result = torch.argmax(logist, 1).cpu().numpy().tolist()
```

```
    y_pred += result
  correct = 0
  for i in range(len(y_true)):
      if y_true[i] == y_pred[i]:
        correct += 1
  accuracy = correct / len(y_pred)
  return accuracy
```

12.7.5 定義模型

可以直接使用預訓練模型 BertForSequenceClassification，而無須重新定義模型，並使用 AdamW 最佳化器。

```
model = BertForSequenceClassification.from_pretrained('bert-base-
chinese')
model.to(device)

t_total = len(train_data_loader) // gradient_accumulation_steps *
max_train_epochs + 1
num_warmup_steps = int(warmup_proportion * t_total)
print('warmup steps : %d' % num_warmup_steps)
no_decay = ['bias', 'LayerNorm.weight'] # no_decay = ['bias',
'LayerNorm.bias',
'LayerNorm.weight']
param_optimizer = list(model.named_parameters())
optimizer_grouped_parameters = [
  {'params':[p for n, p in param_optimizer if not any(nd in n for
nd in no_decay)],
'weight_decay': weight_decay},
  {'params':[p for n, p in param_optimizer if any(nd in n for nd
in no_decay)],'weight_decay': 0.0}
```

```
]
optimizer = AdamW(optimizer_grouped_parameters, lr=learning_rate,
correct_bias=False)
scheduler = get_linear_schedule_with_warmup(optimizer,  \
         num_warmup_steps=num_warmup_steps, num_training_steps=
t_total)
```

12.7.6 訓練模型

迴圈 max_train_epochs 次，在每次迴圈內透過 train_data_loader 遍歷
訓練資料集，每累積 gradient_accumulation_steps 個 batch 就更新一次模
型參數。

```
for epoch in range(max_train_epochs):
   b_time = time.time()  # 記錄開始時間
   # 開始訓練
   model.train()
   for step, batch in enumerate(tqdm(train_data_loader)):
      input_ids, attention_mask, label = (b.to(device) for b in bat
ch[:-1])
      loss = model(input_ids, attention_mask, labels=label)
      loss = loss[0]
      loss.backward()
      if (step + 1) % gradient_accumulation_steps == 0:
         optimizer.step()
         scheduler.step()
         optimizer.zero_grad()
   print('Epoch = %d Epoch Mean Loss %.4f Time %.2f min' % (epoch,
 loss.item(), (time.
time() - b_time)/60))
   print(get_score())
```

輸出如下。

```
100%|███████████████| 622/622 [00:54<00:00, 11.33it/s]
Epoch = 0 Epoch Mean Loss 0.0039 Time 0.92 min
100%|███████████████| 267/267 [00:08<00:00, 30.69it/s]
0.9985935302390999
100%|███████████████| 622/622 [00:54<00:00, 11.35it/s]
Epoch = 1 Epoch Mean Loss 0.0013 Time 0.91 min
100%|███████████████| 267/267 [00:08<00:00, 30.17it/s]
1.0
100%|███████████████| 622/622 [00:55<00:00, 11.21it/s]
Epoch = 2 Epoch Mean Loss 0.0003 Time 0.92 min
100%|███████████████| 267/267 [00:08<00:00, 30.61it/s]
0.9995311767463666
100%|███████████████| 622/622 [00:55<00:00, 11.29it/s]
Epoch = 3 Epoch Mean Loss 0.0001 Time 0.92 min
100%|███████████████| 267/267 [00:08<00:00, 30.31it/s]
1.0
100%|███████████████| 622/622 [00:54<00:00, 11.36it/s]
Epoch = 4 Epoch Mean Loss 0.0002 Time 0.91 min
100%|███████████████| 267/267 [00:08<00:00, 29.69it/s]
1.0
```

可以看到第 1 個輪次準確率已經到達 0.9985，第 3 個輪次準確率已經
到達 1.0。

12.8 小結

　　本章介紹了多種強大的預訓練模型，預訓練模型不僅效果好，而且容易訓練。透過使用如 Transformers 這樣的函式庫能減少使用和定義模型的程式量。

　　Transformers 提供的自動的預訓練權重管理甚至無須手動下載預訓練權重和模型設定，僅僅透過模型名稱就可定義和初始化預訓練模型。

第 4 篇

實戰篇

中文地址解析

本章將使用中文地址資料集「Neural Chinese Address Parsing」完成中文地址解析任務,實作類似於寄快遞時自動辨識整段文字的地址並劃分出「省」、「市」、「區」、「收件人」等欄位的功能。該資料集不僅提供資料還提供詞向量。本章將使用 BERT 實作上述功能,並把結果展示在HTML5 應用中(編按:此資料集使用中國大陸地區地址格式)。

本章主要涉及的基礎知識如下。

- 資料集介紹。
- 資料處理和載入。
- 詞向量載入。
- BERT 模型。
- HTML5 程式開發。

13.1 資料集

本節將介紹資料集下載、載入、統計和前置處理的詳細步驟。

13.1.1 實驗目標與資料集介紹

要使用的資料集來自論文 *Neural Chinese Address Parsing*。該資料集位址是 https://github. com/leodotnet/neural-chinese-address-parsing。

複製該倉庫以下載資料集到本機。

```
git clone https://github.com/leodotnet/neural-chinese-address-parsing
```

其中的資料在 data 資料夾下， train.txt、dev.txt 和 test.txt 分別是訓練集、評估集和測試集。該訓練集有 8957 筆資料，測試集和評估集各有 2985 筆。另外還有一個標籤檔案 label.txt，其中包含 21 類標籤，分別是 country、prov、city、district、devzone、town、community、road、subroad、roadno、subroadno、poi、subpoi、houseno、cellno、floorno、roomno、person、assist、redundant、otherinfo。

「country」代表國家。「prov」代表省。「city」代表城市。「district」代表區。「devzone」是一種非正式行政區劃，等級在 district 和 town 之間或者 town 之後，特指經濟技術開發區。「town」代表鄉級行政區劃，如鎮、街道、鄉等。「community」代表社區、自然村。road 代表道路群組。「roadno」代表門牌號、主路號、群組號、群組號附號。「subroad」代表子路、支路、輔路，「subroadno」是它們的編號。

「poi」和「subpoi」代表興趣點和子興趣點，即具體地點，如社區、公司的名稱。「houseno」代表樓號。「cellno」代表單元號。「floorno」代表樓層號。「roomno」代表房間號。「person」代表企業、法人、商鋪名稱等。「assist」代表輔助定位詞，如門口、旁邊等。「redundant」代表重複容錯資訊。「otherinfo」代表其他無法分類的資訊。

標籤存在較強的順序關係，按照中文習慣，地址應該從大到小排列，比如通常「省」總是會出現在「市」的前面而不會出現在「市」的後面。該資料集具有以下的順序關係。

（1）prov > city > district > town > comm unity> road > roadno > poi > houseno > cellno > floorno > roomno；

（2）district > devzone；

（3）devzone > comm unity；

（4）road > subroad；

（5）poi > subpoi。

在 Linux 作業系統下可使用 head 命令查看各檔案的前 5 行內容。首先進入 data 目錄，然後使用 head 命令。

```
cd neural-chinese-address-parsing/data/
head -5 *.txt
```

輸出如下。

```
==> dev.txt <==
宁 B-city
波 I-city
市 I-city
江 B-district
```

```
東 I-district
區 I-district
金 B-road
家 I-road
一 I-road
路 I-road

==> labels.txt <==
country
prov
city
district
devzone
town
community
road
subroad
roadno

==> test.txt <==
龍 B-town
港 I-town
鎮 I-town
泰 B-poi
和 I-poi
小 I-poi
區 I-poi
B B-houseno
懂 I-houseno
1097 B-roomno

==> train.txt <==
```

```
龙 B-town
山 I-town
镇 I-town
慈 B-community
东 I-community
滨 B-redundant
海 I-redundant
区 I-redundant
海 B-road
丰 I-road
```

該資料集的結構是每行一個字加上這個字的標籤。B 代表一個標籤的開始，I 代表標籤的內部。如上面 train.txt 的資料，前 3 行對應的是標籤 town，即「龙山镇」對應的標籤是「town」。

地址分類的目標是給地址文字的每個字元一個正確的標記，標識出這個字元是地址的哪一部分。

13.1.2 載入資料集

要載入的資料集的結構是每行一個字、兩筆資料間以空行分隔，可以透過判斷空行辨識兩筆資料的邊界。

```
def get_data_list(fn):
  with open(fn) as f:
    data_list = []   # 空的資料串列
    token, label = [], []   # 當前資料的字元和標籤序列
    for l in f:
      l = l.strip().split()
      if not l:   # 如果 l 為空，說明當前資料結束了
          data_list.append([token, label])
```

```
        token, label = [], []
        continue
    token.append(l[0])
    label.append(l[1])
assert len(token) == 0   # 資料最後一行應該是空行
return data_list
```

載入 3 部分資料，並統計標籤的數量。

```
import collections
train_data = get_data_list('neural-chinese-address-
parsing/data/train.txt')
dev_data = get_data_list('neural-chinese-address-
parsing/data/dev.txt')
test_data = get_data_list('neural-chinese-address-
parsing/data/test.txt')
# 統計標籤數量
label_counter = collections.Counter()
all_cnt = 0                              #標籤的總數
for d in train_data + dev_data + test_data:
    for label in d[1]:
        label_counter[label] += 1
        all_cnt += 1
print(len(label_counter))                # 輸出標籤種類數
label_list = list(label_counter.items()) # 把 Counter 轉換為串列
label_list.sort(key=lambda x:-x[1])       # 按數量排序
# 輸出所有標籤和標籤出現次數、百分比
for label, cnt in label_list:
    print('%12s  %5d  %4.2f %%' % (label, cnt, cnt / all_cnt * 100))
```

輸出結果中共有 46 種不同的標籤，輸出結果是每種標籤的名稱、出現次數、占總數的百分比和累計占比，如表 13.1 所示。

▼ 表 13.1 輸出結果

標籤名稱	出現次數	百分比	累計占比
I-poi	81382	32.59%	16.29%
I-road	43140	17.27%	24.93%
I-district	38354	15.36%	32.61%
I-town	30464	12.20%	38.71%
I-city	29646	11.87%	44.64%
I-prov	24606	9.85%	49.57%
B-poi	21054	8.43%	53.78%
B-district	19658	7.87%	57.72%
B-road	17998	7.21%	61.32%
B-city	16198	6.49%	64.57%
B-roadno	14304	5.73%	67.43%
I-subpoi	13336	5.34%	70.10%
I-roadno	13214	5.29%	72.75%
B-town	13160	5.27%	75.38%
B-prov	12752	5.11%	77.93%
B-redundant	11724	4.69%	80.28%
I-redundant	10382	4.16%	82.36%
B-houseno	9828	3.94%	84.33%
I-community	9018	3.61%	86.13%
B-roomno	8818	3.53%	87.90%
I-houseno	8648	3.46%	89.63%
I-person	6776	2.71%	90.99%
I-devZone	4974	1.99%	91.98%
B-subpoi	4766	1.91%	92.94%
B-community	4220	1.69%	93.78%

標籤名稱	出現次數	百分比	累計占比
I-cellno	4188	1.68%	94.62%
B-cellno	3760	1.51%	95.37%
I-floorno	3620	1.45%	96.10%
B-floorno	3592	1.44%	96.82%
I-roomno	3472	1.39%	97.51%
B-assist	2330	0.93%	97.98%
B-person	2130	0.85%	98.40%
I-assist	2116	0.85%	98.83%
I-subRoad	2090	0.84%	99.25%
B-subRoad	1138	0.46%	99.47%
B-devZone	1110	0.44%	99.70%
B-subroadno	624	0.25%	99.82%
I-subroadno	576	0.23%	99.94%
I-country	144	0.06%	99.96%
B-country	138	0.06%	99.99%
B-otherinfo	14	0.01%	99.99%
I-subroad	10	0.00%	100.00%
B-subroad	6	0.00%	100.00%
I-otherinfo	6	0.00%	100.00%
B-subRoadno	2	0.00%	100.00%
I-subRoadno	2	0.00%	100.00%

　　該資料集中標籤種類數較多，但有些標籤出現次數少、占比低，可以考慮合併或者去掉某些標籤以簡化問題，有時候可以得到很好的結果。這裡把標籤分為 4 組。

```python
mod_cnt = 0
T0 = ['redundant']
T1 = ['town', 'poi', 'assist']
T2 = ['houseno', 'city', 'district', 'road', 'roadno', 'subpoi',
'subRoad', 'person']
T3 = ['prov']
T4 = ['roomno', 'cellno', 'community', 'devZone', 'subroadno',
'floorno', 'country','otherinfo']
# 原有標籤
olabels = ['B-assist', 'I-assist', 'B-cellno', 'I-cellno',
'B-city', 'I-city', 'B-community', 'I-community', 'B-country',
'I-country', 'B-devZone', 'I-devZone', 'B-district','I-district',
'B-floorno', 'I-floorno', 'B-houseno', 'I-houseno', 'B-otherinfo',
'I-otherinfo', 'B-person', 'I-person', 'B-poi', 'I-poi', 'B-prov',
'I-prov', 'B-redundant','I-redundant', 'B-road', 'I-road',
'B-roadno', 'I-roadno', 'B-roomno', 'I-roomno', 'B-subRoad',
'I-subRoad', 'B-subRoadno', 'I-subRoadno', 'B-subpoi', 'I-subpoi',
'B-subroad','I-subroad', 'B-subroadno', 'I-subroadno', 'B-town',
'I-town']
# 原有標籤和 ID 的對應
olabels2id = {}
for i, l in enumerate(olabels):
    olabels2id[l] = i
labels = ['B-prov', 'I-prov', 'B-city', 'I-city', 'B-district',
'I-district', 'B-town', 'I-town',  'I-community', 'B-road',
'I-road', 'B-roadno', 'I-roadno', 'B-poi', 'I-poi', 'B-houseno',
'I-houseno', 'I-cellno', 'I-floorno', 'I-roomno', 'B-assist',
'I-assist', 'I-country', 'I-devZone', 'I-otherinfo', 'B-person',
'I-person', 'B-redundant', 'I-redundant', 'B-subpoi', 'I-subpoi',
'B-subroad', 'I-subroad', 'I-subroadno', ]
print(len(labels))
num_labels = len(labels)
```

```
label2id = {}
for i, l in enumerate(labels):
    label2id[l] = i
print(label2id)
remove_labels = T4
def get_data_list(fn):
    global mod_cnt # 總修改次數
    # 開啟資料檔案
    with open(fn) as f:
        # 儲存所有資料的串列
    data_list = []
    # 一筆資料的 token 和標籤
    origin_token, token, label, origin_label = [], [], [], []
    for l in f:
        l = l.strip().split()
        if not l: # 遇到空行說明當前資料結束
            data_list.append([token, label, origin_label,
origin_token])
            origin_token, token, label, origin_label = [], [], [],
[]
            continue
        if l[1] == 'B-subRoadno':
            l[1] = 'B-subroadno'
        elif l[1] == 'I-subRoadno':
            l[1] = 'I-subroadno'
        elif l[1] == 'B-subRoad':
            l[1] = 'B-subroad'
        elif l[1] == 'I-subRoad':
            l[1] = 'I-subroad'
        # 去除某些 B 標籤
        ll = l[1]
        if l[1][0] == 'B' and l[1][2:] in remove_labels:
```

```
                ll = 'I' + l[1][1:]
                mod_cnt += 1
        if len(l[0]) == 1:
            token.append(l[0])
            label.append(label2id[ll])
        else:
            the_type = ll[1:]
            for i, tok in enumerate(l[0]):
                token.append(tok)
                if i == 0:
                    label.append(label2id[ll])
                else:
                    label.append(label2id['I'+the_type])
        if len(l[0]) == 1:
            origin_label.append(l[1])
        else:
            the_type = l[1][1:]
            for i, tok in enumerate(l[0]):
                if i == 0:
                    origin_label.append(l[1])
                else:
                    origin_label.append('I'+the_type)
        origin_token.append(l[0])
    assert len(token) == 0 # 結束時 token 串列應該為空
return data_list
```

這裡合併一些出現次數較少的標籤,再次執行新的載入資料函式並統計剩餘標籤出現次數。

```
import collections
train_data = get_data_list('neural-chinese-address-
parsing/data/train.txt')
dev_data = get_data_list('neural-chinese-address-
parsing/data/dev.txt')
test_data = get_data_list('neural-chinese-address-
parsing/data/test.txt')
label_counter = collections.Counter()
all_cnt = 0
for d in train_data + dev_data + test_data:
   for label in d[1]:
      label_counter[label] += 1
      all_cnt += 1
print(len(label_counter))
label_list = list(label_counter.items())
label_list.sort(key=lambda x:-x[1])
for label, cnt in label_list:
   print('%12s  %5d  %4.2f %%' % (label, cnt, cnt / all_cnt * 100))
```

程式執行結果顯示現在僅剩 34 類標籤。新的資料載入函式不僅做了原始標籤合併，還根據前置處理的結果給每個標籤分配了整數 ID。

13.2 詞向量

　　第 8 章介紹過詞向量產生的背景和使用方法。本節將介紹從檔案載入詞向量並使用詞向量的具體步驟。

13.2.1 查看詞向量檔案

　　「 neural-chinese-address-parsing 」倉庫中包含兩個詞向量檔案，giga.emb 是二進位格式的檔案，data/giga.vec100 是文字格式的檔案，包含 6082 個字，每個字的維度是 100。在 Linux 作業系統下可使用 head 命令查看詞向量檔案的前 5 行。

```
head -5 giga.vec100
```

　　可以使用命令 head -<希望顯示的行數> 查看文字檔前 n 行的內容，以下為使用該命令的輸出結果，由於每個詞有 100 維，此處為便於展示省略每行尾端的內容。

```
</s> 0.003402 -0.003048 0.001534 0.004083 0.000924 0.002655  ……
，0.100897 0.074423 -0.180892 -0.034690 -0.106979 -0.024775  ……
的 0.039082 -0.056857 -0.134290 0.008174 -0.069822 0.044150  ……
。 -0.017778 0.071496 -0.143199 -0.002656 -0.222001 -0.048172  ……
國 -0.114780 -0.128719 -0.112485 -0.150579 -0.030383 0.182883  ……
```

　　前 5 個詞分別是特殊符號「 </s> 」、標點符號「 ， 」、中文字「的」、標點符號「。」、中文字「國」。

13.2.2 載入詞向量

開啟詞向量檔案逐行存取，並把每個詞儲存到 Python 詞表中。先使用 strip 方法去掉行尾的分行符號和空格等，然後根據空格切分，空格前面的是詞，後面的是這個詞的向量。

```python
word_embedding_file = 'neural-chinese-address-
parsing/data/giga.vec100'
word2vec = {}
with open(word_embedding_file) as ff:
    for l in ff:
        l = l.strip().split(' ')
        word2vec[l[0]] = [float(x) for x in l[1:]]
print(len(word2vec))
```

程式輸出詞表長度為：6082。

如果在訓練過程中不希望更新詞向量，可以直接把詞轉換為向量再輸入模型。如果希望更新詞向量則應該把詞向量載入到模型 Embedding 層。

13.3 BERT

BERT 模型可以借助預訓練參數減少訓練時間，並且該模型對語義有很好的理解，可以輕鬆地實作很好的效果。

13.3.1 匯入套件和設定

匯入常用的套件，定義訓練模型的裝置，訓練、測試評估輪次，以及 batch_size、data_worker 等參數。

```python
import os
import time
import pickle
import random
import sklearn
import torch
import torch.nn.functional as F
from torch import nn
from tqdm import tqdm
import random

from transformers import AdamW
from transformers import get_linear_schedule_with_warmup

device = torch.device("cuda")
# 最大訓練輪次
max_train_epochs = 6
warmup_proportion = 0.05
gradient_accumulation_steps = 1
# 訓練、驗證和測試的 batch size
train_batch_size = 32
valid_batch_size = train_batch_size
test_batch_size = train_batch_size
# DataLoader 的處理程序數量
data_workers= 2
# 是否儲存模型檢查點
save_checkpoint = False
```

```
# 學習率
learning_rate=5e-5
weight_decay=0.01
max_grad_norm=1.0
# 是否使用 apm
use_amp = True
if use_amp:
    import apex
# predict_max_label_len = 10
# 記錄當前執行程式的時間
cur_time = time.strftime("%Y-%m-%d_%H:%M:%S")
#資料路徑
base_path = 'Neural Chinese Address Parsing/data/'
# 模型選擇
model_select = 'roberta'
model_select = 'bert'
model_select = 'albert'
```

可以根據上面選擇的模型自動匯入對應的套件，並進行對應設定。

```
if model_select == 'bert':
    from transformers import BertConfig, BertTokenizer, BertModel,
BertForTokenClassification
    pretrain_path= 'pretrain_model/bert-base-chinese/'
    cls_token='[CLS]'
    eos_token='[SEP]'
    unk_token='[UNK]'
    pad_token='[PAD]'
    mask_token='[MASK]'
    config = BertConfig.from_json_file(pretrain_path+'config.json')
    tokenizer = BertTokenizer.from_pretrained(pretrain_path)
    TheModel = BertModel
```

```
    ModelForTokenClassification = BertForTokenClassification
elif model_select == 'roberta':
    from transformers import RobertaConfig, RobertaTokenizer,
RobertaModel, RobertaForTokenClassification
    pretrain_path= 'pretrain_model/robert-base-chinese/'
    cls_token="<s>"
    eos_token="</s>"
    unk_token="<unk>"
    pad_token="<pad>"
    mask_token="<mask>"
    config = RobertaConfig.from_json_file(pretrain_path+'config.
json')
    tokenizer = RobertaTokenizer.from_pretrained(pretrain_path)
    TheModel = RobertaModel
    ModelForTokenClassification = RobertaForTokenClassification
else:
    raise NotImplementedError()

eos_id = tokenizer.convert_tokens_to_ids([eos_token])[0]
unk_id = tokenizer.convert_tokens_to_ids([unk_token])[0]
period_id = tokenizer.convert_tokens_to_ids(['.'])[0]
print(model_select, eos_id, unk_id, period_id)
```

任務中需要給每個字元一個標籤，所以應該使用 TokenClassification
類別。

13.3.2 Dataset 和 DataLoader

BERT 與 LSTM 的 Dataset 和 DataLodaer 大體相似。主要的區別在於
BERT 需要在開頭增加[CLS]記號、結尾增加[EOS]記號、填充處增加
[PAD]記號。

```
class MyDataSet(torch.utils.data.Dataset):
    def __init__(self, examples):
        self.examples = examples

    def __len__(self):
        return len(self.examples)

    def __getitem__(self, index):
        example = self.examples[index]
        sentence = example[0]
        #vaild_id = example[1]
        label = example[1]

        sentence_len = len(sentence)
        pad_len = max_token_len - sentence_len
        total_len = sentence_len+2

        input_token = [cls_token] + sentence + [eos_token] +
[pad_token] * pad_len
        input_ids = tokenizer.convert_tokens_to_ids(input_token)
        attention_mask = [1] + [1] * sentence_len + [1] + [0] * pad_len
        label = [-100] + label + [-100] + [-100] * pad_len
        assert max_token_len + 2 == len(input_ids) == len(attention_mask)
 == len(input_token)

        return input_ids, attention_mask, sentence_len, label, index

def the_collate_fn(batch):
    sentence_lens = [b[2] for b in batch]
    total_len = max(sentence_lens)+2
    input_ids = torch.LongTensor([b[0] for b in batch])
    attention_mask = torch.LongTensor([b[1] for b in batch])
```

```
    label = torch.LongTensor([b[3] for b in batch])
    input_ids = input_ids[:,:total_len]
    attention_mask = attention_mask[:,:total_len]
    label = label[:,:total_len]

    indexs = [b[4] for b in batch]

    return input_ids, attention_mask, label, sentence_lens, indexs

train_dataset = MyDataSet(train_list)
train_data_loader = torch.utils.data.DataLoader(
    train_dataset,
    batch_size=train_batch_size,
    shuffle = True,
    num_workers=data_workers,
    collate_fn=the_collate_fn,
)
```

可以使用 tokenizer 自動生成 attention_mask 等參數，也可手動生成參數。

13.3.3 定義模型

BERT 的定義非常簡潔，在__init__方法中需要根據模型預訓練權重初始化 BERT 模型，在 forward 方法中使用 CrossEntropyLoss 函式計算損失。

```
class MyModel(nn.Module):
    def __init__(self, config):
        super(MyModel, self).__init__()
        self.config = config
```

```
    self.num_labels = num_labels
    self.bert = TheModel.from_pretrained(pretrain_path)
    self.dropout = torch.nn.Dropout(config.hidden_dropout_prob)
    self.classifier = torch.nn.Linear(config.hidden_size, num_labe
ls)

  def forward(self, input_ids, attention_mask, labels=None):
    outputs = self.bert(input_ids=input_ids, attention_mask=attent
ion_mask)
    sequence_output = outputs[0]

    batch_size, input_len, feature_dim = sequence_output.shape

    sequence_output = self.dropout(sequence_output)
    logits = self.classifier(sequence_output)

    active_loss = attention_mask.view(-1) == 1
    active_logits = logits.view(-1, self.num_labels)[active_loss]

    if labels is not None:
        loss_fct = torch.nn.CrossEntropyLoss()
        active_labels = labels.view(-1)[active_loss]
        loss = loss_fct(active_logits, active_labels)
        return loss
    else:
        return active_logits
```

如果輸入中包含標籤則傳回 loss，如果輸入中不含標籤則傳回
logits。

13.3.4 訓練模型

建立模型和最佳化器物件，使用 AdamW 最佳化器。如果使用 Apex 則透過 apex.amp.initialize 函式初始化模型。

```
model = MyModel(config)
model.to(device)
t_total = len(train_data_loader) // gradient_accumulation_steps *
max_train_epochs + 1

num_warmup_steps = int(warmup_proportion * t_total)
log('warmup steps : %d' % num_warmup_steps)

no_decay = ['bias', 'LayerNorm.weight'] # no_decay = ['bias',
'LayerNorm.bias', 'LayerNorm.weight']
param_optimizer = list(model.named_parameters())
optimizer_grouped_parameters = [
  {'params':[p for n, p in param_optimizer if not any(nd in n for
nd in no_decay)], 'weight_decay': weight_decay},
  {'params':[p for n, p in param_optimizer if any(nd in n for nd in
 no_decay)],'weight_decay': 0.0}
]
optimizer = AdamW(optimizer_grouped_parameters, lr=learning_rate,
correct_bias=False)
scheduler = get_linear_schedule_with_warmup(optimizer, num_warmup_
steps=num_warmup_
steps, num_training_steps=t_total)

if use_amp:
    model, optimizer = apex.amp.initialize(model, optimizer)
```

　　迴圈 max_train_epochs 次，每次迴圈遍歷訓練集，每個輪次後在測試集上測試結果，把結果寫入檔案並呼叫開放原始碼測試指令稿（conlleval.pl）計算得分。

```
for epoch in range(max_train_epochs):
    # train
    epoch_loss = None
    epoch_step = 0
    start_time = time.time()
    model.train()
    for step, batch in enumerate(tqdm(train_data_loader)):
        input_ids, attention_mask, label = (b.to(device) for b in
batch[:-2])
        loss = model(input_ids, attention_mask, label)
        if use_amp:
            with apex.amp.scale_loss(loss, optimizer) as scaled_loss:
                scaled_loss.backward()
        else:
            loss.backward()
        if (step + 1) % gradient_accumulation_steps == 0:
            optimizer.step()
            scheduler.step()
            optimizer.zero_grad()

        if epoch_loss is None:
            epoch_loss = loss.item()
        else:
            epoch_loss = 0.98*epoch_loss + 0.02*loss.item()
        epoch_step += 1

    used_time = (time.time() - start_time)/60
    log('Epoch = %d Epoch Mean Loss %.4f Time %.2f min' % (epoch,
```

```
epoch_loss, used_time))
    result = eval()
    with open('result.txt', 'w') as f:
        for r in result:
            f.write('\t'.join(r) + '\n')
    y_true = []
    y_pred = []
    for r in result:
        if not r: continue
        y_true.append(label2id[r[1]])
        y_pred.append(label2id[r[2]])
    print(sklearn.metrics.f1_score(y_true, y_pred, average='micro'))
        !perl conlleval.pl < result.txt
```

每輪訓練完成後列印評估結果，最後一輪的評估結果如下。

```
[['龙', 'B-subRoadno', 'B-subRoadno'], ['港', 'I-subRoadno',
'I-subRoadno'], ['镇','I-subRoadno', 'I-subRoadno'], ['泰',
'I-houseno', 'B-otherinfo'], ['和', 'B-otherinfo', 'B-otherinfo'],
['小', 'B-otherinfo', 'B-otherinfo'], ['区', 'B-otherinfo',
'B-otherinfo'], ['B','B-district', 'B-district'], ['懂', 'I-district',
'I-district'], ['1', 'B-redundant', 'B-redundant'], ['0',
'B-redundant', 'B-redundant'], ['9', 'B-redundant', 'B-redundant'],
['7', 'B-redundant', 'B-redundant'], [], ['浙', 'I-otherinfo',
'I-otherinfo'], ['江', 'I-otherinfo', 'I-otherinfo'], ['省',
'I-otherinfo', 'I-otherinfo'], ['嘉', 'B-city', 'B-city'], ['兴',
'I-city', 'I-city'], ['市', 'I-city', 'I-city']]
0.851548009701812
processed 56072 tokens with 35104 phrases; found: 36704 phrases;
correct: 28414.
accuracy:  85.15%; precision:  77.41%; recall:  80.94%; FB1:  79.14
        assist: precision:  68.11%; recall:  52.72%; FB1:  59.43   185
```

```
    cellno: precision:  63.48%; recall:  62.93%; FB1:  63.20   575
    city: precision:  85.32%; recall:  91.88%; FB1:  88.48  1737
    community: precision:  72.53%; recall:  73.20%; FB1:  72.87
1318
     country: precision:  89.18%; recall:  88.72%; FB1:  88.95
2505
     devZone: precision:  88.74%; recall:  92.52%; FB1:  90.59
4264
     district: precision:  48.42%; recall:  63.41%; FB1:  54.91
1235
     floorno: precision:  35.44%; recall:  13.15%; FB1:  19.18
79
     houseno: precision:  70.96%; recall:  68.37%; FB1:  69.64
2741
     otherinfo: precision:  81.54%; recall:  88.47%; FB1:  84.87
 10213
      person: precision:  60.49%; recall:  67.99%; FB1:  64.02
1278
       poi: precision:  71.53%; recall:  83.56%; FB1:  77.08
2104
      prov: precision:  73.51%; recall:  87.94%; FB1:  80.08
1676
    redundant: precision:  85.76%; recall:  88.43%; FB1:  87.07
 3519
      road: precision:  61.08%; recall:  38.83%; FB1:  47.48
185
      roadno: precision:  44.86%; recall:  26.90%; FB1:  33.63
292
      roomno: precision:  54.56%; recall:  48.08%; FB1:  51.11
1261
       subRoad: precision:  18.99%; recall:  20.00%; FB1:  19.48
 79
```

```
     subRoadno: precision:  74.97%; recall:  83.56%; FB1:  79.03
 1458
```

13.3.5 獲取預測結果

遍歷測試資料集並預測結果。print_address 函式可以接收一個字串，並直接把分類結果輸出出來。

```
def print_address_info(address):
  # address = "北京市海淀区西土城路 10 号北京邮电大学"
  input_token = [cls_token] + list(address) + [eos_token]
  input_ids = tokenizer.convert_tokens_to_ids(input_token)
  attention_mask = [1] * (len(address) + 2)
  ids = torch.LongTensor([input_ids])
  atten_mask = torch.LongTensor([attention_mask])
  x = model(ids, atten_mask)
  logits = model(ids, atten_mask)
  logits = F.softmax(logits, dim=-1)
  logits = logits.data.cpu()
  rr = torch.argmax(logits, dim=1)
  for i, x in enumerate(rr.numpy().tolist()[1:-1]):
    print(sentence[i], labels[x])
```

下面測試一個地址。

```
get_address('北京市海淀区西土城路 10 号北京邮电大学')
```

輸出如下。

```
北 B-city
京 I-city
市 I-city
海 I-country
淀 B-devZone
区 B-devZone
西 B-poi
土 I-poi
城 I-poi
路 I-poi
1 B-prov
0 I-prov
号 I-prov
北 I-houseno
京 B-otherinfo
邮 B-otherinfo
电 B-otherinfo
大 B-otherinfo
学 B-otherinfo
```

可以看到，該模型辨識出了北京市，但是在海淀區和後面一些內容辨
識中出錯了。可以先儲存模型的參數。

```
torch.save(model.state_dict(), 'Neural_Chinese_Address_Parsing_BERT
_state_dict.pkl')
```

13.4 HTML5 演示程式開發

本節將介紹使用 Flask 框架開發簡單的 HTML 程式用於和使用者互動，並動態地展現模型效果。第 5 章介紹過使用 Flask 框架開發 Web 應用和 WEB API，但僅介紹了最基礎的用法，本節將介紹功能更多的 HTML5 應用程式。

13.4.1 專案結構

典型的 Flask 框架包含 Python 檔案，一般建立 main.py 作為程式入口，外加其他檔案，如實作模型功能的檔案。HTML 範本檔案用於生成動態的 HTML 內容，需要透過以 Python 指定的方法進行繪製。靜態檔案通常是原樣呈現給使用者的，如前端使用的 css、js 指令稿，圖片、音訊等資源檔。

先建立 main.py 檔案、templates 資料夾和 static 資料夾。

templates 資料夾用於存放 HTML 範本檔案，statics 資料夾用於存放靜態檔案。

```
from flask import Flask, request, render_template, session, redirec
t, url_for
app = Flask(__name__)

if __name__=='__main__':
    app.run(host='0.0.0.0', port=1234)
```

這已經是一個最簡單的 Flask 程式，可以監聽本機所有 IP 位址的 TCP 1234 通訊埠，並可以傳回 static 目錄下的檔案。本機可透過存取

http://127.0.0.1:1234 開啟這個 Flask 程式建立的網頁。static 目錄對應的
URL 是 http://127.0.0.1:1234/static/。若在 static 目錄下建立文字檔 1.txt，
並寫入「hello」，在 http://127.0.0.1:1234/static/1.txt 可以看到文字
「hello」。

　　除了 static 目錄下檔案實作的功能以外的功能都需要寫新的程式來實
作。

注意：這裡監聽的是「0.0.0.0」，會允許其他機器透過本機的任意 IP 存
取該程式。如果想指定一個 IP，可在這裡寫具體 IP，如果只允許本機
存取可寫為「127.0.0.1」。

13.4.2 HTML5 介面

　　在 templates 目錄下建立 index.html 檔案，並寫入如下內容以建立基
本介面。使用 HTML 定義基本介面元素，並引入協力廠商函式庫。

```
<!DOCTYPE html>
<html lang="zh">
 <head>
  <meta charset="utf-8">
  <meta name="viewport" content="width=device-width, initial-
scale=1, shrink-to-fit=no">
  <link rel="stylesheet" href="https://maxcdn.bootstrapcdn.com/bootstr
ap/4.0.0-alpha.6/css/
    bootstrap.min.css" crossorigin="anonymous">
 </head>
<body>
  <div class="container">
```

```
        <div class="jumbotron jumbotron-fluid">
          <div class="container">
            <h1 class="display-3">地址自動解析</h1>
            <p class="lead">以深度學習為基礎的中文地址自動解析</p>
          </div>
        </div>
        <label for="province">省/直轄市/自治區/特別行政</label>
        <div class="input-group">
        <input type="text" class="form-
control" id="province" aria-describedby=
"basic-addon1">
            <span class="input-group-addon" id="basic-addon1">省/市/
自治區/特別行政區</span>
        </div>
        <label for="city">城市</label>
        <div class="input-group">
          <input type="text" class="form-control" id="city" aria-
describedby="basic-
addon2">
            <span class="input-group-addon" id="basic-addon2">市
</span>
        </div>
        <label for="district">區</label>
        <div class="input-group">
          <input type="text" class="form-
control" id="district" aria-describedby="
basic-addon3">
            <span class="input-group-addon" id="basic-addon3">區
</span>
        </div>
        <label for="street">街道</label>
        <div class="input-group">
```

```
            <input type="text" class="form-control" id="street"
aria-describedby="basic-addon4">
            <span class="input-group-addon" id="basic-addon4">街道
</span>
          </div>
          <div class="form-group">
          <label for="exampleTextarea">智慧解析</label>
          <textarea class="form-control" id="text" rows="5">
</textarea>
        </div>
          <button type="submit" class="btn btn-success">解析
</button>
  </div>
  <script src="https://code.jquery.com/jquery-3.1.1.slim.min.js"
          crossorigin="anonymous"></script>
  <script src="https://cdnjs.cloudflare.com/ajax/libs/tether/1.4.0/
js/tether.min.js"
          crossorigin="anonymous"></script>
 <script src="https://maxcdn.bootstrapcdn.com/bootstrap/4.0.0-
alpha.6/js/bootstrap.min.js"
          crossorigin="anonymous"></script>
  </body>
</html>
```

這裡使用 Bootstrap 函式庫美化前端介面，並定義一個大標題。介面中的 4 個文字標籤分別是「省/直轄市/自治區/特別行政區」、「城市」、「區」、「街道」，其中的內容可以手動填寫，也可以由模型解析整段地址後自動填寫。

介面的下方是「智慧解析」文字標籤，可以貼上或輸入大段文字，介面的最下方是「解析」按鈕。我們希望實作點擊「解析」按鈕後自動上傳文字標籤內的字元到伺服器，伺服器呼叫模型解析地址文字並把解析完成的結果傳回前端，前端再按照伺服器解析的結果把對應內容填入對應的文字標籤。

在 mian.py 檔案中寫入該介面的入口。

```
@app.route('/')
def index():
    return render_template('index.html')
```

再次執行 main.py 檔案，存取 http://127.0.0.1:1234，介面效果如圖 13.1 所示。

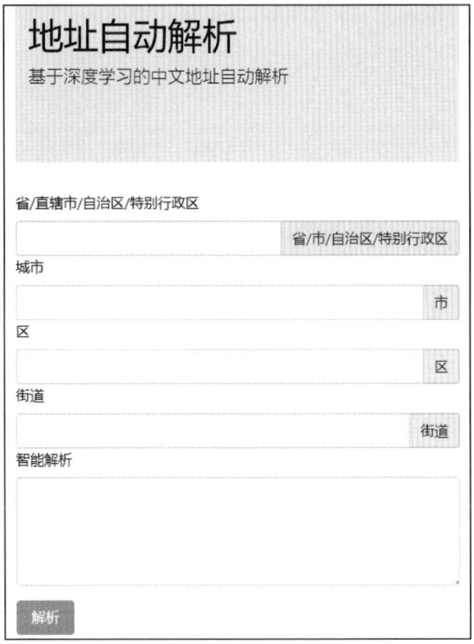

▲ 圖 13.1 介面效果(編按：本圖例為簡體中文介面)

現在的介面只能進行手動輸入，點擊「解析」按鈕沒有任何反應。下一步，需要給前端綁定事件。

13.4.3 建立前端事件

使用 JavaScript 語言定義向伺服器發送位址字串，接收伺服器傳回的結果，並更新前端介面的操作。在 index.html 檔案的倒數第一行</html>和倒數第二行</body>之間插入以下程式。

```
<script>
function get_result() {
    alert("準備向伺服器發送請求解析地址文字！");
    let xhr = new XMLHttpRequest();
    xhr.open('GET', '/parse_address/?addr=' + text.value);
  xhr.send();
  xhr.onreadystatechange = function(){
      if ( xhr.readyState == 4) {
              if (xhr.status == 200) {
              let result = JSON.parse(xhr.responseText);
                  province.value = result['province'];
                  city.value = result['city'];
                  district.value = result['district'];
                  street.value = result['street'];
              }
          else {
              alert( xhr.responseText );
              }
      }
    };
}
</script>
```

這段程式使用 XMLHttpRequest 物件和伺服器通訊，發送文字標籤中的內容，伺服器傳回資料後更新第 13.4.2 小節介紹的 4 個輸入框。

還需要把這段程式中的函式綁定到點擊「解析」按鈕的事件上，保證
點擊「解析」按鈕時呼叫這個函式。找到定義「解析」按鈕的程式。

```
<button type="submit" class="btn btn-success">解析</button>
```

改為如下程式。

```
<button type="submit" class="btn btn-
success" onclick="get_result()">解析</button>
```

重新啟動 main.py 檔案以更新介面，點擊「解析」按鈕，先後出現兩
個提示彈窗，如圖 13.2 和圖 13.3 所示。

▲ 圖 13.2 準備發送請求的提示(編按：本圖例為簡體中文介面)

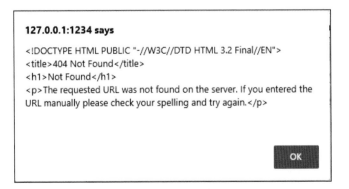

▲ 圖 13.3 遇到錯誤的提示

第一個提示是正常提示，說明這個事件已經被觸發，第二個提示說明伺服器並沒有正確傳回資料。

> **注意：**圖 13.3 中的錯誤訊息是 Flask 框架預設的錯誤訊息，404 錯誤表示頁面未找到，因為後端沒有定義對應的 URL。

13.4.4 伺服器邏輯

實作伺服器端的邏輯，包括接收資料、載入模型、執行模型、解析結果、傳回資料。

首先建立一個新的檔案 model.py 用於存放模型相關程式，這裡我們使用第 13.3 節中儲存的 BERT 模型參數。在 model.py 檔案中寫入如下內容。

匯入需要使用的套件。

```
import os
import time
import torch
import torch.nn.functional as F
from torch import nn
from tqdm import tqdm
from transformers import AdamW
from transformers import get_linear_schedule_with_warmup
device = torch.device("cpu")
```

包括 BERT 模型相關的套件和一些參數。

```
from transformers import BertConfig, BertTokenizer, BertModel, Bert
ForTokenClassification
cls_token='[CLS]'
eos_token='[SEP]'
unk_token='[UNK]'
pad_token='[PAD]'
mask_token='[MASK]'
tokenizer = BertTokenizer.from_pretrained('bert-base-chinese')
TheModel = BertModel
ModelForTokenClassification = BertForTokenClassification
```

定義標籤。

```
labels = ['B-assist', 'I-assist', 'B-cellno', 'I-cellno', 'B-city',
'I-city', 'B-community', 'I-community', 'B-country', 'I-country',
'B-devZone', 'I-devZone', 'B-district', 'I-district', 'B-floorno',
'I-floorno', 'B-houseno', 'I-houseno', 'B-otherinfo', 'I-otherinfo',
'B-person', 'I-person', 'B-poi', 'I-poi', 'B-prov', 'I-prov',
'B-redundant', 'I-redundant', 'B-road', 'I-road', 'B-roadno',
'I-roadno', 'B-roomno', 'I-roomno', 'B-subRoad', 'I-subRoad',
'B-subRoadno', 'I-subRoadno', 'B-subpoi', 'I-subpoi', 'B-subroad',
'I-subroad', 'B-subroadno', 'I-subroadno', 'B-town', 'I-town']
label2id = {}
for i, l in enumerate(labels):
    label2id[l] = i
num_labels = len(labels)
```

定義模型。

```
config = BertConfig.from_pretrained('bert-base-chinese')
class BertForSeqTagging(ModelForTokenClassification):
    def __init__(self):
```

```
        super().__init__(config)
        self.num_labels = num_labels
        self.bert = TheModel.from_pretrained('bert-base-chinese')
        self.dropout = torch.nn.Dropout(config.hidden_dropout_prob)
        self.classifier = torch.nn.Linear(config.hidden_size,
num_labels)
        self.init_weights()

    def forward(self, input_ids, attention_mask, labels=None):
        outputs = self.bert(input_ids=input_ids, attention_mask=
attention_mask)
        sequence_output = outputs[0]
        batch_size, max_len, feature_dim = sequence_output.shape
        sequence_output = self.dropout(sequence_output)
        logits = self.classifier(sequence_output)
        active_loss = attention_mask.view(-1) == 1
        active_logits = logits.view(-1, self.num_labels)[active_loss]

        if labels is not None:
            loss_fct = torch.nn.CrossEntropyLoss()
            active_labels = labels.view(-1)[active_loss]
            loss = loss_fct(active_logits, active_labels)
            return loss
        else:
            return active_logits
```

建立模型物件。

```
model = BertForSeqTagging()
model.to(device)
```

載入模型檔案。

```
model.load_state_dict(torch.load('Neural_Chinese_Address_Parsing_BE
RT_state_dict.pkl',
map_location=torch.device('cpu')))
```

這裡選擇 CPU 環境，需要增加參數 map_location=torch.device ('cpu')。

把 13.3.5 小節中的獲取結果函式由 print_address_info 修改為 get_
address_info。

```
def get_address_info(address):
  # address = "北京市海淀区西土城路 10 号北京邮电大学"
  input_token = [cls_token] + list(address) + [eos_token]
  input_ids = tokenizer.convert_tokens_to_ids(input_token)
  attention_mask = [1] * (len(address) + 2)
  ids = torch.LongTensor([input_ids])
  atten_mask = torch.LongTensor([attention_mask])
  x = model(ids, atten_mask)
  logits = model(ids, atten_mask)
  logits = F.softmax(logits, dim=-1)
  logits = logits.data.cpu()
  rr = torch.argmax(logits, dim=1)
  import collections
  r = collections.defaultdict(list)
  for i, x in enumerate(rr.numpy().tolist()[1:-1]):
    r[labels[x][2:]].append(address[i])
  return r
```

測試模型的效果。

```
get_address_info('北京市海淀区西土城路 10 号北京邮电大学')
```

輸出如下。

```
defaultdict(list,
        {'city': ['北', '京', '市'],
        'country': ['海'],
        'devZone': ['淀', '区'],
        'poi': ['西', '土', '城', '路'],
        'prov': ['1', '0', '号'],
        'houseno': ['北'],
        'otherinfo': ['京', '邮', '电', '大', '学']})
```

> **注意：**這裡模型把「海淀区」辨識錯誤了，真正的 poi「北京邮电大學」被辨識成了 otherinfo，真正的道路名稱卻成了 poi。

修改 mian.py 的程式。

```
from flask import Flask, request, render_template, session,
redirect, url_for
from model import get_address_info

app = Flask(__name__)

@app.route('/')
def index():
  return render_template('index.html')

@app.route('/parse_address/')
def parse_address():
  addr = request.args.get('addr', None)
  r = get_address_info(addr)
  for k in r:
```

```
    r[k] = ''.join(r[k])
  return r

if __name__=='__main__':
    app.run(host='0.0.0.0', port=1234)
```

同時修改前端程式對後端資料的解析部分。

```
<script>
function get_result() {
    alert("準備向伺服器發送請求解析地址文字！");
    let xhr = new XMLHttpRequest();
    xhr.open('GET', '/parse_address/?addr=' + text.value);
  xhr.send();
  xhr.onreadystatechange = function(){
      if ( xhr.readyState == 4) {
              if (xhr.status == 200) {
              let result = JSON.parse(xhr.responseText);
                  province.value = result['prov'];
                  city.value = result['city'];
                  district.value = result['district']||result[
'devZone'];
                  street.value = result['road'] || result['sub
Road'];
              }
          else {
              alert( xhr.responseText );
              }
          }
    };
}
</script>
```

最終介面效果如圖 13.4 所示。

▲ 圖 13.4　最終介面效果(編按：本圖例為簡體中文介面)

注意：這裡使用者介面的欄位比較少，而且沒有依照原資料中的標籤數量設定欄位，所以存在欄位不對應的問題，影響使用效果，可以嘗試在訓練資料中對標籤進行進一步合併。

13.5 小結

本章介紹了使用 BERT 模型完成中文地址解析的任務，同時開發了一個 HTML5 的使用者介面方便使用者與模型互動。第 14 章將採用類似的形式實作一個生成模型，分別嘗試使用 LSTM、Transformer 和 GPT-2 模型生成詩文。

除了使用 BERT 模型外，本章的任務還可以使用 B iLSTM-CRF 模型完成，BiLSTM（Bidirectional LSTM）指雙向 LSTM 模型，CRF（Conditional Random Field）指條件隨機場，該模型可以學習標籤的順序關係，比較適合解決本章中的問題，讀者若有興趣可自行嘗試。

專案：詩句補充

本章將使用中國古詩詞資料集「chinese-poetry」完成詩句補充任務，將分別透過 LSTM、Transformer 和 GPT-2 這 3 種模型，實作自動對詩的程式。最終的程式是一個可以跟使用者互動的 HTML5 應用程式，可以在電腦或手機上執行。

本章主要涉及的基礎知識如下。

- 資料集介紹。
- 資料處理和載入。
- LSTM 模型。
- Transformer 模型。
- GPT-2 模型。
- 視覺化介面開發。

(編按：原書程式碼使用簡體中文示範，本章為確保程式碼能順利執行，以簡體中文示範)

14.1 了解 chinese-poetry 資料集

chinese-poetry 資料集是發佈在 GitHub 的中國古詩詞資料集，採用 MIT 開放原始碼協定，可以自由使用。該資料集資料以 JSON 格式發佈便於使用和處理。

14.1.1 下載 chinese-poetry 資料集

chinese-poetry 資料集倉庫位址：https://github.com/chinese-poetry/chinese-poetry。

下載 chinese-poetry 資料集，即複製倉庫，命令如下。

```
git clone https://github.com/chinese-poetry/chinese-poetry
```

整個倉庫的大小超過 500MB。其中 json 資料夾中是《全唐詩》和《全宋詩》，內容為繁體中文，包含數百個 json 檔案，命名格式是 poet.tang.編號.json 和 poet.song.編號.json。

ci 資料夾中是《全宋詞》，其中有 23 個 json 檔案包含內容，有 1 個檔案包含作者資訊，內容為簡體中文。

caocaoshiji 資料夾中是「曹操詩集」。lunyu 資料夾中是《論語》。mengxue 資料夾中是《三字經》《百家姓》《千字文》等蒙學經典。Shijing 資料夾中是《詩經》，內容為簡體中文。Sishuwujing 資料夾中是「四書五經」。Wudai 資料夾中是五代十國時期的詩詞，包含《花間集》和《南唐二主詞》。youmengying 資料夾中是《幽夢影》。yuanqu 資料夾中是元曲。

14.1.2　探索 chinese-poetry 資料集

　　開啟檔案名稱為「poet.tang.0.json」的 json 檔案，編碼是 UTF-8。使用 Windows 作業系統時注意指定檔案編碼。

```
import json
f = open('chinese-poetry/json/poet.tang.0.json', encoding='utf8')
data = json.load(f)   # load 函式接收檔案物件，loads 函式接收字串
```

　　查看資料型態和長度。

```
print(type(data), len(data))
```

　　輸出如下。

```
<class 'list'> 1000
```

　　查看第一個資料。

```
print(data[0])
```

　　輸出如下。

```
{
        'author': '太宗皇帝',
        'paragraphs': [
                '秦川雄帝宅，函谷壯皇居。',
                '綺殿千尋起，離宮百雉餘。',
                '連甍遙接漢，飛觀迥淩虛。',
                '雲日隱層闕，風煙出綺疎。'
        ],
        'title': '帝京篇十首 一',
```

```
        'id': '3ad6d468-7ff1-4a7b-8b24-a27d70d00ed4'
}
```

資料中的詩的正文都是繁體字，可以使用繁簡字對照表完成繁簡轉換。這裡使用 funNLP 倉庫提供的繁簡字對照表，該對照表位址：https://github.com/fighting41love/funNLP/blob/master/data/繁简体转换词库/fanjian_suoyin.txt

下載好該對照表後開啟檔案，逐行讀取並載入到 dict 中以便查詢。

```python
f2j = {}    # 繁體字到簡體字的轉換
with open('fanjian_suoyin.txt', encoding='utf8') as ffj:
    for l in ffj:
        fan, jian = l.strip().split('\t')
        f2j[fan] = jian
```

程式 f2j['尋']可以得到「尋」對應的簡體字「寻」。如果把載入詞表的順序顛倒過來可以實作簡體字到繁體字的轉換，但是這樣無法處理不在詞表中的詞。可撰寫函式實作繁體中文句子轉換為簡體中文句子的功能。

(編按：由於資料集是簡繁混用，這邊是為了統一產生的文字為固定繁體字或簡體字，所有會有轉換的動作，讀者在操作時，可以反向將簡體轉換繁體，本章以產生簡體字文字示範)

> **注意：**這裡使用的繁簡字對照表來自開放原始碼倉庫，但是該對照表似乎並不是很準確，下文將介紹我們在實驗中偶然發現的該對照表遺漏的字

```
def f2jconv(fan):
  ls = []
  for ch in fan:
    if ch not in f2j:
      ls.append(ch)
#         print('not found', ch)
      continue
    ls.append(f2j[ch])
  return ''.join(ls)
```

測試函式效果。

```
print(''.join(data[0]['paragraphs']))
print(f2jconv(''.join(data[0]['paragraphs'])))
```

輸出的結果如下。

秦川雄帝宅，函谷壯皇居。綺殿千尋起，離宮百雉餘。連甍遙接漢，飛觀迴凌虛。雲日隱層闕，風煙出綺疎。
秦川雄帝宅，函谷壮皇居。绮殿千寻起，离宫百雉馀。连甍遥接汉，飞观迥凌虚。云日隐层阙，风烟出绮疎。

有兩個包含作者資訊的檔案：author.tang.json 和 author.song.json，本專案中不會用到。

14.2 準備訓練資料

根據任務要求選取合適的資料，並對資料做統一的處理，比如繁簡字轉換等。剔除有問題的資料，保證訓練集的準確性。

14.2.1 選擇資料來源

　　詩和詞、曲相比更加「規整」，因為詩中的句子往往字數相同，而且可能有對偶的關係。所以可以從詩入手。這裡選擇《全唐詩》《全宋詩》和《詩經》。

14.2.2 載入記憶體

　　先把資料載入記憶體。由於檔案很多，可以先透過 os.listdir 函式得到檔案名稱清單。注意資料檔案的相對路徑。

```
import os
path = 'chinese-poetry/json/'
f_list = os.listdir(path)   # 獲取 path 指向的路徑中的所有檔案（也包括目
錄，但該路徑下沒有目錄）
```

　　然後遍歷檔案名稱以載入資料，可以根據檔案名稱首碼判斷該檔案的內容屬於《全唐詩》或者《全宋詩》，或者《詩經》。載入資料的時候分句子載入，並不保留篇章關係，把所有的句子都混在一起。句子加入串列前先進行繁簡字轉換，保證載入到串列中的資料都是簡體或繁體字。

```
tang = []
for f in f_list:
    if f.startswith('poet.tang.'):  # poet.tang 首碼開頭的是唐詩
        with open(path + f, encoding='utf8') as f:
            d = json.load(f)
            for p in d:
                for line in p['paragraphs']:  # 按行讀取
                    tang.append(f2jconv(line))
song = []
```

```
for f in f_list:
    if f.startswith('poet.song.'):  # poet.song 首碼開頭的是宋詩
        with open(path + f, encoding='utf8') as f:
            d = json.load(f)
            for p in d:
                for line in p['paragraphs']:
                    tang.append(f2jconv(line))
```

載入資料耗時 10 秒左右。列印兩個串列的長度。

```
print(len(tang), len(song))
```

輸出的結果如下。

```
(267697, 1099146)
```

《全唐詩》資料中有 26 萬句，《全宋詞》109 萬句。再分別查看兩個資料的前 5 句。

```
print(tang[:5], song[:5])
```

輸出的結果如下。

```
['秦川雄帝宅，函谷壯皇居。', '綺殿千尋起，離宮百雉餘。', '連甍遙接漢，飛觀迥凌虛。', '云日隐層闕，风烟出綺疎。', '□廊罢机务，崇文聊驻輦。'] ['欲出未出光辣达，千山万山如火发。', '须臾走向天上来，逐却残星赶却月。', '未离海底千山黑，才到天中万国明。', '满目江山四望幽，白云高卷嶂烟收。', '日回禽影穿疏木，风递猿声入小楼。']
```

其中有一個不能正常顯示的字，之後可以考慮去掉這種不能正常顯示的字。

14.2.3 切分句子

下一步是去掉標點，並把一句中的上、下子句分開，同時驗證是否有上、下兩句長度不同的情況。

```
def split_sentence(sentence_list):
  result = []
  errs = []
  for s in sentence_list:
    if s[-1] not in '，。':        # 去掉不以句點，逗點結尾的詩句
      errs.append(s)
      continue
    if '，' not in s:             # 去掉中間不含逗點或問號的詩句
      if '？' not in s:
        errs.append(s)
        continue
      else:
        try:
          s1, s2 = s[:-1].split('？')
        except ValueError:        # 如果不能分割成上、下兩句則捨棄資料
          errs.append(s)
          continue
    else:
      try:
        s1, s2 = s[:-1].split('，')
      except ValueError:
        errs.append(s)
        continue
    if len(s1) != len(s2):        # 分割出的兩句長度不同則捨棄資料
      errs.append(s)
      continue
    result.append([s1, s2])
```

```
  return result, errs
```

以上程式已經考慮了很多異常情況，如上下句不等長、句中以「？」而非「，」分隔等，但還可能有很多其他異常情況沒有考慮到。

先測試《全唐詩》資料。

```
r, e = split_sentence(tang)
print(len(r), len(e))
```

結果如下。

```
245105 22592
```

有 24 萬多筆正常的資料，2 萬多筆異常的資料，再檢查異常資料。

```
print(e[:10])
```

結果如下。

```
['醽醁胜兰生，翠涛过玉{睿/八|又/韭}。', '太常具礼方告成。', '近日毛虽暖闻弦心已惊。', '屏欲除奢政返淳。', '如何昔朱邸，今此作离宫？雁沼澄澜翠，猿□落照红。', '藹周庐兮，冒霜停雪，以茂以悦。', '恣卷舒兮，连枝同荣，吐绿含英。', '曜春初兮，蓐收御节，寒露微结。', '气清虚兮，桂宫兰殿，唯所息宴。', '栖雍渠兮，行摇飞鸣，急难有情。']
```

第一句出現異常情況的原因是生僻字透過組合的方式表示，這個規則在 json 資料夾下的「表面結構字.json」檔案中有介紹。這裡不細究，因為出現該類別異常情況的句子數量不多，而且這種生僻字本身對模型功能的影響可能也不太大。

其他異常情況出現的原因是每句包含多個子句，由於出現該類別異常情況的句子數量也不太多，所以可以直接忽略。

再測試《全宋詩》資料。

```
r, e = split_sentence(song)
```

程式顯示出錯如下。

```
IndexError Traceback (most recent call last)
<ipython-input-58-d959987dd223> in <module>
----> 1 r2, e2 = split_sentence(song)

<ipython-input-52-79f9f140bdd8> in split_sentence(sentence_list)
    3    errs = []
    4    for s in sentence_list:
----> 5        if s[-1] not in '，。':
    6            errs.append(s)
    7            continue

IndexError: string index out of range
```

[-1]索引代表字串最後一個字元，顯示出錯說明這個字串是空字串。上面的程式沒有考慮這個情況，所以做出如下修改。

```
def split_sentence(sentence_list):
  result = []
  errs = []
  for s in sentence_list:
    if not s:  # 跳過空字串
        continue
    if s[-1] not in '，。':
```

```
            errs.append(s)
            continue
        if ',' not in s:
            if '?' not in s:
                errs.append(s)
                continue
            else:
                try:
                    s1, s2 = s[:-1].split('?')
                except ValueError:
                    errs.append(s)
                    continue
        else:
            try:
                s1, s2 = s[:-1].split(',')
            except ValueError:
                errs.append(s)
                continue
        if len(s1) != len(s2):
            errs.append(s)
            continue
        result.append([s1, s2])
    return result, errs
```

如果遇到空字串則直接跳過。再次測試《全宋詩》資料。

```
r2, e2 = split_sentence(song)
print(len(r2), len(e2))
```

結果如下。

```
1078714 20430
```

有 2 萬多筆異常的資料。再查看異常資料。

```
print(e2[:10])
```

結果如下。

```
['片逐银蟾落醉觥。', '寒艳芳姿色尽明。', '谏晋主不从作。', '三四君子只是争些
闲气，争如臣向青山顶头。', '管什玉兔东昇，红轮西坠。', '圆如珠，赤如丹，倘能擘
破分喫了，争不惭愧洞庭山。', '乞与金钟病眼明。', '定为父，慧为母，能孕千圣之门
户。', '定为将，慧为相，能弼心王成无上。', '定如月，光烁外道邪星灭。']
```

出錯的資料與之前情況類似，所以也不做修改，直接捨棄這些資料。

14.2.4 統計字頻

統計字元出現的頻率，可以幫助篩選資料、去掉不常用甚至是出錯的
字元。使用 collections 中的 Counter 物件可以方便地完成該任務，Counter
物件類似於詞表，但有預設值。

```
import collections
def static_tf(s_list):
  wd = collections.Counter()   # Counter 物件未初始化的 key 對應值為 0
  for w in s_list:
      for x in w:
      for ch in x:
          wd[ch] += 1
  return wd
```

嘗試統計《全唐詩》的字元出現的頻率。

```
wd = static_tf(r)
print(len(wd))
```

結果如下。

```
8116
```

一共出現 8116 個字。

排序並輸出出現次數前 10 名的字。

```
wlist = list(wd.items())
wlist.sort(key=lambda x:-x[1])
wlist[:10]
```

結果如下。

```
[('不', 28042),
 ('人', 22164),
 ('无', 17555),
 ('山', 16905),
 ('一', 16585),
 ('风', 16202),
 ('日', 15544),
 ('云', 14179),
 ('有', 13602),
 ('来', 13050)]
```

查看出現次數最少的 20 個字。

```
wlist = list(wd.items())
wlist.sort(key=lambda x:-x[1])
wlist[-20:]
```

結果如下。

```
[('毒', 1),
 ('簑', 1),
 ('猷', 1),
 ('鰡', 1),
 ('佁', 1),
 ('堙', 1),
 ('淶', 1),
 ('鋂', 1),
 ('褒', 1),
 ('穭', 1),
 ('飍', 1),
 ('袗', 1),
 ('忕', 1),
 ('磿', 1),
 ('嵜', 1),
 ('禘', 1),
 ('璐', 1),
 ('濼', 1),
 ('峄', 1),
 ('柟', 1)]
```

這些字元都僅出現過一次。

再輸出僅出現 1 次，2 次，……，20 次的字的個數及其占總字數的百分比。

```
for i in range(1, 15):
    c = 0
    for k in wd:
        if wd[k] == i:
            c += 1
    print(i, c, '%.2f%%' % (c/len(wd)*100))
```

結果如下。

```
1 1287 15.86%
2 561 6.91%
3 337 4.15%
4 255 3.14%
5 210 2.59%
6 155 1.91%
7 111 1.37%
8 138 1.70%
9 112 1.38%
10 93 1.15%
11 95 1.17%
12 91 1.12%
13 88 1.08%
14 67 0.83%
```

去掉所有出現次數小於 10 的字，並查看該操作會影響資料集中多少的資料。因為這些字對模型的意義不大，但我們不希望損失太多資料。該程式執行速度可能較慢，所以使用 tqdm 顯示進度。

```
from tqdm import tqdm
char2remove = []
for k in wd:
    if wd[k] < 10:
```

```
        char2remove.append(k)
print('要刪除的字元數：', len(char2remove))
c = 0
for s in tqdm(r):
    f = True
    for ch in char2remove:
        if ch in s[0] or ch in s[1]:
            f = False
            break
    if f:
        c += 1
print(c / len(r))
```

輸出如下。

```
要刪除的字元數： 3166
100%|████████████████████████| 245105/245105 [02:16<00:00,
1796.22it/s]
0.9675812406927643
```

要刪除 3.2%的資料，可以接受。只是程式執行速度比較慢，耗時 2
分鐘。

14.2.5 刪除低頻字所在詩句

把第 14.2.4 小節程式整合就是刪除低頻字所在詩句的程式。先統計字
頻，然後找出要刪除的字，最後找出包含要刪除的字的詩句。

```
import collections
from tqdm import tqdm
def static_tf(s_list):
```

```
    wd = collections.Counter()
    for w in s_list:
        for x in w:
            for ch in x:
                wd[ch] += 1
    return wd
def remove_low_freq_wd(r, cnt=10):
    wd = static_tf(r)
    char2remove = []
    for k in wd:
        if wd[k] < cnt:
            char2remove.append(k)
    print('要刪除的字元數：', len(char2remove))
    new_r = []
    for s in tqdm(r):
        f = True
        for ch in char2remove:
            if ch in s[0] or ch in s[1]:
                f = False
                break
        if f:
            new_r.append(s)
    print(c / len(r))
    return new_r
```

在《全唐詩》資料集中執行這段程式。

```
new_r = remove_low_freq_wd(r)
```

可以得到去除低頻字所在詩句的更精簡的資料。

14.2.6 詞到 ID 的轉換

統計出現的所有的字，並給每個字一個唯一的 ID，然後把映射關係存到字典和串列中，字典用於實作字到 ID 的轉換，串列用於實作 ID 到字的轉換。

```
w2id = {'<unk>': 0}
id2w = ['<unk>']
i = 1
for s in new_r:
    for x in s:
        for ch in x:
            if ch not in w2id:
                w2id[ch] = i
                i += 1
                id2w.append(ch)
print(len(w2id))
```

這裡增加特殊字<unk>，位於詞表開頭，ID 是 0。程式輸出的結果如下。

```
4949
```

由於去掉低頻字，所以詞表長度僅為 4949。

14.3 實作基本的 LSTM

先實作一個基本的 LSTM，然後以這個模型進行一系列改進為基礎，實作執行效率和模型效果的提升。因為輸入資料和輸出資料分別是詩的上半句和下半句，且長度總是相等的，所以可以使用 LSTM。

需要處理的一個問題是詩句長度並不都是一致的，如五言詩和七言詩的長度不一致，如果一個 batch 中的詩句長度不一致則需要填充短的詩句。

14.3.1 把處理好的資料和詞表存入檔案

為了便於工作，可以把之前前置處理的資料結果儲存到檔案。因為資料量較大，且前置處理耗時較多，如果每次訓練模型都重新前置處理則耗時太多。

為了方便資料載入時的填充和模型訓練，我們不希望不同的句子長度差距太大。統計《全唐詩》資料中的句子長度的分佈情況。

```
import collections
c = collections.Counter()
for d in r:
    c[len(d[0])] += 1
print(c)
```

結果如下。

```
Counter({5: 160575,
    7: 76419,
    4: 5524,
    9: 65,
    3: 996,
    6: 1230,
    8: 120,
    10: 25,
    14: 17,
    11: 9,
```

```
     1: 15,
     2: 40,
    12: 24,
    13: 9,
    15: 10,
    16: 8,
    27: 1,
    19: 2,
    20: 4,
    24: 1,
    17: 2,
    18: 4,
    21: 2,
    25: 2,
    23: 1})
```

資料中從只有一個字的句子到有 20 多個字的句子都有，但主要的資料集中在 5 個字和 7 個字的句子，與我們的直覺相符，而且其他字數的資料可能是有異常或者錯誤，所以可以考慮直接去掉它們。修改 remove_low_freq_wd 函式如下。

```
def remove_low_freq_wd(r, cnt=10):
  print(len(r))
  rr = []
  for x in r:
      if 4 < len(x[0]) < 10:
          rr.append(x)
  r = rr
  print(len(r))
  wd = static_tf(r)
  char2remove = []
  for k in wd:
```

```
    if wd[k] < cnt:
        char2remove.append(k)
print('要刪除的字元數：', len(char2remove))
new_r = []
for s in tqdm(r):
    f = True
    for ch in char2remove:
        if ch in s[0] or ch in s[1]:
            f = False
            break
    if f:
        new_r.append(s)
print(len(new_r) / len(r))
return new_r
```

得到句子長度統計串列，僅保留長度在 4 和 10 之間的句子。然後再統計字頻，並刪除低頻字和低頻字所在的句子。

可以把《全唐詩》和《全宋詩》資料合併處理，以得到更大的資料集。之前的前置處理函式基本不需要做修改，僅把 remove_low_freq_wd 函式的輸入改為兩個串列的和就可以了。

```
new_r = remove_low_freq_wd(r+r2)
```

透過輸出可以發現，共有 1323819 個句子對，透過長度限制後，剩餘 1285127 個。刪除低頻字所在的句子後，最終得到 1275973 個句子。

重新統計出現的字的數量。

```
w2id = {'<unk>': 0}
id2w = ['<unk>']
i = 1  # 當前下一個字元的編號
```

```
for s in new_r:
   for x in s:
      for ch in x:
         if ch not in w2id:
            w2id[ch] = i
            i += 1
            id2w.append(ch)
```

最終詞表有 7042 個字。

把前置處理後的資料和詞表存入檔案。

```
with open('w2id+.json', 'w') as f:  # 字元到 ID 的映射
   json.dump(w2id, f)
with open('id2w+.json', 'w') as f:  # ID 到字元的映射
   json.dump(id2w, f)
with open('data_splited+.jl', 'w') as f:  # 處理好的資料
   for l in tqdm(new_r):
      f.write(json.dumps(l) + '\n')
```

14.3.2 切分訓練集和測試集

使用 sklearn 套件的 model_selection 中的 train_test_split 方法切分訓練集和測試集。「test_ size=0.3」指 30%的資料被切分為測試集。

```
from sklearn.model_selection import train_test_split
train_list, dev_list = train_test_split(new_r,test_size=0.3,random_state=15,shuffle=True)
```

訓練集和測試集的資料量比例是 7：3，啟用 shuffle 會將資料打亂。

可以把全部資料用於訓練，並透過一些手動生成的句子直觀地查看模型效果。

14.3.3 Dataset

繼承 torch.utils.data.Dataset 類別並實作__init__、__len__和__getitem__
這 3 個方法。__getitem__方法中傳回兩個句子、句子長度和下標。

```python
import torch
class MyDataSet(torch.utils.data.Dataset):
    def __init__(self, examples):
        self.examples = examples

    def __len__(self):
        return len(self.examples)

    def __getitem__(self, index):
        example = self.examples[index]
        s1 = example[0]
        s2 = example[1]
        length = len(s1)
        return s1, s2, length, index
```

在__getitem__方法中獲取句子的長度，因為兩個句子是一樣長的所
以只獲取第一個句子的長度即可。

14.3.4 DataLoader

首先需要撰寫 collate 函式，即把 Dataset 中的多筆資料組合成一個
batch，並將其轉換成 tensor。撰寫 collate 函式時需要使用函式 str2id 把句
子轉換為字的 ID 序列。str2id 函式用於檢查句子中是否有未知字，如果有
則使用 0，即<unk>的 ID 表示未知字。

```
def str2id(s):
    # 用於把字串轉換為 ID 序列
    ids = []
    for ch in s:
        if ch in w2id:
            ids.append(w2id[ch])
        else:
            # 不在詞表中的字使用<unk>的 ID 即 0 表示
            ids.append(0)
    return ids
def the_collate_fn(batch):
    lengths = [b[2] for b in batch]
    max_length = max(lengths)
    s1x = []
    s2x = []
    for b in batch:
        s1 = str2id(b[0])
        s2 = str2id(b[1])
        # 填充到最大長度
        s1x.append(s1 + ([0] * (max_length - len(s1))))
        s2x.append(s2 + ([0] * (max_length - len(s2))))
    indexs = [b[3] for b in batch]
    s1 = torch.LongTensor(s1x)
    s2 = torch.LongTensor(s2x)
    return s1,s2, lengths, indexs
```

輸入的格式是[第一筆資料,第二筆資料,...]，在這裡具體是[[上句 1, 下句 1],[上句 2,下句 2],...]。

輸出應該是上句的張量，即 tensor([[上句 1],[上句 2],[上句 3],...])，下句的張量，即 tensor([[下句 1],[下句 2],[下句 3],...])。每個張量中包含的句子數量就是 batch 大小。

這裡對同一個 batch 的句子進行填充，預先統計最長句子的長度，將所有句子都填充到這個最大長度。但對於不同的 batch，最大長度可能是不同的。

14.3.5 建立 Dataset 和 DataLoader 物件

定義 batch size 為 16、data workers 為 2。建立 Dataset 和 DataLoader，一般訓練資料的 DataLoader 可以將 shuffle 設定為 True，測試集和評估集則沒有必要。

```
batch_size = 16
data_workers = 2
train_dataset = MyDataSet(train_list)
train_data_loader = torch.utils.data.DataLoader(
    train_dataset,
    batch_size=batch_size,
    shuffle = True,
    num_workers=data_workers,
    collate_fn=the_collate_fn,
)
dev_dataset = MyDataSet(dev_list)
dev_data_loader = torch.utils.data.DataLoader(
    dev_dataset,
    batch_size=batch_size,
    shuffle = False,
    num_workers=data_workers,
    collate_fn=the_collate_fn,
)
```

實際上這個資料集的資料量很大，如果使用較小的 batch size 可能需要較長的訓練時間，但是在 CPU 上訓練難以使用較大 batch size。而在 GPU 上訓練可以選擇較大的 batch size，如在 NVIDIA GTX 1060 顯示卡上訓練，設 batch size 為 128 或 256 大概佔用 1～2GB 顯示記憶體，GPU 可以承受較高負載。

> **注意**：如第 1 章所介紹的，batch size 不是越大越好，很多情況下，合適的 batch size 才能得到最好的訓練結果。

14.3.6 定義模型

模型內包含 Embedding 層、LSTM 層、Linear 層。LSTM 層是雙向的，且共有 5 層。可以使用構造參數指定模型執行的裝置、詞表大小、詞嵌入維度、隱藏層維度。

```
import torch.nn as nn
import torch.nn.functional as F
class LSTMModel(nn.Module):
    def __init__(self, device, word_size, embedding_dim=256, hidden_
dim=256):
        super(LSTMModel, self).__init__()
        self.hidden_dim = hidden_dim
        self.device = device
        self.embedding = nn.Embedding(word_size, embedding_dim)
        self.lstm = nn.LSTM(embedding_dim, hidden_dim, num_layers=5,
bidirectional=True,
batch_first=True)
        self.out = nn.Linear(hidden_dim*2, word_size)
```

```
def forward(self, s1, lengths, s2=None):
  batch_size = s1.shape[0]
  b = self.embedding(s1)
  l = self.lstm(b)[0]
  r = self.out(l)
  r = F.log_softmax(r, dim=2)
  if s2:
      loss = 0
      criterion = nn.NNLoss()
      for i in range(batch_size):
          length = lengths[i]
          loss += criterion(r[i][:length], s2[i][:length])
      return loss
  return r
```

由於一個 batch 中的資料不一定等長，所以在 forward 函式中需要使用 for 迴圈分別對 batch 中的每個資料計算損失。模型執行的過程如圖 14.1 所示。

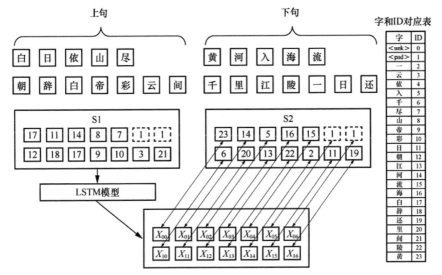

▲ 圖 14.1 模型執行的過程(編按：本圖例為簡體中文介面)

因為有不同長度的句子在同一個 batch 中出現的可能，所以無論在 DataLoader 中還是在模型中都需要對此進行特殊考慮。DataLoader 需要先求出一個 batch 中的最大句子的長度，並對該 batch 中所有其他句子做填充，圖 14.1 中定義單獨的特殊字<pad>用於填充。

在求 LSTM 輸出與 S2 損失的時候，由於第一句只有 5 個字，第二句有 7 個字，所以對於第一句應該求輸出 X_{00} 到 X_{04} 與 S2 中第一句的損失，而對於第二句則應該求輸出，X_{10} 到 X_{16} 7 個字與 S2 中第二句的損失。batch 中每個資料都要根據它實際的長度來計算損失，雖然 LSTM 對每個句子都給出了等長的輸出，但圖 14.1 中的輸出 X_{05} 和 X_{06} 沒有被用到。

14.3.7 測試模型

定義模型，可以嘗試在 CPU 上進行訓練。傳入 w2id 的長度，即字表中字元的數量，用於在模型中建構 Embedding 層。

```
device = torch.device('cpu')
model = LSTMModel(device, len(w2id))
model.to(device)
```

先測試輸入兩個句子，一個上句，一個下句，並計算損失。

```
x = torch.tensor([[1,2,3,4,5,6]])
x2 = torch.tensor([[1,2,3,4,5,6]])
y = model(x, [6], x2)
print(y)
```

結果如下。

```
tensor(1.7900, grad_fn=<AddBackward0>)
```

再測試輸入上句,讓模型預測下句。構造一個 batch size 為 1、長度為 6 的句子,查看模型的輸出。

```
x = torch.tensor([[1,2,3,4,5,6]])
y = model(x, [6])
print(y.shape)
print(y.argmax(dim=2))
```

結果如下。

```
torch.Size([1, 6, 4948])
tensor([[ 583, 3993, 2948, 2368, 2206, 2531]])
```

14.3.8 訓練模型

設定學習率為 0.1,定義最佳化器,然後開始訓練。這裡使用 SGD 最佳化器,遍歷整個訓練資料集。

```
import torch.optim as optim
learning_rate = 0.1
optimizer = optim.SGD(model.parameters(), lr=learning_rate)


loss_sum = 0
c = 0
for batch in tqdm(train_data_loader):
    s1, s2, lengths, index = batch
    s1 = s1.to(device)
    s2 = s2.to(device)
    loss = model(s1, lengths, s2)
    loss_sum += loss.item()
    c += 1
```

```
loss.backward()
optimizer.step()
```

這個模型訓練速度較慢，因為它需要處理不等長的資料，所以在 forward 方法中使用了 for 迴圈。在第 14.4 節，我們將透過前置處理對資料分組從而避免這種情況。

14.4 根據句子長度分組

第 14.3 節的模型使用 for 迴圈處理同一個 batch 中句子不等長的問題，導致模型執行效率過低。本節將從資料集入手解決這一問題，簡化模型結構，提高執行效率。

14.4.1 按照句子長度分割資料集

第 14.3 節中介紹過句子長度分佈。句子長度從 1 到 25 不等，但主要是 5 和 7，而且節剔除了長度小於 5 和大於 9 的句子。本小節將把資料集按句子長短劃分，並構造多個 DataLoader 從而保證每個 batch 中的句子都等長。

先從第 14.3 節儲存的檔案讀取資料和詞表。

```
import json
from tqdm import tqdm
# 讀取詞表
with open('w2id+.json', 'r') as f:
  w2id = json.load(f)
with open('id2w+.json', 'r') as f:
    id2w = json.load(f)
```

```
# 讀取資料
data_list = []
with open('data_splited+.jl', 'r') as f:
  for l in f:
    data_list.append(json.loads(l))
```

查看當前資料中的句子長度分佈。

```
import collections
c = collections.Counter()
for d in data_list:
   c[len(d[0])] += 1
print(c)
```

輸出的結果如下。

```
Counter({7: 605095, 5: 659730, 9: 922, 8: 633, 6: 9593})
```

一共有 5、6、7、8、9 這 5 種長度,且主要集中在 5 和 7。定義一個長度為 5 的串列,元素都是空串列,下標為 0 的串列存放長度為 5 的句子,下標為 1 的串列存放長度為 6 的句子,依此類推。

```
dlx = [[] for _ in range(5)]
for d in data_list:
   dlx[len(d[0]) - 5].append(d)
```

14.4.2 不用考慮填充的 DataLoader

對 Dataset 稍做修改,不用再傳回句子長度,因為 collate 函式中不再使用句子長度,collate 函式變得更加簡潔。可以去掉填充的程式,也不再傳回 lengths,只傳回 s1、s2 和 indexs。

```
import torch
class MyDataSet(torch.utils.data.Dataset):
    def __init__(self, examples):
      self.examples = examples
    def __len__(self):
      return len(self.examples)
    def __getitem__(self, index):
      example = self.examples[index]
      s1 = example[0]
      s2 = example[1]
      return s1, s2, index
def the_collate_fn(batch):
  s1x = []
  s2x = []
  for b in batch:
      s1 = str2id(b[0])
      s2 = str2id(b[1])
      s1x.append(s1)
      s2x.append(s2)
  indexs = [b[2] for b in batch]
  s1 = torch.LongTensor(s1x)
  s2 = torch.LongTensor(s2x)
  return s1, s2, indexs
```

14.4.3 建立多個 DataLoader 物件

對於每個資料串列都建立獨立的 DataLoader 物件，每個 DataLoader 物件僅傳回相同長度的句子。

```
batch_size = 32
data_workers = 4
```

```
# 用於存放 DataLoader 的串列
dldx = []
for d in dlx:
    ds = MyDataSet(d)
    dld = torch.utils.data.DataLoader(
        ds,
        batch_size=batch_size,
        shuffle = True,
        num_workers=data_workers,
        collate_fn=the_collate_fn,
    )
    dldx.append(dld)
```

14.4.4 處理等長句子的 LSTM

使用 LSTM 不用再考慮不等長的句子，可以去掉 forward 函式中的 for 迴圈，模型的執行效率將得到很大的提高。

```
import torch.nn as nn
import torch.nn.functional as F
class LSTMModel(nn.Module):
    def __init__(self, device, word_size, embedding_dim=256,
hidden_dim=256):
        super(LSTMModel, self).__init__()
        self.hidden_dim = hidden_dim
        self.device = device
        self.embedding = nn.Embedding(word_size, embedding_dim)
        self.lstm = nn.LSTM(embedding_dim, hidden_dim, num_layers=4,
bidirectional=True, batch_first=True)
        self.out = nn.Linear(hidden_dim*2, word_size)

    def forward(self, s1, s2=None):
```

```
    batch_size, length = s1.shape[:2]
    b = self.embedding(s1)
    l = self.lstm(b)[0]
    r = self.out(l)
    r = F.log_softmax(r, dim=1)
    if s2 is not None:
        criterion = nn.NLLLoss()
        loss = criterion(r.view(batch_size*length, -1),
s2.view(batch_size*length))
        return loss
    return r
```

14.4.5 評估模型效果

可以根據測試集訓練中的損失評估模型效果，也可以直接查看一些具體的資料的輸出結果。定義如下根據上句輸出下句的函式。

```
def t2s(t):
  # 把 argmax 結果轉換為句子
  l = t.cpu().tolist()
  r = [id2w[x] for x in l[0]]
  return ''.join(r)

def get_next(s):
  ids = torch.LongTensor(str2id(s))
  print(s)
  ids = ids.unsqueeze(0).to(device)
  with torch.no_grad():
    r = model(ids)
    r = r.argmax(dim=2)
    return t2s(r)
```

函式 t2s 用於把模型傳回的經過 argmax 的結果轉換成句子，實際上該函式主要的功能是把 ID 轉換為對應的中文字，get_next 函式用於預測任意輸入的敘述的下句。可以定義如下幾個測試使用案例並執行程式，查看模型的效果。

```
def print_cases():
  print(get_next('好好学习') + '\n')
  print(get_next('白日依山尽') + '\n')
  print(get_next('学而时习之') + '\n')
    print(get_next('人之初性本善') + '\n')
print_cases()
```

模型輸出的結果如下。

```
好好学习
夹虬述述


白日依山尽
夹夹蚕述述


学而时习之
夹蛉粽述述


人之初性本善
夹夹墟褴述述
```

因為模型沒有經過訓練，所以輸出的結果雜亂無章。

14.4.6 訓練模型

這裡使用 Transformers 中提供的 AdamW 最佳化器加快訓練。可以先嘗試在 CPU 上訓練，建立如下模型物件。

```
device = torch.device('cpu')
model = LSTMModel(device, len(w2id))
model.to(device)
```

設定 AdamW 最佳化器參數。

```
gradient_accumulation_steps = 1
max_train_epochs = 60
warmup_proportion = 0.05
weight_decay=0.01
max_grad_norm=1.0
```

建立最佳化器。

```
from transformers import AdamW, get_linear_schedule_with_warmup
t_total = len(data_list) // gradient_accumulation_steps * max_train
_epochs + 1
learning_rate = 0.01
num_warmup_steps = 1
num_warmup_steps = int(warmup_proportion * t_total)

print('warmup steps : %d' % num_warmup_steps)

no_decay = ['bias', 'LayerNorm.weight'] # no_decay = ['bias', 'Laye
rNorm.bias', 'LayerNorm.weight']
param_optimizer = list(model.named_parameters())
optimizer_grouped_parameters = [
```

```
  {'params':[p for n, p in param_optimizer if not any(nd in n for
nd in no_decay)], 'weight_decay': weight_decay},
  {'params':[p for n, p in param_optimizer if any(nd in n for nd
in no_decay)], 'weight_decay': 0.0}
]
optimizer = AdamW(optimizer_grouped_parameters, lr=learning_rate)
scheduler = get_linear_schedule_with_warmup(optimizer, num_warmup_
steps=num_warmup_steps, num_training_steps=t_total)
```

> **注意：** 這裡的「//」並不是註釋符號而是 Python 3 的整除運算子，
> Python 中不使用「//」做註釋符號，而使用「#」做註釋符號。Python 2
> 中的「/」用於整數除法，這與 C 語言一致，但 Python 3 的「/」則總傳
> 回 float 類型的結果（無論是否能整除）。Python 3 中的「//」相當於
> Python 2 或者 C 語言中的「/」。

　　訓練模型，最外層的迴圈是訓練輪次，第二層的迴圈是遍歷資料集，
這裡的程式的寫法較之前有變化，因為這裡有多個 DataLoader。

```
loss_list = []
for e in range(max_train_epochs):
  print(e) # 當前輪次
  loss_sum = 0
  c = 0
  dataloader_list = [x.__iter__() for x in dldx]  # 生成各
DataLoader 的迭代器
  j = 0 # 用於選擇 DataLoader
  for i in tqdm(range((len(data_list)//batch_size) + 5)):
    if len(dataloader_list) == 0:
            # 所有 DataLoader 都遍歷完成
        print('Done')
```

```
        break
    j = j % len(dataloader_list)
    try:
        batch = dataloader_list[j].__next__()
    except StopIteration:  # 當前 DataLoader 遍歷完成
        dataloader_list.pop(j)
        continue
    j += 1
    s1, s2, index = batch
    s1 = s1.to(device)
    s2 = s2.to(device)
    loss = model(s1, s2)
    loss_sum += loss.item()
    c += 1
    loss.backward()
    optimizer.step()
    scheduler.step()
    optimizer.zero_grad()
    print_cases()  # 每輪訓練後列印測試使用案例的結果
    print(loss_sum / c)
    loss_list.append(loss_sum / c)
```

建立 dataloader_list，它是包含了各個 DataLoader 的迭代器的串列。可以直接透過 DataLoader 的 __iter__ 方法建立，或者可以使用 iter（DataLoader 物件）建立，兩種方法等效。依次從這些迭代器中取出資料，使用迭代器的 __next__ 方法。這裡需要手動處理迭代器的 StopIteration 例外。遇到該例外說明迭代完成，可以直接從 dataloader_list 中移除已經迭代完成的迭代器元素。

上述方法存在的一個問題就是 dataloader_list 中的迭代器對應的資料量不同，如果是平均地依次輪流存取這些迭代器，含有資料少的迭代器將很快遍歷完成，最後將只剩下資料最多的迭代器。可行的改進方法是按照比例並帶有一定隨機性地存取這些迭代器。

在 CPU 上設定 batch size 為 16 或 32，訓練一個輪次平均需要數小時時間，而在 GPU 上，batch size 為 32 時訓練一個輪次僅需要幾十分鐘，當 batch size 設為 128 時，每輪次訓練時間僅需要不到 5 分鐘，雖然 batch size 設得過大可能對模型效果產生一些壞的影響，但是這樣確實可以大大提高 GPU 使用率，並縮短訓練時間。

在 NVIDIA GTX 1060 GPU 上設定 batch size 為 128，訓練 60 個輪次，耗時 4 小時。使用如下程式繪製訓練過程中的損失變化。

```
from matplotlib import pyplot as plt
plt.figure(figsize=(9,6))
plt.plot([i for i in range(len(loss_list))], loss_list)
```

訓練過程中的損失變化如圖 14.2 所示。

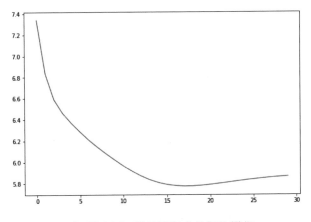

▲ 圖 14.2　訓練過程中的損失變化

雖然可以觀察到損失有所下降，但是模型輸出的實際結果的效果並不讓人滿意。第 1 輪訓練後模型輸出的結果如下。

好好学习
不有不人

白日依山尽
风风不山人

学而时习之
不以不不□

人之初性本善
不我不不不人

第 29 輪訓練後模型輸出的結果如下。

好好学习
莫为自名

白日依山尽
青风向水流

学而时习之
不不不其之

人之初性本善
我之不人不恶

模型輸出的結果中有看起來合理的地方，如模型根據「白日依山尽」生成的下句有「彤娥匹槛賒」、「沧柑夹槛賒」、「朱鹂入室賒」、「朱娥掠槛賒」、「朱砂掠壑賒」、「彤鹂逐槛賒」、「朱泉掠岫賒」（來自

batch size 為 32 的訓練,10 到 16 輪次),至少模型已經知道應該使用一個關於顏色的字與「白」相匹配。另外,模型輸出的結果中「夾」「掠」、「逐」、「入」可以和「依」字對應。模型輸出的結果中還有「譬也肆心嵯痊」對「人之初性本善」,雖然模型輸出的是一句雜亂無章的話,但至少「心」和「性」可以對應。

而第 29 輪訓練後,模型將「白日依山盡」對得比較工整了。

14.5 使用預訓練詞向量初始化 Embedding 層

第 14.4 節中的模型效果不好,輸出的句子甚至是雜亂無章的,這可能是因為模型不能學習每個字的準確含義。

14.5.1 根據詞向量調整字表

第 8 章介紹過詞向量的原理與使用方法,並給出了使用騰訊 AI 實驗室中文詞向量的例子。但這裡我們需要字元級的詞向量,剛好第 1 章中提到的 Chinese Word Vectors 中文詞向量包含字元級中文詞向量。我們下載其中使用中文維基百科訓練的詞向量。

檔案名稱為 sgns.wiki.bigram-char,解壓後大小為 960MB,包含 352272 個中文字元,每個字元對應一個 300 維向量。實際上我們只需要那些出現在本專案的詞表中的字,大概 7000 字,而且可能很多本專案的詞表中的字並沒有出現在這個詞向量檔案中。

使用下面程式遍歷詞向量檔案以找出在本專案的詞表中出現的詞向量。

```
import json
from tqdm import tqdm
with open('w2id+.json', 'r') as f:
  w2id = json.load(f)
with open('id2w+.json', 'r') as f:
    id2w = json.load(f)
embedding = [None] * len(w2id)
c = 0
with open('d:/sgns.wiki.bigram-char', encoding='utf8') as f:
  print(f.readline()) # 第一行是詞數量和維度
  for l in tqdm(f):
    l = l[:-2] # 去行尾分行符號和空格
    l = l.split(' ')
    assert len(l) == 301 # 字元 + 向量（三百個浮點數）
    ch = l[0]
    if ch in w2id:
        embedding[w2id[ch]] = list(map(float, l[1:]))
        c += 1
print(c)
```

載入詞表，並定義一個與詞表長度相等的串列用於儲存詞表中每個字對應的向量，然後遍歷詞向量檔案中的每一個字，並檢查這個字是否在詞表中，如果是，就把這個字的向量解析並儲存在 Embedding 層的對應位置。程式輸出的結果是 5628，即只有 5628 個字在詞向量檔案中有對應的詞向量，有 1414 個字沒有對應的詞向量。

缺少對應詞向量的字很多，我們希望確認其中是否包含比較常見的字。缺少對應詞向量的字的輸出如下（由於內容太多，已省略部分內容）。

```
['<unk>', '髼', '餱', '脊', '長', '汱', '刲', '袥', '溗', '叫', '籤
', '廐', '鑿', '嚏', '轳', '簪', '熳', '堷', '罝', '暎', '靥', '嚶', '
渻', '蚨', '勦', '疎', '汎', '窞', '壖', '笘', '踉', '勳', '儁', '芉', '
珮', '霫', '猛', '歙', '礤', ...... '胅', '蟙', '躇'] 1414
```

可以看出存在部分繁體字未能正確轉換的問題，如「長」應轉換為簡
體的「长」，這應該是由於我們使用的繁簡字對照表中缺失對應的字元。
還有的缺少對應詞向量的字確實是生僻字。可以嘗試借此進一步精簡詞
表。

載入資料集以確認「長」的轉換問題。

```
data_list = []
with open('data_splited+.jl', 'r') as f:
    for l in f:
        data_list.append(json.loads(l))
```

聯想到名句「大漠孤煙直，長河落日圓」。可以搜索上句中包含「大
漠」的詩句。

```
for l in tqdm(data_list):
    if '大漠' in l[0]:
        print(l)
```

結果發現有很多關於「大漠」的詩句，而且「大漠孤煙直，長河落日
圓」一句竟在資料集中重複出現了兩次，這可能是由於原始資料集中此詩
出現了兩次，或者有兩首不同的詩都有這一句。重複的詩句如圖 14.3 所
示。

```
   1  for l in tqdm(data_list):
   2      if '大漠' in l[0]:
   3      |    print(l)
executed in 1.06s, finished 21:43:51 2020-12-26
   8%
```
```
['大漠羽书飞', '長城未解围']
['峡口大漠南', '橫绝界中国']
['大漠山沈雪', '長城草发花']
['寥寥大漠上', '所遇皆清真']
['阴风吼大漠', '火号出不得']
['大漠无屯云', '孤峰出乱柳']
['萄首从大漠', '枫樗至南荆']
['昼伏宵行经大漠', '云阴月黑风沙恶']
['十年通大漠', '万里出長平']
['大漠山如雪', '燕山月似钩']
['十年通大漠', '万里出長平']
['垂地寒云吞大漠', '过江春雨入全吴']
['大漠穷秋塞草衰', '孤城落日斗兵稀']
['一扫清大漠', '包虎戢金戈']
['大漠孤烟直', '長河落日圆']  ←
['大漠孤烟直', '長河落日圆']
['大漠风尘日色昏', '红旗半捲出辕门']
['大漠横万里', '兼条绝人烟']
['绝巅凌大漠', '悬流泻昭回']
['荒城空大漠', '边邑无遗堵']
```

▲ 圖 14.3 搜索結果包含重複的詩句(編按：本圖例為簡體中文介面)

　　但是該詩第一句卻未出現重複。查看原始資料集可以發現此詩有兩種版本，首聯不同而後面三聯相同。

```
{
    "author": "王維",
    "paragraphs": [
        "單車欲問邊，屬國過居延。",
        "征蓬出漢塞，歸雁入胡天。",
        "大漠孤煙直，長河落日圓。",
        "蕭關逢候吏，都護在燕然。"
    ],
    "tags": [
        "战士",
        "写景",
        "初中古诗",
        "边塞",
```

```
            "八年级上册(课内)",
            "赞美"
        ],
        "title": "使至塞上",
        "id": "8ec59c80-46dc-4916-b069-a25ed8f144ec"
    },
    {

        "author": "王維",
        "paragraphs": [
            "銜命辭天闕，單車欲問邊。",
            "征蓬出漢塞，歸雁入胡天。",
            "大漠孤煙直，長河落日圓。",
            "蕭關逢候吏，都護在燕然。"
        ],
        "tags": [
            "战士",
            "写景",
            "初中古诗",
            "边塞",
            "八年级上册(课内)",
            "赞美"
        ],
        "title": "使至塞上",
        "id": "8d9fabc0-2285-4a7d-84f0-c12f22b6d57b"
    },
```

接下來先替換資料集中的未正確轉換的「長」字，然後根據詞向量檔案中出現的字精簡詞表，再精簡資料集。

```
c = 0
for d in data_list:
    if '長' in d[0]:
```

```
        d[0] = d[0].replace('長', '长')
        c += 1
    if '長' in d[1]:
        d[1] = d[1].replace('長', '长')
        c += 1
print(c)
```

可以發現需要替換的資料多達 4 萬句。所以說從獲取資料、處理資料到訓練模型整個過程中存在太多部分，哪一個部分都可能引入問題，一些問題需要仔細排除才能發現，很多隱蔽的問題可能最後也無法被注意到。

替換詞表中的「長」字。

```
id2w[105] = '长'
w2id['长'] = 105
w2id.pop('長')
```

可以重新載入 Embedding 層，以獲取「长」字對應的向量。

```
embedding = [None] * len(w2id)
c = 0
with open('d:/sgns.wiki.bigram-char', encoding='utf8') as f:
    print(f.readline()) # 第一行是字數量和維度
    for l in tqdm(f):
        l = l[:-2] # 去行尾分行符號和空格
        l = l.split(' ')
        assert len(l) == 301 # 字元 + 向量（三百個浮點數）
        ch = l[0]
        if ch in w2id:
            embedding[w2id[ch]] = list(map(float, l[1:]))
            c += 1
print(c)
```

重建詞表和 Embedding 層，使他們一一對應，其實就是刪除沒有對應詞向量的字。

```
new_id2w = []
new_embedding = []
for i in range(len(embedding)):
    if embedding[i] is not None:
        new_id2w.append(id2w[i])
        new_embedding.append(embedding[i])
new_w2id = {}
for i, w in enumerate(new_id2w):
    new_w2id[w] = i
print(len(new_id2w))
```

最後更新資料集，去掉包含詞表以外的字的詩句。

```
new_data_list = []
for d in tqdm(data_list):
    f = True
    for s in d:
        for ch in s:
            if ch not in new_w2id:
                f = False
                break
        if not f:
            break
    if f:
        new_data_list.append(d)
    else:
        missing.append(d)
print(len(new_data_list), len(missing))
```

輸出如下。

```
100%|████████████████████████| 1275973/1275973
[00:08<00:00, 155399.16it/s]
1116739 160648
```

資料集還剩 111 萬筆詩句的資料。把這次處理好的資料存入檔案。

```
with open('w2id++.json', 'w') as f:
    json.dump(new_w2id, f)
with open('id2w++.json', 'w') as f:
    json.dump(new_id2w, f)
with open('embedding++.jl', 'w') as f:
    for l in tqdm(new_embedding):
        f.write(json.dumps(l) + '\n')
with open('data_splited++.jl', 'w') as f:
    for l in tqdm(new_data_list):
        f.write(json.dumps(l) + '\n')
```

14.5.2 載入預訓練權重

可以使用第 8 章介紹的方法，先把權重轉換為 numpy.array，生成模型後，用 numpy.array 初始化 Embedding 層權重。

```
import numpy as np

model = LSTMModel(device, len(w2id), 300)
model.to(device)
pretrained_weight = np.array(embedding)
model.embedding.weight.data.copy_(torch.from_numpy(pretrained_
weight))
```

> **注意：** 建立模型物件時需要把 Embedding 層維度設為要使用的預訓練
> 詞向量的維度，這裡設為 300。

14.5.3 訓練模型

　　為了方便調整各種參數，本小節稍微調整了程式順序，把參數調節部分的程式放到開頭部分。載入資料和設定參數程式如下。

```python
import json
from tqdm import tqdm
import torch
import time
with open('w2id++.json', 'r') as f:
  w2id = json.load(f)
with open('id2w++.json', 'r') as f:
  id2w = json.load(f)

data_list = []
with open('data_splited++.jl', 'r') as f:
  for l in f:
     data_list.append(json.loads(l))
embedding = []
with open('embedding++.jl', 'r') as f:
  for l in f:
     embedding.append(json.loads(l))

batch_size = 32
data_workers = 4
learning_rate = 0.01
gradient_accumulation_steps = 1
```

```
max_train_epochs = 60
warmup_proportion = 0.05
weight_decay=0.01
max_grad_norm=1.0
cur_time = time.strftime("%Y-%m-%d_%H:%M:%S")
device = torch.device('cuda')
```

這裡增加 cur_time 參數記錄訓練這個模型的時間。分割資料集程式如下。

```
dlx = [[] for _ in range(5)]
for d in data_list:
    dlx[len(d[0]) - 5].append(d)
```

建立 DataLoader 程式如下。

```
class MyDataSet(torch.utils.data.Dataset):
    def __init__(self, examples):
      self.examples = examples
    def __len__(self):
      return len(self.examples)
    def __getitem__(self, index):
      example = self.examples[index]
      s1 = example[0]
      s2 = example[1]
      return s1, s2, index
def str2id(s):
    ids = []
    for ch in s:
      if ch in w2id:
          ids.append(w2id[ch])
      else:
```

```
        ids.append(0)
    return ids
def the_collate_fn(batch):
    s1x = []
    s2x = []
    for b in batch:
        s1 = str2id(b[0])
        s2 = str2id(b[1])
        s1x.append(s1)
        s2x.append(s2)
    indexs = [b[2] for b in batch]
    s1 = torch.LongTensor(s1x)
    s2 = torch.LongTensor(s2x)
    return s1, s2, indexs
dldx = []
for d in dlx:
    ds = MyDataSet(d)
    dld = torch.utils.data.DataLoader(
        ds,
        batch_size=batch_size,
        shuffle = True,
        num_workers=data_workers,
        collate_fn=the_collate_fn,
    )
    dldx.append(dld)
```

定義模型程式如下。

```
import torch.nn as nn
import torch.nn.functional as F
class LSTMModel(nn.Module):
    def __init__(self, device, word_size, embedding_dim=256, hidden_
dim=256):
```

```
      super(LSTMModel, self).__init__()
      self.hidden_dim = hidden_dim
      self.device = device
      self.embedding = nn.Embedding(word_size, embedding_dim)
      self.lstm = nn.LSTM(embedding_dim, hidden_dim, num_layers=4,
bidirectional=True, batch_first=True)
      self.out = nn.Linear(hidden_dim*2, word_size)

   def forward(self, s1, s2=None):
      batch_size, length = s1.shape[:2]
      b = self.embedding(s1)
      l = self.lstm(b)[0]
      r = self.out(l)
      r = F.log_softmax(r, dim=2)
      if s2 is not None:
          criterion = nn.NLLLoss()
          loss = criterion(r.view(batch_size*length, -
1), s2.view(batch_size*length))
          return loss
      return r
```

建立模型物件程式如下。

```
model = LSTMModel(device, len(w2id), 300)
model.to(device)
```

載入預訓練權重程式如下。

```
import numpy as np
pretrained_weight = np.array(embedding)
model.embedding.weight.data.copy_(torch.from_numpy(pretrained_
weight))
```

定義如下測試使用案例。

```
def t2s(t):
    l = t.cpu().tolist()
    r = [id2w[x] for x in l[0]]
    return ''.join(r)

def get_next(s):
    ids = torch.LongTensor(str2id(s))
    print(s)
    ids = ids.unsqueeze(0).to(device)
    with torch.no_grad():
        r = model(ids)
        r = r.argmax(dim=2)
        return t2s(r)
def print_cases():
    print(get_next('好好学习') + '\n')
    print(get_next('白日依山尽') + '\n')
    print(get_next('学而时习之') + '\n')
    print(get_next('人之初性本善') + '\n')
```

定義最佳化器程式如下。

```
from transformers import AdamW, get_linear_schedule_with_warmup

t_total = len(data_list) // gradient_accumulation_steps * max_train
_epochs + 1
num_warmup_steps = int(warmup_proportion * t_total)

print('warmup steps : %d' % num_warmup_steps)

no_decay = ['bias', 'LayerNorm.weight'] # no_decay = ['bias',
```

```
'LayerNorm.bias', 'LayerNorm.weight']
param_optimizer = list(model.named_parameters())
optimizer_grouped_parameters = [
  {'params':[p for n, p in param_optimizer if not any(nd in n for
nd in no_decay)], 'weight_decay': weight_decay},
  {'params':[p for n, p in param_optimizer if any(nd in n for nd
in no_decay)],'weight_decay': 0.0}
]
optimizer = AdamW(optimizer_grouped_parameters, lr=learning_rate)
scheduler = get_linear_schedule_with_warmup(optimizer, num_warmup_
steps=num_warmup_steps, num_training_steps=t_total)
```

模型訓練程式如下。

```
loss_list = []
for e in range(max_train_epochs):
    print(e)
    loss_sum = 0
    c = 0
    xxx = [x.__iter__() for x in dldx]
    j = 0
    for i in tqdm(range((len(data_list)//batch_size) + 5)):
        if len(xxx) == 0:
            break
        j = j % len(xxx)
        try:
            batch = xxx[j].__next__()
        except StopIteration:
            xxx.pop(j)
            continue
        j += 1
        s1, s2, index = batch
```

```
    s1 = s1.to(device)
    s2 = s2.to(device)
    loss = model(s1, s2)
    loss_sum += loss.item()
    c += 1
    loss.backward()
    optimizer.step()
    scheduler.step()
    optimizer.zero_grad()
  print_cases()
  print(loss_sum / c)
loss_list.append(loss_sum / c)
```

使用預訓練詞向量後模型能更快地收斂，第 2 輪訓練後，模型已經能給出類似第 14.4 節訓練十幾輪時的、每句僅有幾個字能與輸入的上句對應的詩句了，如「白日依山盡，青风入水深」。第 14 輪訓練後，模型能夠得到「白日依山盡，黄云向海流」這樣的比較通順的詩句。對於「白日依山盡」這一句能有較好的結果是因為和其他幾個測試使用案例相比，這一句更簡單，而且它本身也在訓練集中。

圖 14.4 是設定 batch size 為 32 時訓練的損失變化圖。

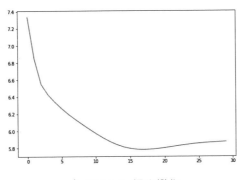

▲ 圖 14.4 損失變化

14.6 使用 Transformer 完成詩句生成

本節將使用 Transformer 實作詩句生成，Transformer 中沒有 RNN 結構，取而代之的是自注意力機制，Transformer 執行效率比 LSTM 有大大提高。

14.6.1 位置編碼

Transformer 內部無法根據序列中元素的順序辨識元素位置，而需要透過位置編碼把元素的位置資訊加在該元素的向量上。

```python
import math
import torch
import torch.nn as nn
import torch.nn.functional as F
from torch.nn import TransformerEncoder, TransformerEncoderLayer

class PositionalEncoding(nn.Module):
    def __init__(self, d_model, dropout=0.1, max_len=5000):
        super(PositionalEncoding, self).__init__()
        self.dropout = nn.Dropout(p=dropout)
        pe = torch.zeros(max_len, d_model)
        position = torch.arange(0, max_len, dtype=torch.float).unsquee
ze(1)
        div_term = torch.exp(torch.arange(0, d_model, 2).float() * (-
math.log(10000.0)
/ d_model))
        pe[:, 0::2] = torch.sin(position * div_term)
        pe[:, 1::2] = torch.cos(position * div_term)
```

```
    pe = pe.unsqueeze(0).transpose(0, 1)
    self.register_buffer('pe', pe)

  def forward(self, x):
    x = x + self.pe[:x.size(0), :]
    return self.dropout(x)
```

14.6.2 使用 Transformer

可以直接使用 PyTorch 中提供的 TransformerEncoderLayer 和 TransformerEncoder，同時定義一個 Embedding 層。

```
class TransformerModel(nn.Module):
  def __init__(self, ntoken, ninp, nhead, nhid, nlayers, dropout=0
.5):
    super(TransformerModel, self).__init__()
    # 位置編碼
    self.pos_encoder = PositionalEncoding(ninp, dropout)
    encoder_layers = TransformerEncoderLayer(ninp, nhead, nhid, dr
opout)
    self.transformer_encoder = TransformerEncoder(encoder_layers,
nlayers)
    self.encoder = nn.Embedding(ntoken, ninp)
    self.ninp = ninp
    self.decoder = nn.Linear(ninp, ntoken)
    self.init_weights()

  def generate_square_subsequent_mask(self, sz):
    mask = (torch.triu(torch.ones(sz, sz)) == 1).transpose(0, 1)
    mask = mask.float().masked_fill(mask == 0, float('-
inf')).masked_fill(mask ==
```

```
1, float(0.0))
    return mask


  # 初始化權重
  def init_weights(self):
    initrange = 0.1
    self.encoder.weight.data.uniform_(-initrange, initrange)
    self.decoder.bias.data.zero_()
    self.decoder.weight.data.uniform_(-initrange, initrange)


  def forward(self, s1, s2=None):
    batch_size, length = s1.shape[:2]
    s1 = self.encoder(s1) * math.sqrt(self.ninp)
    s1 = self.pos_encoder(s1)
    output = self.transformer_encoder(s1)
    output = self.decoder(output)
    output = F.log_softmax(output, dim=2)
    if s2 is not None:
        # 定義損失函式並計算損失
        criterion = nn.NLLLoss()
        loss = criterion(output.view(batch_size*length, -1),
 s2.view(batch_size*length))
        return loss
    return output
```

　　參數 ntoken 是詞表大小，ninp 是前饋網路的維度，nhead 是 multi-head attention 中的 head 數量。nhid 是隱藏層大小，nlayers 是 Transformer 的層數。

14.6.3 訓練和評估

建立模型。設定 tokens 數量、embedding 維度、隱藏層維度及層數、multi-head 的 attention head 數等參數。

```
ntokens = len(w2id)
emsize = 300 # embedding 維度
nhid = 256 # 隱藏層維度
nlayers = 4 # 層數
nhead = 4 # multi-head attention 的 head 數
dropout = 0.2 # dropout 比例
model = TransformerModel(ntokens, emsize, nhead, nhid, nlayers, dro
pout).to(device)
```

訓練和評估部分的程式均無須改動。

訓練過程中的損失下降如圖 14.5 所示。

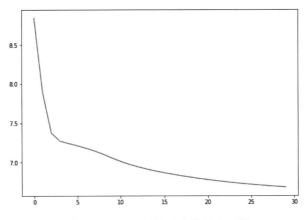

▲ 圖 14.5 訓練過程中的損失下降

第 15 輪次模型輸出的結果如下。

好好学习
清清为不

白日依山尽
清月有月知

学而时习之
生不里不不

人之初性本善
我无不人不

最後一輪模型輸出的結果如下。

好好学习
一一不相

白日依山尽
一风是有时

学而时习之
不谁知不之

人之初性本善
我之春然乃不

　　Transformer 輸出的敘述仍不通順，但該模型比 LSTM 模型的效果要好些。

14.7 使用 GPT-2 完成對詩模型

GPT-2 模型是預訓練模型，使用大量資料進行預訓練，所以載入預訓練權重後，模型僅需要較少訓練甚至無須進一步訓練就可以得到良好的結果。

14.7.1 預訓練模型

要使用的預訓練模型來自 https://github.com/Morizeyao/GPT2-Chinese。需要使用該倉庫中發佈的詩詞模型，模型檔案大小為 459MB。

複製倉庫，因為需要使用一些該倉庫中的原始程式。

```
git clone https://github.com/Morizeyao/GPT2-Chinese.git
```

把倉庫中的 tokenizations 複製到當前路徑下。

```
cp GPT2-Chinese/tokenizations . -r
```

使用 pip 安裝 thulac。

```
pip install thulac
```

按 GPT2-Chinese 專案的 GitHub 倉庫頁面中的說明下載模型，並將模型放入當前路徑下的 GPT2 目錄下。

建立模型的程式如下。

```
from transformers import GPT2LMHeadModel
model = GPT2LMHeadModel.from_pretrained('./GPT2')
```

建立 tokenizer 的程式如下。

```
from tokenizations import tokenization_bert_word_level as tokenizat
ion_bert
tokenizer = tokenization_bert.BertTokenizer(vocab_file="GPT2-
Chinese/cache/vocab.txt")
```

測試模型的分詞效果的程式如下。

```
tokens = tokenizer.tokenize('白日依山盡')
print(tokens)
```

輸出的結果如下。

```
['白', '##日', '依', '##山', '盡']
```

將字的向量轉換為 ID 的程式如下。

```
ids = tokenizer.convert_tokens_to_ids(tokens)
print(ids)
```

輸出的結果如下。

```
[4635, 16246, 898, 15312, 2226]
```

查看所有特殊詞的程式如下。

```
print(tokenizer.all_special_tokens)
print(tokenizer.all_special_ids)
```

輸出如下。

```
['[UNK]', '[SEP]', '[PAD]', '[CLS]', '[MASK]']
[100, 102, 0, 101, 103]
```

14.7.2　評估模型[1]

先測試未在資料集上訓練過的模型。因為使用了預訓練權重，所以模型應該有不錯的效果。

```
temperature = 1
topp = 0
n_ctx = model.config.n_ctx
topk = 8
repetition_penalty = 1.0
device = 'cpu'
for sid in range(3):
    raw_text = '黄河远上白云间,'
    length = len(raw_text)
    context_tokens = tokenizer.convert_tokens_to_ids(tokenizer.
tokenize(raw_text))
    out = generate(
      model,
      context_tokens,
      length,
      temperature,
      top_k=topk,
```

---

[1] 本節程式修改自開放原始碼專案 GPT2-Chinese 中的程式檔案 generate.py。

```
    top_p=topp,
    device=device
  )
  text = tokenizer.convert_ids_to_tokens(out)
  for i, item in enumerate(text[:-1]):              # 確保英文前後有空格
    if is_word(item) and is_word(text[i + 1]):
        text[i] = item + ' '
  for i, item in enumerate(text):
    if item == '[MASK]':
        text[i] = ''
    elif item == '[CLS]':
        text[i] = '\n\n'
    elif item == '[SEP]':
        text[i] = '\n'
  info = "=" * 10 + " SAMPLE " + str(sid) + " " + "=" * 10 + "\n"
  print(info)
  text = ''.join(text).replace('##', '').strip()
  print(text)
  print("=" * 32)
```

透過 generate 函式獲取輸出的 ID，然後解析為文字格式並輸出。定義 generate 函式的程式如下。

```
def generate(model, context, length, temperature=1.0, top_k=30,
top_p=0.0, device='cpu'):
  inputs = torch.LongTensor(context).view(1, -1).to(device)
  if len(context) > 1:
    _, past = model(inputs[:, :-1], None)[:2]
    prev = inputs[:, -1].view(1, -1)
  else:
    past = None
```

```
    prev = inputs
 generate = [] + context
 with torch.no_grad():
    for i in range(length):
        output = model(prev, past)
        output, past = output[:2]
        output = output[-1].squeeze(0) / temperature
        filtered_logits = top_k_top_p_filtering(output, top_k=
top_k, top_p=top_p)
        next_token = torch.multinomial(torch.softmax(filtered_
logits, dim=-1), num_samples=1)
        generate.append(next_token.item())
        prev = next_token.view(1, 1)
    return generate
```

定義 top_k_top_p_filtering 函式的程式如下。

```
def top_k_top_p_filtering(logits, top_k=0, top_p=0.0, filter_value=
-float('Inf')):
 """ Filter a distribution of logits using top-k and/or nucleus
(top-p) filtering
    Args:
        logits: logits distribution shape (vocabulary size)
        top_k > 0: keep only top k tokens with highest probability
(top-k filtering).
        top_p > 0.0: keep the top tokens with cumulative
probability >= top_p (nucleusfiltering).
            Nucleus filtering is described in Holtzman et al.
(http://arxiv.org/abs/1904.09751)
        From: https://gist.github.com/thomwolf/1a5a29f6962089e871b94
cbd09daf317
    """
```

```
    assert logits.dim() == 1  # batch size 1 for now - could be
updated for more but the code would be less clear
    top_k = min(top_k, logits.size(-1))  # Safety check
    if top_k > 0:
        # Remove all tokens with a probability less than the last
token of the top-k
        indices_to_remove = logits < torch.topk(logits, top_k)[0]
[..., -1, None]
        logits[indices_to_remove] = filter_value

    if top_p > 0.0:
        sorted_logits, sorted_indices = torch.sort(logits,
descending=True)
        cumulative_probs = torch.cumsum(F.softmax(sorted_logits,
dim=-1), dim=-1)

        # Remove tokens with cumulative probability above the
threshold
        sorted_indices_to_remove = cumulative_probs > top_p
        # Shift the indices to the right to keep also the first token
above the threshold
        sorted_indices_to_remove[..., 1:] = sorted_indices_to_remove
[..., :-1].clone()
        sorted_indices_to_remove[..., 0] = 0

        indices_to_remove = sorted_indices[sorted_indices_to_remove]
        logits[indices_to_remove] = filter_value
    return logits
```

定義 is_word 函式的程式如下。

```
def is_word(word):
```

```
for item in list(word):
    if item not in 'qwertyuiopasdfghjklzxcvbnm':
        return False
return True
```

執行評估程式得到的結果如下。

```
========== SAMPLE 0 ==========

黄河远上白云间，如玉漱酒冽。
==============================
========== SAMPLE 1 ==========

黄河远上白云间，猎取是出真如
==============================
========== SAMPLE 2 ==========

黄河远上白云间，猎取一非围。
```

把生成的程式封裝為函式並測試其他詩句。

```
def get_next(s, temperature=1,topk=10, topp = 0, device='cpu'):
    context_tokens = tokenizer.convert_tokens_to_ids(tokenizer.
tokenize(s))
    out = generate(
        model,
        context_tokens,
        len(s),
        temperature,
        top_k=topk,
        top_p=topp,
        device=device
```

```
    )
    text = tokenizer.convert_ids_to_tokens(out)
    for i, item in enumerate(text[:-1]):              # 確保英文前後有空格
        if is_word(item) and is_word(text[i + 1]):
            text[i] = item + ' '
    for i, item in enumerate(text):
        if item == '[MASK]':
            text[i] = ''
        elif item == '[CLS]':
            text[i] = '\n\n'
        elif item == '[SEP]':
            text[i] = '\n'
    text = ''.join(text).replace('##', '').strip()
    return text

def print_cases():
    print(get_next('好好学习，') + '\n')
    print(get_next('白日依山尽，') + '\n')
    print(get_next('学而时习之，') + '\n')
    print(get_next('人之初性本善，') + '\n')
print_cases()
```

輸出的結果如下。

```
好好学习，男力未施肩

白日依山尽，独呼白衣人。

学而时习之，何须常坊使，

人之初性本善，或是陶唐世。与
```

14.7.3 Fine-tuning

訓練集中不必再把上、下句分開。可以在載入資料集的同時把上下句拼接起來並增加標點符號。

```
import json
from tqdm import tqdm
import torch
import time
with open('w2id++.json', 'r') as f:
  w2id = json.load(f)
with open('id2w++.json', 'r') as f:
  id2w = json.load(f)
w2id['，'] = len(id2w)
id2w.append('，')
w2id['。'] = len(id2w)
id2w.append('。')
data_list = []
with open('data_splited++.jl', 'r') as f:
  for l in f:
    d = '，'.join(json.loads(l)) + '。'
    data_list.append(d)

batch_size = 32
data_workers = 4
learning_rate = 1e-6
gradient_accumulation_steps = 1
max_train_epochs = 3
warmup_proportion = 0.05
weight_decay=0.01
max_grad_norm=1.0
```

```
cur_time = time.strftime("%Y-%m-%d_%H:%M:%S")
device = torch.device('cuda')
```

> **注意：** 上面程式中雖然載入了詞表，並增加了「，」和「。」，但這裡不用這個詞表而是使用預訓練模型的 tokenizer。

使用如下程式輸出一筆資料。

```
print(data_list[0])
```

輸出的結果如下。

```
'白狐向月号山风,秋寒扫云留碧空。'
```

切分資料集的程式如下。

```
dlx = [[] for _ in range(5)]
for d in data_list:
    dlx[len(d) // 2- 6].append(d)
```

評估模型的程式如下。

```
import time
import torch
time.clock = time.perf_counter
def top_k_top_p_filtering(logits, top_k=0, top_p=0.0, filter_value=
-float('Inf')):
    """ Filter a distribution of logits using top-
k and/or nucleus (top-p) filtering
        Args:
```

```
        logits: logits distribution shape (vocabulary size)
        top_k > 0: keep only top k tokens with highest probability
(top-k filtering).
        top_p > 0.0: keep the top tokens with cumulative
probability >= top_p (nucleusfiltering).
            Nucleus filtering is described in Holtzman et al.
(http://arxiv.org/abs/1904.09751)
        From: https://gist.github.com/thomwolf/1a5a29f6962089e871b94
cbd09daf317
    """
    assert logits.dim() == 1  # batch size 1 for now - could be
updated for more but the code would be less clear
    top_k = min(top_k, logits.size(-1))  # Safety check
    if top_k > 0:
        # Remove all tokens with a probability less than the last
token of the top-k
        indices_to_remove = logits < torch.topk(logits, top_k)[0]
[..., -1, None]
        logits[indices_to_remove] = filter_value

    if top_p > 0.0:
        sorted_logits, sorted_indices = torch.sort(logits,
descending=True)
        cumulative_probs = torch.cumsum(F.softmax(sorted_logits,
dim=-1), dim=-1)

        # Remove tokens with cumulative probability above the
threshold
        sorted_indices_to_remove = cumulative_probs > top_p
        # Shift the indices to the right to keep also the first token
above the threshold
        sorted_indices_to_remove[..., 1:] = sorted_indices_to_remove
```

```
[..., :-1].clone()
      sorted_indices_to_remove[..., 0] = 0


      indices_to_remove = sorted_indices[sorted_indices_to_remove]
      logits[indices_to_remove] = filter_value
  return logits
def generate(model, context, length, temperature=1.0, top_k=30,
top_p=0.0, device='cpu'):
  inputs = torch.LongTensor(context).view(1, -1).to(device)
  if len(context) > 1:
      _, past = model(inputs[:, :-1], None)[:2]
      prev = inputs[:, -1].view(1, -1)
  else:
      past = None
      prev = inputs
  generate = [] + context
  with torch.no_grad():
      for i in range(length):
          output = model(prev, past)
          output, past = output[:2]
          output = output[-1].squeeze(0) / temperature
          filtered_logits = top_k_top_p_filtering(output, top_k=
top_k, top_p=top_p)
          next_token = torch.multinomial(torch.softmax(filtered_
logits, dim=-1), num_samples=1)
          generate.append(next_token.item())
          prev = next_token.view(1, 1)
  return generate
def is_word(word):
  for item in list(word):
    if item not in 'qwertyuiopasdfghjklzxcvbnm':
      return False
```

```
    return True
def get_next(s, temperature=1,topk=10, topp = 0, device='cuda'):
    context_tokens = tokenizer.convert_tokens_to_ids(tokenizer.
tokenize(s))
    out = generate(
        model,
        context_tokens,
        len(s),
        temperature,
        top_k=topk,
        top_p=topp,
        device=device
    )
    text = tokenizer.convert_ids_to_tokens(out)
    for i, item in enumerate(text[:-1]):              # 確保英文前後有空格
        if is_word(item) and is_word(text[i + 1]):
            text[i] = item + ' '
    for i, item in enumerate(text):
        if item == '[MASK]':
            text[i] = ''
        elif item == '[CLS]':
            text[i] = '\n\n'
        elif item == '[SEP]':
            text[i] = '\n'
    text = ''.join(text).replace('##', '').strip()
    return text

def print_cases():
    print(get_next('好好学习，') + '\n')
    print(get_next('白日依山尽，') + '\n')
    print(get_next('学而时习之，') + '\n')
```

```
    print(get_next('人之初性本善，') + '\n')
print_cases()
```

輸出的結果如下。

好好学习，聚众要遭逢

白日依山尽，儿长如更[UNK]。

学而时习之，何不出。乃若

人之初性本善，而人岂不知。空

建立 Dataset 和 DataLoader 的程式如下。

```
class MyDataSet(torch.utils.data.Dataset):
  def __init__(self, examples):
    self.examples = examples
  def __len__(self):
    return len(self.examples)
  def __getitem__(self, index):
    example = self.examples[index]
    return example, index

def the_collate_fn(batch):
  indexs = [b[1] for b in batch]
  r = tokenizer([b[0] for b in batch], padding=True)
  input_ids = torch.LongTensor(r['input_ids'])
  attention_mask = torch.LongTensor(r['attention_mask'])
  return input_ids, attention_mask, indexs
```

```
dldx = []
for d in dlx:
  ds = MyDataSet(d)
  dld = torch.utils.data.DataLoader(
    ds,
    batch_size=batch_size,
    shuffle = True,
    num_workers=data_workers,
    collate_fn=the_collate_fn,
  )
  dldx.append(dld)
```

定義最佳化器物件的程式如下。

```
from transformers import AdamW, get_linear_schedule_with_warmup

t_total = len(data_list) // gradient_accumulation_steps * max_
train_epochs + 1
num_warmup_steps = int(warmup_proportion * t_total)

print('warmup steps : %d' % num_warmup_steps)

no_decay = ['bias', 'LayerNorm.weight'] # no_decay = ['bias',
'LayerNorm.bias', 'LayerNorm.weight']
param_optimizer = list(model.named_parameters())
optimizer_grouped_parameters = [
  {'params':[p for n, p in param_optimizer if not any(nd in n for
nd in no_decay)], 'weight_decay': weight_decay},
  {'params':[p for n, p in param_optimizer if any(nd in n for nd
in no_decay)], 'weight_decay': 0.0}
]
optimizer = AdamW(optimizer_grouped_parameters, lr=learning_rate)
```

```
scheduler = get_linear_schedule_with_warmup(optimizer,
num_warmup_steps=num_warmup_steps, num_training_steps=t_total)
```

訓練模型的程式如下。

```
loss_list = []
for e in range(max_train_epochs):
  print(e)
  loss_sum = 0
  c = 0
  dataloader_list = [x.__iter__() for x in dldx]
  j = 0
  for i in tqdm(range((len(data_list)   //batch_size) + 5)):
    if len(dataloader_list) == 0:
        break
    j = j % len(dataloader_list)
    try:
        batch = dataloader_list[j].__next__()
    except StopIteration:
        dataloader_list.pop(j)
        continue
    j += 1
    input_ids, attention_mask, indexs = batch
    input_ids = input_ids.to(device)
    attention_mask = attention_mask.to(device)
    outputs = model(input_ids, attention_mask=attention_mask,
labels=input_ids)
    loss, logits = outputs[:2]
    loss_sum += loss.item()
    c += 1
    loss.backward()
    optimizer.step()
```

```
scheduler.step()
optimizer.zero_grad()
print_cases()
print(loss_sum / c)
loss_list.append(loss_sum / c)
```

14.8 開發 HTML5 演示程式

本節將介紹使用 Flask 框架開發 HTML5 程式用於和使用者互動並展示模型效果，實作使用者輸入上句，模型生成下句並即時顯示在介面上。

14.8.1 目錄結構

與第 13 章介紹的程式一樣，本專案的 HTML 5 程式需要 main.py 檔案、templates 資料夾和 static 資料夾，但 static 資料夾在本專案中不是必需的。

14.8.2 HTML5 介面

在 templates 目錄下建立 index.html 檔案，寫入如下程式。與第 13 章類似，該檔案用於定義基本介面，但本專案中使用的元素會有所不同。

```
<!DOCTYPE html>
<html lang="en">
 <head>
  <!-- Required meta tags -->
```

```
<meta charset="utf-8">
<meta name="viewport" content="width=device-width, initial-
scale=1, shrink-to-fit=no">
<!-- Bootstrap CSS -->
<link rel="stylesheet" href="https://maxcdn.bootstrapcdn.com/
bootstrap/4.0.0-alpha.6/
css/bootstrap.min.css" integrity="sha384-rwoIResjU2yc3z8GV/
NPeZWAv56rSmLldC3R/AzzGRnGxQQKnKkoFVhFQhNUwEyJ" crossorigin=
"anonymous">
</head>
<body>
 <div class="container">
        <div class="jumbotron jumbotron-fluid">
         <div class="container">
             <h1 class="display-5">對詩模型</h1>
             <p class="lead">以深度學習為基礎的詩文生成</p>
         </div>
         </div>
         <div id='sentences'>
         <label for="s1">上句1</label>
         <div class="input-group">
          <input type="text" class="form-control" id="s1">
         </div>

        </div>
        <br>
        <button type="submit" class="btn btn-success" onclick="">
生成下句</button>
   </div>
 <!-- jQuery first, then Tether, then Bootstrap JS. -->
 <script src="https://code.jquery.com/jquery-
```

```
3.1.1.slim.min.js" integrity="sha384-
A7FZj7v+d/sdmMqp/nOQwliLvUsJfDHW+k9Omg/a/EheAdgtzNs3hpfag6Ed950n"
crossorigin="anonymous">
</script>
  <script src="https://cdnjs.cloudflare.com/ajax/libs/tether/1.4.0/
js/tether.min.js"
integrity="sha384-DztdAPBWPRXSA/3eYEEUWrWCy7G5KFbe8fFjk5JAIx
UYHKkDx6Qin1DkWx51bBrb"
crossorigin="anonymous"></script>
  <script src="https://maxcdn.bootstrapcdn.com/bootstrap/4.0.0-
alpha.6/js/bootstrap.
min.js" integrity="sha384-
vBWWzlZJ8ea9aCX4pEW3rVHjgjt7zpkNpZk+O2D9phzyeVkE+jo0ieGizqPLForn"
crossorigin="anonymous"></script>
  </body>
</html>
```

這裡同樣使用 Bootstrap 函式庫在介面中定義一個大標題，還有一個文字標籤讓使用者可以手動填寫內容並點擊「生成下句」按鈕獲取模型生成的對應文字。

在 mian.py 檔案中寫入該介面的入口。

```
@app.route('/')
def index():
  return render_template('index.html')
```

再次執行 main.py 檔案，存取 http://127.0.0.1:1234，介面效果如圖 14.6 所示。

▲ 圖 14.6 介面效果(編按：本圖例為簡體中文介面)

現在的介面只能輸入「上句 1」，點擊「生成下句」按鈕沒有任何效果。下一步，需要給前端綁定事件。

14.8.3 建立前端事件

使用 JavaScript 語言定義向伺服器發送上句字串，接收伺服器傳回的結果，並更新前端介面的操作，介面中需要顯示對應的下句，並新增另一個文字標籤讓使用者能夠繼續輸入。在 index.html 檔案的倒數第一行 </html>和倒數第二行</body>之間插入以下程式。

```javascript
let cur_id = 1;
function get_result() {
    alert("準備向伺服器發送請求生成下句！");
    let xhr = new XMLHttpRequest();
    let target = document.getElementById('s' + cur_id);
    let v = target.value;
    xhr.open('GET', '/get_next/?s1=' + v);
```

```
    xhr.send();
   xhr.onreadystatechange = function(){
       if ( xhr.readyState == 4) {
               if (xhr.status == 200) {
               target.value = v;
                   target.disabled = true;
                   sentences.innerHTML += xhr.responseText;
                   cur_id ++;
                   sentences.innerHTML += '<label for="s'+
cur_id+'">上句'+cur_id+'</label> <div class="input-group">
<input type="text" class="form-control" id="s'+cur_id+'"></div>'
               }
           else {
               alert( xhr.responseText );
               }
           }
   };
}
```

這段程式使用 XMLHttpRequest 物件和伺服器通訊，發送文字標籤中的內容給伺服器，在伺服器傳回結果後，再把結果顯示在頁面上。還需要把這段程式中的函式綁定到點擊「生成下句」按鈕的事件上，保證點擊「生成下句」按鈕就呼叫這個函式。找到定義「生成下句」按鈕的那一行程式。

```
<button type="submit" class="btn btn-success">生成下句</button>
```

改為如下程式。

```
<button type="submit" class="btn btn-
success" onclick="get_result()">生成下句</button>
```

重新啟動 main.py 檔案以更新介面，點擊「生成下句」按鈕，先後出現
了兩個提示彈窗，如圖 14.7 和圖 14.8 所示。

▲ 圖 14.7 準備發送請求的提示(編按：本圖例為簡體中文介面)

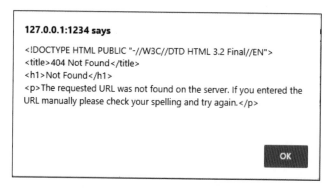

▲ 圖 14.8 遇到錯誤的提示

出現第二個提示的原因與第 13 章的對應情況完全一致，因為需要實
作伺服器的邏輯以傳回正確的結果。

14.8.4 伺服器邏輯

實作伺服器端的邏輯，包括接受資料、載入模型、執行模型、解析結
果、傳回資料。

建立檔案 model_gpt2.py，內容如下。

```
from transformers import GPT2LMHeadModel
from tokenizations import tokenization_bert_word_level as
tokenization_bert
import time
time.clock = time.perf_counter


tokenizer = tokenization_bert.BertTokenizer(vocab_file="cache/
vocab.txt")
model = GPT2LMHeadModel.from_pretrained('./GPT2')

import time
import torch
time.clock = time.perf_counter
def top_k_top_p_filtering(logits, top_k=0, top_p=0.0, filter_
value=-float('Inf')):
  """ Filter a distribution of logits using top-k and/or nucleus
(top-p) filtering
    Args:
      logits: logits distribution shape (vocabulary size)
      top_k > 0: keep only top k tokens with highest probability
(top-k filtering).
      top_p > 0.0: keep the top tokens with cumulative
probability >= top_p (nucleus
filtering).
        Nucleus filtering is described in Holtzman et al. (http:
//arxiv.org/abs/1904.09751)
      From: https://gist.github.com/thomwolf/1a5a29f6962089e871b94
cbd09daf317
  """
```

```
    assert logits.dim() == 1  # batch size 1 for now - could be
updated for more but the code would be less clear
    top_k = min(top_k, logits.size(-1))            # Safety check
    if top_k > 0:
        # Remove all tokens with a probability less than the last
token of the top-k
        indices_to_remove = logits < torch.topk(logits, top_k)[0]
[..., -1, None]
        logits[indices_to_remove] = filter_value

    if top_p > 0.0:
        sorted_logits, sorted_indices = torch.sort(logits,
descending=True)
        cumulative_probs = torch.cumsum(F.softmax(sorted_logits,
dim=-1), dim=-1)

        # Remove tokens with cumulative probability above the
threshold
        sorted_indices_to_remove = cumulative_probs > top_p
        # Shift the indices to the right to keep also the first token
above the threshold
        sorted_indices_to_remove[..., 1:] = sorted_indices_to_remove
[..., :-1].clone()
        sorted_indices_to_remove[..., 0] = 0

        indices_to_remove = sorted_indices[sorted_indices_to_remove]
        logits[indices_to_remove] = filter_value
    return logits
def generate(model, context, length, temperature=1.0, top_k=30,
top_p=0.0, device='cpu'):
    inputs = torch.LongTensor(context).view(1, -1).to(device)
    if len(context) > 1:
```

```
        _, past = model(inputs[:, :-1], None)[:2]
        prev = inputs[:, -1].view(1, -1)
    else:
        past = None
        prev = inputs
    generate = [] + context
    with torch.no_grad():
        for i in range(length):
            output = model(prev, past)
            output, past = output[:2]
            output = output[-1].squeeze(0) / temperature
            filtered_logits = top_k_top_p_filtering(output, top_k=
top_k, top_p=top_p)
            next_token = torch.multinomial(torch.softmax(filtered_
logits, dim=-1), num_
samples=1)
            generate.append(next_token.item())
            prev = next_token.view(1, 1)
    return generate
def is_word(word):
    for item in list(word):
        if item not in 'qwertyuiopasdfghjklzxcvbnm':
            return False
    return True
def get_next(s, temperature=1,topk=10, topp = 0, device='cpu'):
    context_tokens = tokenizer.convert_tokens_to_ids(tokenizer.
tokenize(s))
    out = generate(
        model,
        context_tokens,
        len(s),
        temperature,
```

```
        top_k=topk,
        top_p=topp,
        device=device
    )
    text = tokenizer.convert_ids_to_tokens(out)
    for i, item in enumerate(text[:-1]):              # 確保英文前後有空格
        if is_word(item) and is_word(text[i + 1]):
            text[i] = item + ' '
    for i, item in enumerate(text):
        if item == '[MASK]':
            text[i] = ''
        elif item == '[CLS]':
            text[i] = '\n\n'
        elif item == '[SEP]':
            text[i] = '\n'
    text = ''.join(text).replace('##', '').strip()
    return text


print('模型載入成功！')
```

在 main.py 檔案中匯入 model_gpt2.py 檔案中的 get_next 函式，並使用該函式建立一個 API。修改後的 main.py 檔案的程式如下。

```
from flask import Flask, request, render_template, session,
redirect, url_for
from model_gpt2 import get_next

app = Flask(__name__)
@app.route('/')
def index():
    return render_template('index.html')
```

```
@app.route('/get_next/')
def get_next_sentence():
  s1 = request.args.get('s1', None)
  s = get_next(s1 + ',')
  r = f'''<p>GPT2 Result: {s}</p>
  <hr>
  '''
  return r
if __name__=='__main__':
  app.run(host='0.0.0.0', port=1234)
```

因為需要載入模型，所以啟動 main.py 檔案的速度可能會比較慢。

> **注意：**模型載入成功後會有「模型載入成功！」的提示，Flask 伺服器
> 啟動成功後也會有提示，會顯示監聽的位址和通訊埠編號，出現該提
> 示後才可以正常存取。

14.8.5 檢驗結果

存取 http://127.0.0.1:1234/。輸入一個上句並點擊「生成下句」按
鈕，即可獲取模型生成的詩句，模型生成的詩句會顯示在文字標籤下方，
並且介面中會自動增加一個新的文字標籤。介面效果如圖 14.9 所示。

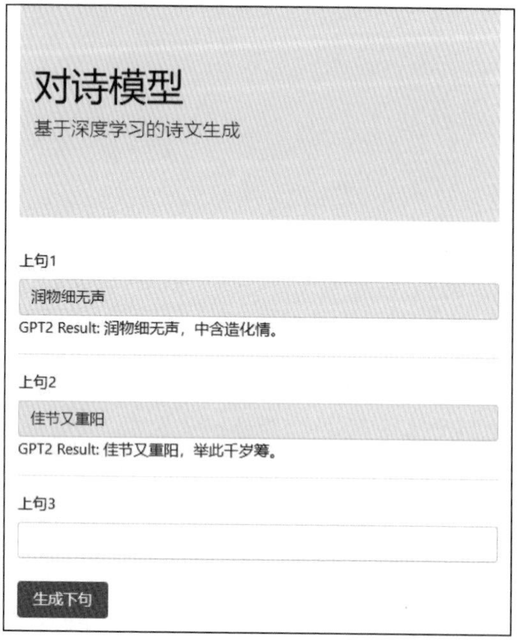

▲ 圖 14.9 介面效果(編按：本圖例為簡體中文介面)

我們可以修改伺服器程式，同執行個模型，並傳回一句話的多種對法。

14.9 小結

本章使用 LSTM、Transformer 和 GPT-2 分別實作了對詩模型，並介紹了一些前置處理資料的技巧。資料是訓練模型的基礎，很多時候資料的處理方法能夠顯著影響模型的效果。

Appendix

A

參考文獻

[1] TURING A M. Computing machinery and intelligence[J]. Mind, 1950, 59(236): 433-460.

[2] SHANNON C E. A Mathematical Theory of Communication[J]. The Bell System Technical Journal, 2001, 5(3): 3-55.

[3] ZHU Y, KIROS R, ZEMEL R, et al. Aligning Books and Movies: Towards Story-Like Visual Explanations by Watching Movies and Reading Books[J]. IEEE, 2015.

[4] D Masters, Luschi C. Revisiting Small Batch Training for Deep Neural Networks[J]. 2018.

[5] CARLINI N, TRAMER F, WALLACE E, et al. Extracting Training Data from Large Language Models[J]. 2020.

[6] LUO R, XU J, ZHANG Y, et al. PKUSEG: A Toolkit for Multi-Domain Chinese Word Segmentation[J]. 2019.

[7]   VASWANI A, SHAZEER N, PARMAR N, et al. Attention Is All You Need[J]. arXiv, 2017.

[8]   KINGMA D, BA J. Adam: A Method for Stochastic Optimization[J]. Computer Science, 2014.

[9]   LOSHCHILOV I, HUTTER F. Decoupled Weight Decay Regularization [J]. 2017.

[10] GAO J, LI M, HUANG C N, et al. Chinese Word Segmentation and Named Entity Recognition: A Pragmatic Approach[J]. Computational Linguistics, 2005.

[11] KANDOLA E J, HOFMANN T, POGGIO T, et al. A Neural Probabilistic Language Model[M]. Springer Berlin Heidelberg, 2006.

[12] MIKOLOV T, CHEN K, CORRADO G, et al. Efficient Estimation of Word Representations in Vector Space[J]. Computer Science, 2013.

[13] GRAVES A. Generating Sequences With Recurrent Neural Networks [J]. Computer Science, 2013.

[14] CHO K, MERRIENBOER B V, GULCEHRE C, et al. Learning Phrase Representations using RNN Encoder-Decoder for Statistical Machine Translation[J]. Computer Science, 2014.

[15] SUTSKEVER I, VINYALS O, LE Q V. Sequence to Sequence Learning with Neural Networks [J]. Advances in neural information processing systems, 2014.

[16] ITTI L. A Model of Saliency-based Visual Attention for Rapid Scene Analysis[J]. IEEE Trans, 1998, 20.

[17] MNIH V, HEESS N, GRAVES A, et al. Recurrent Models of Visual Attention[J]. Advances in Neural Information Processing Systems, 2014, 3.

[18] BAHDANAU D, CHO K, BENGIO Y. Neural Machine Translation by Jointly Learning to Align and Translate[J]. Computer Science, 2014.

[19] PAULUS R, XIONG C, SOCHER R. A Deep Reinforced Model for Abstractive Summarization [J]. 2017.

[20] WESTON J, CHOPRA S, BORDES A. Memory Networks[J]. Eprint Arxiv, 2014.

[21] XU K, BA J, KIROS R, et al. Show, Attend and Tell: Neural Image Caption Generation with Visual Attention[J]. Computer Science, 2015: 2048-2057.

[22] CHILD R, GRAY S, RADFORD A, et al. Generating Long Sequences with Sparse Transformers [J]. 2019.

[23] GEHRING J, AULI M, GRANGIER D, et al. Convolutional Sequence to Sequence Learning[J]. 2017.

[24] KIM Y. Convolutional Neural Networks for Sentence Classification[J]. Eprint Arxiv, 2014.

[25] HOFSTTTER S, ZAMANI H, MITRA B, et al. Local Self-Attention over Long Text for Efficient Document Retrieval[C]// SIGIR '20: The 43rd International ACM SIGIR conference on research and development in Information Retrieval. ACM, 2020.

[26] PETERS M, NEUMANN M, Iyyer M, et al. Deep Contextualized Word Representations[C]// Proceedings of the 2018 Conference of the North American Chapter of the Association for Computational Linguistics: Human Language Technologies, Volume 1 (Long Papers). 2018.

[27] RADFORD A. Language Models are Unsupervised Multitask Learners [J].2019.

[28] BROWN T B, MANN B, RYDER N, et al. Language Models are Few-Shot Learners[J]. 2020.

[29] DEVLIN J, CHANG M W, LEE K, et al. BERT: Pre-training of Deep Bidirectional Transformers for Language Understanding[J]. 2018.

[30] TAYLOR W L. "Cloze Procedure": A New Tool For Measuring Readability[J]. The journalism quarterly, 1953, 30(4): 415-433.

[31] LIU Y, OTT M, GOYAL N, et al. RoBERTa: A Robustly Optimized BERT Pretraining Approach[J]. 2019.

[32] LAN Z, CHEN M, GOODMAN S, et al. ALBERT: A Lite BERT for Self-supervised Learning of Language Representations[J]. 2019.

[33] LIN T Y, GOYAL P, GIRSHICK R, et al. Focal Loss for Dense Object Detection[J]. IEEE Transactions on Pattern Analysis & Machine Intelligence, 2017 (99): 2999-3007.

[34] CAI Z, FAN Q, FE RIS R S, et al. A Unified Multi-scale Deep Convolutional Neural Network for Fast Object Detection[C]// European Conference on Computer Vision. Springer International Publishing, 2016.